U0318558

森　林　报

［苏］维塔利·比安基　著
周　露　译

中国画报出版社·北京

图书在版编目（CIP）数据

森林报/［苏］比安基著；周露译．—北京：中国画报出版社，2016.3（2018.1 重印）
（插图典藏本）
ISBN 978-7-5146-1245-5

Ⅰ.①森… Ⅱ.①比… ②周… Ⅲ.①森林-少儿读物 Ⅳ.①S7-49

中国版本图书馆 CIP 数据核字(2015)第 304674 号

森林报　　［苏］维塔利·比安基 著　　周露 译

出 版 人：于九涛
责任编辑：赵　菁
责任印制：焦　洋
出版发行：中国画报出版社
（中国北京市海淀区车公庄西路 33 号　邮编：100048）
开　　本：32 开（880mm×1230mm）
印　　张：15.5
字　　数：495 千字
版　　次：2016 年 3 月第 1 版　　2018 年 1 月第 2 次印刷
印　　刷：北京通州皇家印刷厂
定　　价：48.00 元

总编室兼传真：010-88417359　版权部：010-88417359
发　行　部：010-68469781　010-68414683（传真）

特将该书献给

我的父亲瓦连京·里沃维奇·比安基先生

译者序

1894年2月11日，维塔利·比安基出生于俄罗斯的圣彼得堡市。他动听的名字与艺术天赋来源于其意大利祖先。他的父亲是位著名的鸟类学家，在俄罗斯科学院动物博物馆工作。他从小住在博物馆对面，经常和两个兄弟到那里玩耍。博物馆的玻璃橱窗里陈列着来自世界各地的动物标本，而比安基的家简直就是个小小的动物园，里面饲养着猫、狗、小刺猬以及其他各种小动物。

每年夏天，比安基全家都在列别施耶的乡村度过。比安基还不到五岁的时候，就与森林有了第一次亲密的接触。从此他深深迷恋上了森林和森林中的居住者，动物世界成为他心中珍藏的乐园。比安基的兴趣广泛，受到过各式各样的教育。从圣彼得堡大学自然科学系毕业后，他继续在艺术史研究院深造。但是比安基自始至终都着迷于动物世界、森林和森林中的居住者，因此他认为父亲瓦连京·里沃维奇·比安基是他一生中最重要的老师。父亲使他养成了观察和记录动物生活习性的好习惯，这让他受益终身。

在20世纪20年代初，比安基在远东阿尔泰地区的比斯克市地方志博物馆工作，同时担任中学生物课教师。他一边仔细观察神奇的动物世界和浩瀚无边的原始森林，一边不停地做记录。当时，这些记录毫无用处，只不过是躺在书桌抽屉里的一堆废纸，但是他坚持记录下了自己的所见所闻。几年之后，比安基凭借着这些素材，创作出许多有关大自然及其居住者的引人入胜的神奇故事和小说。

1922年秋，比安基返回圣彼得堡。在那里，他结识了当时一批著名的儿童文学作家，从此走上了文学创作之路。很快他在儿童文学杂志《麻雀》上发表了第一篇短篇小说《红脑袋麻雀的旅行》，1923年出版了第一本小册子《谁的鼻子更好》。

比安基一生写过300多篇有关动物世界的作品,其中最著名和最优秀的无疑是我们手头的这本《森林报》。就形式的原创性和内容的丰富性而言,这本书至今仍是不可逾越的杰作。在《森林报》上可以读到每月每日在自然界发生的最有趣、最不寻常的事。《森林报》一书由杂志的专栏文章扩充而成,从1924年起至生命的最后一刻,比安基一直孜孜不倦地修改此书,不断增补新的内容。从1928年起,该书多次再版,被翻译成多国文字在世界各地出版,受到各国读者的喜爱。

比安基一生写森林写了35年。在他创作的中短篇小说和童话故事里,他巧妙地把精确的科学知识和优美的诗意融合在一起,成功地找到了诠释神秘的森林世界的神奇语言。比安基是迄今为止最杰出的描写和塑造动物形象的作家之一,他把自己和其他从事动物世界创作的作家称为"无声语言的翻译者"。他把鸟的啾啾声和其他动物的多种声音翻译成了人类易懂的语言,引导小朋友们走进多姿多彩的动物世界。通过阅读《森林报》,孩子们可以学到课堂上学不到的知识,激发起对大自然的关心与热爱,从而培养起他们对科学研究的兴趣。

随着生态危机的日益严重,生态美学越来越受到国内外专家学者、读者的关注与重视。比安基笔下的动物与动物、人与动植物之间和谐融洽,体现了人与自然之间和睦相处的生态美,这有助于青少年读者充分认识到自然的美丽,帮助他们形成正确的生态观。但是书中的《打猎》一节有违目前流行的环保与生态美主题,所以在翻译时我们做了删减。

本书的中译本根据俄罗斯苏维埃联邦教育部儿童文学国家出版社1958年的版本译成。作者于1959年6月10日因脑溢血不幸去世,因此该版本是作者生前最后一次的修订版,也是目前在俄罗斯国内最流行的版本。

本译本第一次收录了《哥伦布俱乐部》和《基特·韦利卡诺夫的故事》两个章节。这两部分一共将近8万字,在我国首次被译成中文并收录进中译本,因此该译本是国内目前对《森林报》1958年俄文版(终结版)最完整、最忠实的翻译。《哥伦布俱乐部》讲述了《森林报》编辑部下

设的少年自然科学家研究小组不同寻常的发现和奇遇，孩子们可以从中了解到俄罗斯少年儿童丰富多彩的课余生活以及他们对大自然的热爱与探索。《基特·韦利卡诺夫的故事》由4个独立的故事组成，每个故事都巧妙地融入了10个事实或现象，需要读者朋友们开动脑筋，做出判断。作者以这种新颖独特的形式，促使读者朋友们不是被动地接受知识，而是积极主动地思考问题。

衷心希望本书能够成为我国广大青少年朋友的良师益友，亦希望读者能够从中发现动植物世界的生态美，从小得到良好的生态美学教育！

周　露

于浙江大学紫金文苑

2015年8月

目　　录

秋

冬

写给读者的话

在普通报纸上，只报道人的消息和活动。可是，孩子们非常想了解动物、鸟儿和昆虫的生活情形。

在森林里发生的奇闻逸事和城里的一样多。那里动物们也在劳动，也有愉快的节日和不幸的事件的发生，也有英雄和强盗。不过，城里的报纸很少报道此类消息，因此无人知晓林中的新闻。

比如，有谁听说过，在我们列宁格勒州[1]，没有翅膀的小蚊子在冰雪季节从泥里钻出来，赤着脚在雪地上奔跑？有谁在报纸上读到过诸如林中巨人麋鹿打群架、候鸟大迁徙和长脚秧鸡徒步穿越欧洲大陆的这类趣闻？

在《森林报》上，你就可以读到这类奇闻逸事。

《森林报》按月编排，共有 12 期，我们把这 12 期汇编成一本书。每期森林报均包含以下内容：编辑部文章、森林报记者发来的电报、信件，以及打猎途中发生的趣事。

谁是我们的森林报记者呢？他们是小朋友、猎人、科学家和护林员。他们经常到森林里去，了解动物、鸟儿和昆虫的生活状况，记录下各类林中趣事，并寄给我们的编辑部。

《森林报》单行本最早发行于 1927 年。从那时起经历了 8 次再版，每次都增添了新的栏目。

我们派出特派记者，去采访大名鼎鼎的猎人萨索伊其。他们一起打猎，在篝火旁休息的时候，萨索伊其经常讲起他的奇特遭遇。特派

① 即如今的圣彼得堡。——译者注

记者记下他讲的奇特故事，寄给我们编辑部。

每一期《森林报》后都附带了问答部分，我们称之为“打靶场”。在“打靶场”里，读者可以比一比，谁答得更准确。只要认真阅读《森林报》，很容易答对绝大多数问题。回答正确可以得两分。

建议读者以小组为单位玩“打靶场”游戏。请大声朗读问题，参赛者把答案写在纸上。请不要马上回答全部问题。例如，有关长脚秧鸡的身高问题，最好过几天，商量之后再做出回答。在这几天里，可以去一趟草地，跟踪长脚秧鸡，亲眼看一看它们到底长什么样。

《森林报》在列宁格勒州诞生和出版，这是一份州报。它报道的事件几乎都发生在列宁格勒州，或者就在列宁格勒市。

可是我国地域辽阔，常常出现这样的情形：在北方边境，狂风暴雪，人们冻得全身发抖；在南部边疆，却已阳光灿烂，鲜花怒放；在西部边陲，孩子们刚刚准备睡觉；在东部边疆，孩子们却已睡醒、准备起床了。因此，《森林报》的读者希望在《森林报》上不仅可以读到在列宁格勒州发生的事，还能了解到在祖国各地发生的事。为了满足读者的需求，《森林报》开辟了由本报记者主持的“祖国各地播报”栏目。

我们转载了塔斯社有关孩子们参加劳动和取得成绩的报道。

我们开办了“通知”栏目，举办了“锐眼”竞赛。“锐眼”特指读者中最优秀的猎人侦察员。

我们特地邀请生物学博士、植物学家和作家尼娜·米哈依娜弗娜·芭芙洛娃为《森林报》写文章，谈谈各种有趣的植物。

我们的读者必须熟悉大自然，只有这样，才能改造大自然，才能自如地管理动植物的生活。

因为《森林报》的读者长大后，将亲手培育优质的植物新品种，亲自管理森林，让森林为祖国造福！……不过，为了不把好事变成坏事、造成不可弥补的损失，首先必须热爱和熟悉祖国的土地，必须了解祖国的动物和植物以及它们的生活。

新版（第9版）《森林报》经过了重新审阅和补订。我们刊登了

“一年：一共12个月的太阳史诗”栏目。我们采用了生物学博士尼·米·芭芙洛娃的大批报道，充实了“集体农庄纪事”栏目。我们发表了战地记者发自林中巨兽鏖战现场的报道。我们为喜欢钓鱼的读者开辟了“祝你一钓一个准!”专栏。我们还刊登了年轻记者基特·韦利卡诺夫新编的四个游戏故事，答案刊登在本书的末尾。最后，为少年读者增加了《哥伦布俱乐部》章节，这一部分主要讲述《森林报》编辑部下设的少年自然科学家研究小组不同寻常的发现和奇遇。

我们的第一位森林记者

在过去的岁月里，列宁格勒人、列斯诺伊的居民，经常会在公园里碰到一位戴着眼镜、头发灰白的教授。他长着一双异常犀利的眼睛。他倾听鸟的每一声啼鸣，观察每一只飞过的蝴蝶或苍蝇。

大城市的居民通常不会仔细地观察每一只新孵出的小鸟，或者春天里出现的每一只蝴蝶。可是春季森林中每一件新鲜事都逃不过他的眼睛。

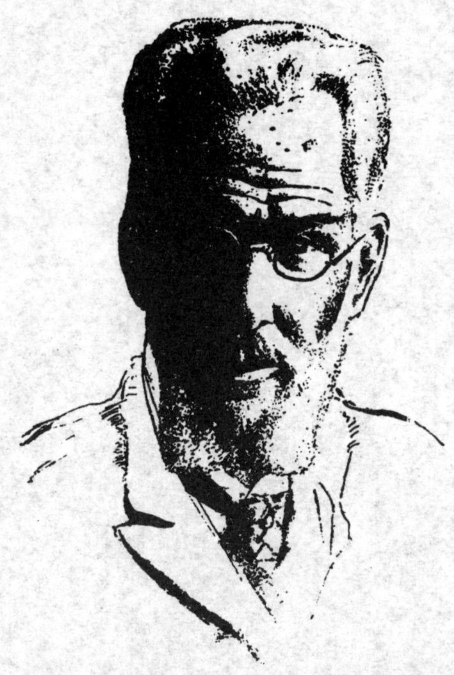

德米特里·尼基诺维奇·凯戈诺德夫

这位教授名叫德米特里·尼基诺维奇·凯戈诺德夫。他连续50年观察城市和近郊的生物。在这50年里，他亲眼见证了冬去春来，春去夏来，夏尽秋始，秋尽冬来，鸟儿飞去又飞回，树木花卉开了又谢。凯戈诺德夫教授仔细地记录下他观察到的每件事，然后把这些记录发表在报刊上。

他还号召其他人，尤其是年轻人观察大自然，记观察笔记，然后寄给他。人们积极响应他的号召，于是，他那支观察大自然的记者队伍，逐年壮大起来。

直到今天，那些爱好大自然的人，比如我国的地方志专家、科学家、少先队员和小学生们，依然以他为榜样，继续做观察工作，收集观察记录。

在50年的时间里，凯戈诺德夫教授亲手积累起许多观察笔记。他整理、归纳了这些资料。多亏了他坚持不懈、耐心细致的工作，也多亏了许多其他我们读者连名字也不知道的科学家的辛勤劳动，我们今天才能知道：春天，鸟类什么时候飞到我们这里来；秋天，鸟类什么时候飞离我们；树木花草的生长过程是什么样的。

凯戈诺德夫教授为孩子们和大人们写了许多谈论鸟禽、森林和田野的书。他本人曾经在学校里教书，并且一再表示：孩子们不应该只依赖书本来了解祖国的大自然，他们应该走到森林和田野里去。

1924年2月11日，凯戈诺德夫教授在久病之后，没能等到第二年春天的到来，就与世长辞了。

我们将永远怀念他。

森林年

读者也许会认为，《森林报》上刊登的森林新闻和城市新闻都是些旧新闻。事实并非如此。的确，每年都有春天。但是，每年的春天都是崭新的，无论你活多少岁，都不会看见两个完全相同的春天。

一年，好比一只带有12根辐条（即12个月）的车轮，12根辐条滚过去了，就等于车轮滚了一圈；接着，又该轮到第一根辐条转了。不过，这时车轮已经不在原地，它已经滚到更远的地方去了。

春回大地。森林苏醒了，熊从熊窝里爬出来，春水淹没了动物的地下洞穴。鸟儿飞过来，重新开始嬉戏和跳舞，野兽们又开始繁衍后代。读者们可以在《森林报》上读到森林里最新发生的事件。

我们在这儿刊登了每年的森林日历。它与普通的日历不太相像。这丝毫不令人奇怪。因为，鸟兽并不像我们人类那样生活啊！它们的日历别具一格，它们根据太阳的转动过日子。

太阳在天上转一大圈，就是一年。太阳走过一个星座，走过黄道带的一宫，就是一个月。12个星座的总称即为黄道带①。

森林日历上的新年开始于春天，而不是冬天，即太阳转入白羊宫的日子。森林里，每逢迎接太阳的日子，就是愉快的节日；每逢送别太阳的日子，就预示着愁闷的岁月即将开始。

我们按照普通日历的样子，把森林日历上的一年分成12个月。但是，我们按照森林里的情形，给每个月取了另外的名字。

---

① 黄道带，又称黄道宫，指日月和行星在天空中运行的轨迹。天文学家把它分成12宫，每宫长30度，从春分起，依次为：白羊宫、金牛宫、双子宫、巨蟹宫、狮子宫、室女宫、天秤宫、天蝎宫、人马宫、摩羯宫、宝瓶宫、双鱼宫。

每年的森林日历

春

1 月　冬眠苏醒月　3 月 21 日 ~4 月 20 日
2 月　返回故乡月　4 月 21 日 ~5 月 20 日
3 月　唱歌跳舞月　5 月 21 日 ~6 月 20 日

夏

4 月　鸟儿筑巢月　6 月 21 日 ~7 月 20 日
5 月　小鸟出生月　7 月 21 日 ~8 月 20 日
6 月　成群结队月　8 月 21 日 ~9 月 20 日

秋

7 月　告别故乡月　9 月 21 日 ~10 月 20 日
8 月　储粮过冬月　10 月 21 日 ~11 月 20 日
9 月　冬客来临月　11 月 21 日 ~12 月 20 日

冬

10 月　冬雪初现月　12 月 21 日 ~1 月 20 日
11 月　饥寒交迫月　1 月 21 日 ~2 月 20 日
12 月　苦等春天月　2 月 21 日 ~3 月 20 日

森　林　报

第 1 期

冬眠苏醒月
（春季第一月）

3 月 21 日 ~4 月 20 日　　太阳转入白羊宫

一年：一共12个月的太阳史诗

恭贺新禧

3月21日是春分。这天，白天和黑夜一样长：一半时间出太阳，一半时间是夜晚。这天，森林里在庆祝新年：春天就在眼前了。

民间有句谚语：3月是温室，3月是滴管。太阳开始战胜冬天：积雪变松软了，出现了许多小孔眼，雪变得灰不溜丢的，已经不像冬天那么洁白，它屈服了！只要看看雪的颜色，就知道冬天即将结束。一根根小冰柱从屋檐上垂下来，亮晶晶的水一滴接一滴地顺着冰柱往下滴，渐渐积聚，集成水洼。街头巷尾的麻雀兴高采烈地在水洼里扑腾，想洗去羽毛上积聚了一冬的污垢。山雀欢快的、银铃般的歌声在花园里响起。

春天乘着阳光的翅膀降临人间。它制定了严格的工作程序。首先，它解放大地：雪开始慢慢融化了，而冰下的水还在沉睡，雪下的森林也睡得正香。

3月21日清晨，人们按照古老的俄罗斯民俗，做“百灵鸟”吃。这是一种小面包，用面粉捏成小鸟嘴，用两粒葡萄干做鸟眼睛。这天，我们把鸣禽放生。根据新习俗，飞禽月就从这一天开始。孩子们把这一天专门献给长着翅膀的小朋友们，往树上挂成千上万座“鸟房”：椋鸟房、山雀房和人造树穴。他们把树枝编成鸟巢，向可爱的小客人们开放免费食堂。他们还在学校和俱乐部里召开报告会，专门讲述鸟类大军如何保护我国的森林、田野、果园和菜地，讲述应该如何爱护和吸引那些快乐的、长着翅膀的歌唱家们。

3月，母鸡在家门口就可以把水喝个饱了。

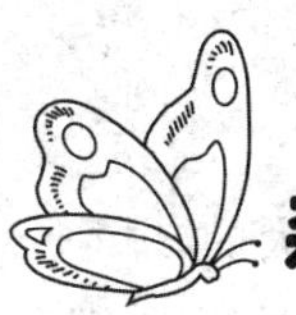

森林中的大事

发自森林的第一封电报

——白嘴鸦揭开了春天的序幕

白嘴鸦揭开了春天的序幕。在冰雪融化的地方，出现了成群结队的白嘴鸦。

白嘴鸦在我国南方过冬。它们急匆匆地赶回北方故乡。一路上，它们遭遇了无数次残酷的暴风雪。成百上千只白嘴鸦精疲力竭，死在了半道上。

最先飞到的是那些身强力壮的鸟。现在它们在休息。它们在路上骄傲地迈着方步，用结实的嘴巴刨着泥土。

布满天空的沉甸甸、黑压压的乌云飘走了。大片大片的白云飘浮在蔚蓝的天空上。第一批小野兽出生了。麋鹿和狍长出了新犄角。黄雀、山雀和戴菊莺在森林里唱起了歌。我们在等待椋鸟和百灵鸟的到来。在树根拱起的枞树下，我们找到了熊窝。我们轮流守候在熊窝旁，只要熊一出来，就向大家报告。一股股融化了的雪水悄悄地在冰下汇集。森林里到处可以听见滴滴答答的滴水声，树上的雪也在渐渐融化。夜晚，严寒重新把水结成了冰。

■ 发自本报记者

第一只鸟蛋

群鸟里面，就数乌鸦下蛋下得最早。它把巢筑在高大的枞树上，上面覆盖着厚厚的积雪。母乌鸦一直待在巢里，因为它生怕蛋被冻坏，蛋里的小乌鸦被冻死。它吃的食物由雄乌鸦专门送来。

雪里的吃奶宝宝

兔妈妈生下了兔宝宝，这时田野上还覆盖着积雪呢。

兔宝宝一出世就睁开了眼睛，身上穿着暖和的皮袄。它们生下来就会跑，吃饱了奶就四处跑开，躲到灌木丛中和草丛下，静静地躺在那儿，既不叫唤也不淘气。兔妈妈早已跑得不知去向了。

一连过去了一天、两天、三天。兔妈妈早就忘记了兔宝宝，在田野里蹦来蹦去。但是兔宝宝们依旧躺在那里，它们不敢乱跑。因为一乱跑，它们就会被老鹰发现，或者被狐狸觅到脚印。

瞧，终于有只兔妈妈跑过来了。咦，这不是它们的妈妈，是别人的妈妈，是位兔阿姨。兔宝宝跑到它跟前吱吱叫："喂喂我们吧！"行啊，吃吧，吃吧！兔阿姨把它们喂饱了，又朝前跑去。

兔宝宝又躺回到树丛里。这时，它们的妈妈正在别处给别家的兔宝宝喂奶呢。

原来兔妈妈们定下了这么一条规矩：所有的兔宝宝都是大家的孩子。不管兔妈妈在哪儿遇到兔宝宝，都要给它们喂奶。不管兔宝宝是亲生的还是别人家的，都一样对待！

你们以为兔宝宝没有兔妈妈照顾，就过得不幸福吗？完全不是这么回事。它们穿着皮袄，身上暖洋洋的。兔妈妈们的奶香浓可口，兔宝宝吃上一顿，好几天都不饿呢。

等到第八九天，兔宝宝就开始吃草了。

第一批花

开出了第一批花。不过，地面还被雪覆盖着，在地上找不到它们。森林边的水在潺潺地流，沟里的水满到了边沿。瞧，就在这里，在这褐色的春水上面，在光秃秃的榛树枝上，第一批花开了。

从树枝上挂下来一根根柔软的灰色小尾巴，我们把它们叫作葇荑花序，实际上它们并不像葇荑花序。只要把小尾巴摇一摇，就会看见从上面飘落下许多花粉。

令人惊讶的是，就在这几根榛树枝上，还长出了别的花。这种花，三三两两地长在一起，很容易被人当作幼芽。只是在每个“幼芽”的尖上，长出一对颜色鲜红的既像细线又像小舌头的带状物。原来这是雌花的柱头①，它们吸收从其他榛树枝上随风飘来的花粉。

风毫无羁绊地在光秃秃的树枝间游荡，既没有树叶也没有其他物体阻止它去摇晃那些小尾巴，或者吸收花粉。

总有一天，榛子花会凋谢，葇荑花式的小尾巴会脱落，那些幼芽般的奇妙小花上的红线会干枯；到那时，每一朵这样的小花，都会长成榛子。

■ 发自尼·芭芙洛娃

春天的计谋

在森林里，凶猛的动物经常攻击和善的动物，无论在哪里看见小动物，它们都会猛扑上去。

冬天，在洁白的雪地上，人们很难迅速发现雪兔和白山鹑。可是现在雪正在融化，好多地方的地面已经露出来了。狼、狐狸、鹞鹰和

① 柱头，花朵中雌蕊的尖头部分。

猫头鹰，甚至像白鼬和银鼠这样的小食肉动物，都能隔老远就看见白兽皮和白羽毛，在冰雪融化后的黑土地上一闪一闪的。

因此，雪兔和白山鹑就要起计谋：它们开始脱毛，改换成其他颜色。雪兔变得灰不溜丢的；白山鹑脱掉了许多白羽毛，在原来长白羽毛的地方，长出了带黑条纹的褐色和红褐色的新羽毛。在兔子和山鹑换装之后，人们不太容易发现它们了。

有些攻击型的食肉兽，也只得换装了。冬天，银鼠浑身上下一身白；白鼬也一样，只有尾巴尖是黑色的。那时，它们很容易在雪地上悄悄爬到和善的小动物跟前去，因为它们的毛皮和雪一样白，不容易被发现。不过现在它俩都换毛了，变成了灰色的。银鼠浑身灰色；白鼬也变成了灰色的，只有尾巴尖还是黑色的。不过，无论冬夏，皮毛上有个黑点都不会坏事，雪地上不也有黑点吗？那是垃圾和小枯枝呀。而在地面和草地上，这种黑斑点就更多啦。

冬天的客人准备上路了

一群群的小白鸟飞在列宁格勒州各处的行车道上。它们长得很像鸦鸟。这是雪鹀和铁爪鹀，都是在我们这儿过冬的客人。

它们的家乡在北冰洋沿岸和岛屿上的冻原带。还要过上很多天，那里的泥土才会开冻。

雪　崩

森林里，可怕的雪崩开始了。

松鼠正在温暖的巢里睡觉。它的巢搭在高大的枞树枝上。冷不丁，一团沉甸甸的雪从树梢上掉下来，正好砸中巢顶。松鼠慌忙逃了出来，可那些刚出世的无助的鼠宝宝，还留在巢里面。

松鼠赶紧扒开雪。幸好雪只压住用粗树枝搭的巢顶。里面那只由松软暖和的苔藓搭成的圆巢，依旧完好无损。巢里的小松鼠，甚至没

有被惊醒。它们还很小，跟小老鼠一般大，又聋又瞎，浑身光秃秃的。

湿漉漉的住房

雪不停地融化。那些住在森林“地窖”里的动物，开始了艰难的生活。

鼹鼠、鼩鼱、野鼠、田鼠、狐狸，以及其他住在地洞里的各种野兽，现在都觉得潮湿难耐。要是所有的雪都化了，它们可怎么过日子啊？

奇特的茸毛

沼泽地上的雪化开了，水在小草丘间蔓延。小草丘下，银白色的小穗在光溜溜的绿茎上摇曳着。难道这是去年秋天还没来得及飞掉的种子吗？难道它们在雪底下挨过了整个冬天？真是令人难以置信，它们实在太干净、太新鲜了！

只要把小穗采下来，拨开茸毛看一看，谜团就解开了。原来这就是花呀！金黄色的雄蕊和细线般的柱头，露在丝一般润滑的白茸毛外面。羊胡子草就是这样开花的。由于夜里还很冷，所以茸毛是给花保温的。

■ 发自尼 · 芭芙洛娃

在四季常绿的树林里

不仅在热带或者地中海沿岸可以看到四季常绿的植物，在北方的森林里也长着常绿小灌木。现在，在新年的第一个月，到常绿树林里走一走，既看不见褐色的烂树叶，也看不见令人厌烦的枯草，心情会特别轻松。

隔老远就能看见绿中带灰的毛蓬蓬的小松树。在这里，在这些小

树之间待一会儿，令人心旷神怡。这里的一切都显得生机勃勃：有柔软的绿色苔藓，有叶子亮晶晶的越橘，还有优雅纤细的石楠。石楠树枝上还残留着去年开的淡紫色小花，枝上长满了小巧玲珑的树叶，像盖着小瓦片似的。

常绿灌木蜂斗叶，也长在沼泽地的边缘。它的叶子是暗绿色的，叶边向上卷起，叶子下部仿佛涂了一层白漆，所以又叫作“叶下白”。可是，假如现在有谁站在这株小灌木前，他不会一直盯着叶子看，因为他会瞧见更有趣的玩意儿——鲜花！美丽的粉红色钟形花，像极了越橘花。在早春，在森林里找到花，真让人惊喜万分！

要是你采一束带回家，没有人会相信这是从野外采来的，准会说是从温室里摘来的。

因为很少有人会在早春到常绿树林里散步啊。

■ 发自尼·芭芙洛娃

鹞鹰和白嘴鸦

“哔——哔！呱——呱——呱！”有只鸟从我的头顶飞过。我回头一看，只见五只白嘴鸦正在追一只鹞鹰。鹞鹰来回躲闪，可还是被白嘴鸦追上了，头顶上被啄了一口，痛得哇哇直叫。最后，它终于逃脱了。

我站在大山上，极目远眺，只见一只鹞鹰停在树上休息。突然，不知从哪儿冒出来一群白嘴鸦，呱呱叫着朝它扑去。这只鹞鹰的处境糟糕透顶。它发疯似的大叫一声，扑向一只白嘴鸦。那只白嘴鸦害怕了，躲向一旁。鹞鹰趁机灵敏地冲向高空，谁也没来得及阻拦它。白嘴鸦丢失了俘虏，只好四散到田野里去了。

■ 发自森林记者　康·梅什列耶夫

发自森林的第二封电报

椋鸟和百灵鸟唱着歌，飞过来了。

我们迫不及待地等待着熊从熊窝里爬出来，可是一点儿动静都没有。我们想，也许熊在里面冻死了吧？

突然，雪颤动起来。

可是，从雪底下爬出来的并非熊，而是一只从未见过的怪兽。它灰白色的头上长着两条黑斜纹，个头跟小猪一般大，浑身毛乎乎的，肚皮漆黑。

原来这不是熊窝，而是獾洞，从洞里钻出来的是獾。

从现在开始，獾不再睡懒觉了。每天晚上，它将到森林里去找蜗牛、幼虫和甲虫，啃植物根，抓野鼠。

我们在森林里再次四处寻找，终于找到一个熊窝：这才是真正的熊窝！

熊还在冬眠。

水升到冰面上来了。

雪崩塌了；松鸡在求偶；啄木鸟在笃笃地啄树。

飞来了会啄冰的小鸟白鹡鸰。

道路变得泥泞不堪，集体农庄的人们不再乘雪橇了，他们驾起了马车。

■ 发自本报特派记者

城市新闻

屋顶音乐会

猫儿每天夜里都在屋顶召开音乐会。它们很喜欢开音乐会，可是每次音乐会都以歌手们大打出手而告终。

在顶楼的角落里

为了调查屋顶动物居民的生活状况，《森林报》的记者最近几天走访了市中心的许多住产。

那些占据了顶楼角落的鸟儿们，对居住条件心满意足。谁要是觉得冷，可以紧挨着壁炉的烟囱，享用免费的暖气。母鸽子已经在孵蛋；麻雀和慈鸟到处搜集筑巢用的小稻草棍和做软垫子用的羽毛和绒毛。猫和一些男孩经常捣毁鸟儿的窝，所以鸟儿们对他们恨之入骨。

麻雀惊慌逃命

尖叫声和打架声在椋鸟房旁响成一片。绒毛、羽毛和稻草随风飘荡。

原来，椋鸟房的主人椋鸟回来了。它们抓住占据了它们地盘的麻雀，把它们往外赶，然后往外扔麻雀的羽毛褥子。它们不想留下麻雀的任何痕迹。

有个泥瓦匠正站在脚手架上抹屋顶下的裂缝。麻雀在屋檐上跳来跳去，瞧了瞧屋檐下，突然大吼一声，朝泥瓦匠的脸直扑过来。泥瓦

匠用抹泥灰的小铲子不停地撵它们。他没想到，他把裂缝里的麻雀巢给糊上了。而麻雀已经在巢里下过蛋了。

一片尖叫声。一片打架声。绒毛和羽毛随风飘荡。

■ 发自森林报记者　尼·斯拉得科夫

睡眼惺忪的苍蝇

一群蓝里透绿、金光闪闪的大苍蝇出现在街上。它们跟秋天时一样，一副睡眼惺忪的模样。它们还不会飞，只能勉勉强强、摇摇晃晃地用细腿沿着墙壁爬。

白天，这群苍蝇在外面晒太阳；晚上，它们又爬回到墙壁和篱笆的空隙和裂缝里。

苍蝇，请提防这群流浪汉！

一群流浪汉蜘蛛虎出现在列宁格勒的街上。俗话说，狼靠跑得快活命。蜘蛛虎也一样。它们不像十字园蜘蛛那样巧妙地编织细网，而是用力一跳，径直扑向苍蝇或者其他昆虫，然后吃掉它们。

石　　蚕

一些呆头呆脑的灰色小虫子，从河面冰块的细缝中爬出来。它们爬上岸后，脱掉皮外套，变成了身材苗条匀称、长着翅膀的小飞虫。它们既不是苍蝇，也不是蝴蝶，而是石蚕。

它们的翅膀很长，身子很轻，还不会飞，因为它们还很柔弱，还需要晒太阳。

它们在过马路。行人踩踏它们，马蹄践踏它们，车轮子碾压它们，麻雀也不住地啄它们。可是它们还是一个劲儿地朝前爬，爬呀爬。它们有几千、几万、几十万只呢。

爬过了马路的石蚕，就爬到房子的墙壁上晒太阳。

列斯诺伊观察站

自从举世闻名的自然科学家凯戈诺德夫教授第一个开始在列斯诺伊进行物候学[1]观察以来，这种观察已连续进行了80年。

现在在苏联，全苏地理协会下设有一个以凯戈诺德夫为名的专门委员会，负责物候学观察者的工作。

物候学爱好者从全国各地把报道寄往委员会。根据多年观察到的鸟类飞来飞去、植物花开花谢、昆虫出现和灭绝的记录，可以编制一部“普通自然日历”。这有助于我们预报和确定各种农作物的生长日期。

现在，在列斯诺伊设立了全国中央物候学观测站。在全世界只有3个像这种超过50年历史的观测站。

列宁格勒州集体农庄儿童第一次代表大会决议

我们向野鼠、家鼠、象鼻虫、草地螟等危害农作物的害虫宣战。我们将组织1200个小分队，与农田、果园、菜地、菜窖和谷仓里的害虫做斗争。我们将搭建3万个人造鸟巢椋鸟房，用来消灭农田和菜地里的害虫。

列宁格勒州少年自然科学家代表大会决议

亲爱的朋友们！

我们农田里的麦子在抽穗，花园里百花盛开，社会主义经济正日益巩固和壮大。

我们少年自然科学家、农业实习生和大人们一起参加劳动。

少年自然科学家和农业实习生代表大会的参加者，在会上交流了少年自然科学工作的经验。现在我们向全州少先队员和学生朋友发出

---

① 物候学，亦称“生物气候学”，为研究大自然季节变化的科学。

倡议：增强自然科学工作。

请在学校附属地块开辟花坛，培育果木、浆果园！

请你们每人至少种两棵果树，或者种两棵浆果灌木。

无论是在农作物育种的试验方面、珍贵新植物的栽培方面，还是在先进农业技术的试验和应用方面，都请你们提供宝贵的经验。

暑假里我们将全体参加直观教具的制作，为学校制作植物、动物和非生物的直观教具。

我们将在集体农庄的农田和菜地干活，在畜牧场劳动，在养蜂场帮忙。

为了使我们有益的工作进行得更加顺利，我们将经常向老师、农艺师、动物饲养家、蔬菜培育师和养蜂专家们咨询和请教，了解集体农庄先进农业工作者们的成就，向米丘林工作者们学习创收的新方法。

请准备住房

假如你想让椋鸟在花园里住下来，就必须赶紧给椋鸟准备住房！住房要干净整洁，门要开得足够小，好让椋鸟钻得进来，猫却钻不进来。

如果想让猫用爪子都够不到椋鸟，请在门里面钉上一块三角板。

群蚊飞舞

在温暖的、阳光灿烂的日子里，小蚊子已经开始在空中飞舞了。

不过，不用怕，这些蚊子不咬人，它们是蚊群。

蚊子聚成一团，像根圆柱子似的在空中飞舞着、推搡着。在蚊子密集的那一片天空中布满了黑点，仿佛人的脸上长满了雀斑。

第一批蝴蝶

蝴蝶飞出来透透气，在太阳底下晒晒翅膀。

在顶楼上过冬的黑里透红的荨麻蛱蝶和淡黄色的柠檬蝶，最先飞出来。

在公园里

在公园和花园里，长着雪青色胸脯、戴着淡蓝色帽子的雄燕雀歌声嘹亮。它们聚集在一起，等待雌燕雀的光临，雌燕雀总是姗姗来迟。

新森林

正在召开全苏植树造林会议。林务委员、造林专家以及农艺师们欢聚一堂。列宁格勒州代表也参加了此次会议。

为了在我国的草原地区造林，人们已经进行了 100 多年的科学考察和实践工作，选定了 300 种最适合草原种植的乔木和灌木。例如，在顿尼茨草原最适合种植可以与锦鸡儿、忍冬和其他灌木混种的橡树。

我国工厂研制出一种新机器，用这种机器可以迅速地、大面积地植树。现在已经在好几十万公顷的土地上种了树。

我国准备在最近几年再造几百万公顷的新森林。它们将提高我国田地的收成。

■ 发自列宁格勒塔斯社

春　花

在公园、花园和庭园里，盛开着款冬的小黄花。街上有人在叫卖最早的林中春花。虽然它们的颜色和香气都不像紫罗兰，但卖花人还是把它们叫作“雪下紫罗兰”，这种花的学名为蓝花积雪草。

树木也从沉睡中醒来，白桦树汁开始在树干里奔淌。

什么东西漂进了蓄水池

在列斯诺伊公园的峡谷里，春水在潺潺地流淌。我们的森林记者

在一条小溪上，用石头和泥土垒了一道水坝，在那里等候，想看看什么东西会漂进蓄水池。他们等了好久，没看到一只生物，只看到一些木片和小树枝，在水池里旋转着。

后来，他们看到一只死老鼠从溪底滚了过来。这不是灰颜色的、长尾巴的普通家鼠，而是一只棕黄色的、短尾巴的野鼠。原来是田鼠。这只死田鼠也许在雪底下躺了一整冬。现在雪化成了水，把它冲到水池里来了。

接着，他们看见一只黑甲虫漂进了水池。它挣扎着，打着转，怎么也爬不上岸。大家原以为这是一只水栖甲虫，捞起来一看，却是只陆上粪虫。也就是说，它也苏醒了。当然，它不是故意跳进水里的。

然后，他们看见有个小动物蹬着长长的后腿，自己游到水池里来了。猜猜看，这是谁？这是青蛙呀！周围还是白茫茫一片，青蛙却已经在水里畅游了。它从水池里爬上了岸，蹦蹦跳跳地钻进灌木丛里不见了。

最后，一只小兽游了过来。它很像家鼠，长着褐色的皮肤，不过尾巴短很多，原来这是只水鼠。它储存了许多食物过冬。显然，快到春天的时候，它吃光了所有的存货，现在出来找食物了。

款　冬

款冬的一丛丛细茎早已长在了小丘上。每一丛茎，都组成了一个小家庭。那些稍年长的茎苗条匀称，高昂着头；紧挨在高茎身旁的是些肥硕的、参差不齐的茎，它们的年纪还小呢。

还有一种茎的样子十分可笑，它们低垂着头，弯着腰站在那里，似乎因为刚刚看到这个世界，感到胆怯不安。

每个小家庭都由地下根茎生长而来。从去年秋天起，地下根茎就开始储藏养料。现在养料被逐渐地消耗掉，不过这些养料足够整个开花期的需要。每个小脑袋很快就会变成辐射状的黄花，更确切地说，不是花，而是花序——一大束彼此紧挨在一起的小花。

当花开始凋谢的时候，叶子从根茎里长出来。这些叶子承担了帮助根茎储存新养料的任务。

■ 发自尼 · 芭芙洛娃

空中的喇叭声

从空中传来喇叭声，列宁格勒市民感到无比惊讶。清晨，当霞光初现的时候，城市还没有苏醒，街上也没有隆隆的汽车声，这声音听起来分外清晰。

只要仔细瞧上一瞧，那些视力好的人，就可以看见一队脖子细长的大白鸟，在白云下面飞翔。这是一群喜欢叫喊的野天鹅在列队飞行。

它们每年春天都从我们的城市上空飞过，用喇叭似的大嗓门儿响亮地叫着："克鲁鲁！克鲁鲁！"可是，在喧嚣的街道上，在熙熙攘攘的人群中，人们很难听到它们的叫喊声。

现在，天鹅正急匆匆地飞到科拉半岛阿尔汉格尔斯克附近，或者飞到北德维纳河沿岸去筑巢。

节日通行证

我们在恭候那些长着羽毛的朋友们。大队委员会交给每个少先队员一项任务，让每人搭一个椋鸟巢。

现在大家都在忙着搭鸟巢。我们学校设有木工作坊。如果有谁不会搭椋鸟巢，可以到那里去学习。

我们将在校园里挂上许多鸟巢，好让小鸟在我们学校住下来，保护苹果树、梨树和樱桃树，让它们不受青虫和甲虫等害虫的侵犯。等到学校里欢庆飞禽节的时候，每个少先队员都把自己建造的椋鸟巢带到庆祝集会上来。我们约定，人造椋鸟巢就是我们的节日通行证。

■ 发自森林记者　伏洛加 · 诺维

任尼亚 · 科良金

发自森林的第三封加急电报

我们在熊窝附近蹲点守候。

冷不防，有什么东西从下面把积雪拱了起来，接着一只又大又黑的野兽脑袋露了出来。

原来，一只母熊钻出了熊窝。两只小熊也紧跟着钻了出来。

我们看见母熊张开嘴巴，悠然自得地打了个大呵欠，然后朝森林里走去。小熊活蹦乱跳地跟在后面。我们看见母熊身体消瘦，毛发蓬松。

现在它在森林里来回乱窜，在这么长时间的冬眠之后，它变得饥不择食，把树根、去年的枯草和浆果通通塞进嘴里，连小兔也不放过。

发生了水灾

冬天的统治崩塌了。百灵鸟和椋鸟在歌唱。大水击毁了冰制的“天花板”，涌向自由的天地，冲向广阔的田野。

田野里发生了火灾：雪在太阳底下燃烧。快乐的绿色小草从积雪下探出头来。

春水泛滥时，第一批野鸭和大雁飞过来了。

我们看见了第一只蜥蜴。它钻出树皮，爬上树墩晒太阳。

每天都有新鲜事发生，我们甚至来不及记下来。

城市和乡村之间的交通被阻断了，发生了水灾。

我们将用飞鸟传信，在下一期的《森林报》上报道动物在水灾中的受灾情况。

■ 发自本报特派记者

集体农庄纪事

集体农庄新闻

发自尼·米·芭芙洛娃

逃亡者被抓住了

雪水没有经过任何人的同意，就想从田里逃到浅沟里。

集体农庄庄员及时逮住了逃犯，他们用厚实的积雪在斜坡上筑了一道堤。

水被留在了田里，开始慢慢渗入泥土。

田里的绿色居民已经感觉到，水在慢慢潜入它们的根部，它们感到非常开心。

100个新生宝宝

昨天夜里，突击队队员、集体农场养猪场里的值班员一共接生了100只小猪。这些猪宝宝一个个圆溜溜的，健康结实，吱吱尖叫。9位年轻的幸福母亲，在急不可耐地等待饲养员把粉嘟嘟的小宝宝送过来吃奶。这些小宝宝都长着翘鼻子、短尾巴。

搬到暖和的新房

马铃薯从寒冷的地窖搬到了暖和的新房。

它们对新环境很满意，预备发芽。

绿色新闻

商店里在出售新鲜黄瓜。在这些黄瓜的生长过程中，既不是由蜜蜂来给这些黄瓜授花粉，也不是由太阳来烤热它们生长的土地。

这些黄瓜是真正的黄瓜，它们长满了小刺，肥硕厚实，汁多味甜。虽然它们在温室里长大，但它们散发出的味道，正是黄瓜的清香。

帮助饥饿者

雪融化了。可以看见田野上长满了细小的青草。可是大地还未解冻，小草没什么可吃的，不幸的小草在挨饿。

可是，集体农庄庄员非常爱惜这些小草，原来这些瘦弱的小草是秋播小麦。集体农庄为小麦准备了营养丰富的食物，有草木灰、禽粪、粪汁和营养盐等。

集体农庄还将从空中食堂给挨饿的朋友们分发口粮。

飞机食堂将从田野上空飞过，撒下食物，让每一棵小苗都美美地吃上一顿。

祖国各地播报

无线电呼叫

请注意！请注意！

我们是列宁格勒《森林报》编辑部。

今天是3月21日，春分。我们将举办一次祖国各地无线电播报。

呼叫东方、南方、西方、北方！

呼叫冻原带、原始森林、草原、大山、海洋和沙漠！

请报告你们那里的情况。

喂！喂！这里是北极

今天，我们这里在过节：经过无比、无比漫长的冬天之后，第一次出了太阳！

第一天，太阳只露出海面一个头，一个小圆顶，几分钟之后就躲了起来。

过了两天，太阳露出半边脸。

又过了两天，太阳终于升高了，整个脱离了海面。

现在，我们也可以过过短暂的白天了。虽然从早到晚总共只有一个小时，不过没关系，光明将会经常光顾：明天，白天会比今天长；后天，白天会更长。

我们这里的水面和陆地都覆盖着厚厚的雪和冰。白熊在冰洞（即熊窝）里酣睡。不管在什么地方，都长不出一棵绿芽，也见不到一只飞鸟。严寒与暴风雪肆虐。

这里是中亚

我们已经种完了土豆，开始种棉花了。我们这里的太阳很猛，晒得街上尘土飞扬。桃树、梨树和苹果树都开花了，而扁桃、干杏、白头翁和风信子的花已经凋谢了。栽种防风林带的工作开始了。

在我们这里过冬的乌鸦、白嘴鸦和百灵鸟，都飞到北方去了。在我们这里度夏的家燕和白肚皮的雨燕等都飞来了。红色的野鸭已经在树洞和土洞里孵出了小鸭。小野鸭跳出鸟巢，开始在水里游泳。

这里是远东

我们这里的狗，已经从冬眠中醒来了。

不，不，你没有听错，说的就是狗，既不是熊，也不是土拨鼠，更不是獾。

你以为无论在什么地方狗都不会冬眠吧？可我们这里的狗就是要冬眠的，冬天一直睡觉。

我们这儿有一种特殊的狗——野狗。它的个头儿比狐狸矮一点儿，双腿短小。棕色的狗毛浓密细长，把耳朵都遮住了。

冬天，它像獾一样钻进洞里睡觉。现在它睡醒了，开始抓老鼠和鱼。

它的学名叫作浣熊狗，因为它长得很像美洲的小熊：浣熊。

在南部沿海，我们开始捕捉扁身子的鱼——比目鱼。在乌苏里边区的茂密森林里，小老虎出生了。它们已经睁开了眼睛。

最近我们在等待远道而来的“旅行鱼”，它们将从远洋游到我们这儿来产卵。

这里是乌克兰西部

我们在播种小麦。

白鹳从非洲南部飞回了我们这里。我们希望它们住在房顶上，因此我们把沉重的旧轮胎拖到屋顶上，供它们筑巢。

现在，白鹳衔来大小不一的树枝，放到轮胎上，开始筑巢了。

养蜂人焦急不安，因为金黄色的蜂虎飞来了。这种体态优雅、色彩绚丽的小鸟专爱吃蜜蜂。

喂！喂！这里是冻原带，是雅马尔半岛

我们这里还是名副其实的冬天，嗅不到一点儿春天的气息。

一群驯鹿正在用蹄子扒开积雪，敲碎冰块，寻找苔藓吃。

乌鸦迟早会飞来的！每年 4 月 7 日，我们都庆祝“乌格嘉 · 亚列节”，即“乌鸦节”。我们把乌鸦飞来的这天当作春天的开始，就好比你们列宁格勒人把白嘴鸦飞来的这天当作春天的开始。

我们这里根本见不到白嘴鸦。

这里是新西伯利亚原始森林

我们这里的气候跟你们列宁格勒很相似，也位于原始林带，盛产针叶林和混和林。这种原始林带横贯我国国土。

白嘴鸦夏天才飞到我们这儿。这里的春天从慈鸟飞来的那天算起：慈鸟冬天飞走，春天第一个飞回来。

我们这里的春天很舒服，但很短暂，一眨眼就过去了。

这里是外贝加尔草原

一群群脖子粗粗的羚羊，往南方去了。它们离开这儿前往蒙古。

冰雪消融的头几天，对它们来说是真正的灾难。白天，雪化了；夜晚，水又冻成了冰。平坦的草原变成一个地地道道的溜冰场。羚羊光滑的蹄子踩在冰上滑溜溜的，仿佛踩在玻璃镜上，四只蹄子朝四个方向跑。

可是，像风一样快的羚羊腿是羚羊的立身之本呀！

现在，在这春冻时节，不知道有多少只羚羊，会死在狼和其他猛兽的魔爪下！

这里是高加索山区

在我们这儿，春天先到低的地方，再到高的地方，一步步地向冬天发起进攻。

山顶上雪花飘飘，山下的谷地里却雨水绵绵。小溪淙淙地流淌着，第一次春汛来临了。河水暴涨起来，冲出了河岸。湍急的混浊河水奔向大海，沿途卷走了一切。

在山下的谷地里，百花盛开，树叶舒展开身姿。绿色植被沿着阳光充足的暖和的南山坡，一天天朝山顶挺进。

飞禽、啮齿动物和食草动物，都跟随着绿色植被朝山顶进发。狼、狐狸、森林野猫和人人都害怕的雪豹，也追随着牡鹿、牝鹿、兔子、野绵羊和野山羊的足迹往山上跑。

冬天退居山顶，春天紧追不舍，所有的生物都跟随着春天上山了。

喂！喂！这里是大海，这里是结冰的海洋

洋面上朝我们漂来冰块以及整块的冰原。一些两肋漆黑、通体呈

浅灰色的海兽躺在冰上。这是格陵兰雌海豹，它们将在这里，在这寒冷刺骨的冰面上，产下雪白的小海豹。小海豹毛茸茸的，长着黑鼻子、黑眼睛。

小海豹得过段时间才能下海。因为它们还不会游泳，所以得在冰上待好多天。

黑脸黑腰的老格陵兰雄海豹，也爬上了冰原。它们那淡黄色的短毛硬梆梆的，纷纷往下掉。在换好毛之前，它们得躺在冰上漂流些日子。

瞧，侦察员们乘着飞机巡视海面，他们在侦察，试图发现哪里的冰原上有带着小海豹的雌海豹，哪里的冰原上躺着换毛的雄海豹。返航以后，他们向船长报告哪里的海豹最多。海豹们密密麻麻地躺在一起，把身底下的冰都遮住了。

于是，一艘载满猎人的特制轮船朝那里开去。船只在一块块冰原之间迂回穿梭。他们捕捞海豹去了。

这里是黑海

我们这里没有土生土长的海豹。很少有人有幸看到这种海兽。

它从水里露出长达 3 米的乌黑脊背，嗖的一下不见了。这是一只地中海海豹，经过博斯弗斯海峡，碰巧游到我们这里来了。

不过，我们这里盛产另外一种海兽——快乐的海豚。现在在巴统城附近，正是捕捞海豚的最佳季节。

猎人们乘坐小汽艇出海，仔细观察从四面八方飞来的海鸥的飞行方向和集结地。海鸥在哪里聚成群，哪里就会出现一群群的小鱼。海豚也一定会到那里去。

海豚非常喜欢玩耍：宛如马在草地上打滚，它们也在水面上翻腾，有时还一只接一只地跃出水面，在空中翻筋斗。不过，现在可不能靠近它们开枪，它们会被吓跑的。请到它们会餐的地方去。当它们大快朵颐的时候，把汽艇开到离它们只有 10 ~ 15 米远的地方。必须眼疾手

快，抓紧开枪，马上把打中的海豚拖到船上来，否则死海豚会沉入海底。

这里是里海

我们里海北部冰天雪地，所以这里有很多海豹的冰穴。

不过，我们这里的小海豹已经长大了，换过了毛，先变成深灰色的，然后又变成棕灰色的。海豹妈妈越来越少地钻出圆圆的冰窟窿，这是它们最后几次给小海豹喂奶了。

海豹妈妈也开始换毛了。它们必须游到其他冰块上去，游到一群群雄海豹躺着的地方去，跟它们一起换毛。它们身子底下的冰已经在融化、破裂。它们只得爬上岸，躺到沙洲或浅滩上，换完剩余的毛。

里海鲱鱼、鲟鱼、白鲟鱼和许多其他爱旅行的鱼，成群结队地从各处游来，游到伏尔加河、乌拉尔河的河口附近。它们待在那里，等待这几条河流的上游解冻，等待从伏尔加河上冲下来的淡水。

那时，它们就要忙碌起来：它们一群群、你冲我撞地逆流而上，急匆匆地赶到它们的出生地去产卵。那些地方，都在上述几条河流的遥远的北部，在它们大小不一的支流里。

沿着伏尔加河、卡马河、奥卡河、乌拉尔河及其支流，渔民们布下天罗地网，准备捕捞这些不遗余力赶回故乡的鱼儿。

这里是波罗的海

我们这儿的渔民也整装待发，准备去捕捞小鳁鱼、小鲱鱼和鳘鱼。而在芬兰湾和里加湾，只要冰一融化，就将开始捕捞鲑鱼、胡瓜鱼和白鱼。

海港陆续解冻，轮船从港口出发，开始长途航行。

世界各地的船只纷纷向我们驶来。冬天马上就要结束了，波罗的海的欢乐时光即将来临。

喂！喂！这里是中亚细亚沙漠

我们这里的春天也很欢快祥和。经常下雨，天还不太热。不知名的小草从四面八方，甚至从沙地里钻出来。

树木长出了新叶。沉睡了一冬的动物从地底下爬出来。屎壳郎和象鼻虫也飞来了；闪亮的吉丁虫布满灌木丛。蜥蜴、蛇、乌龟、土拨鼠和跳鼠，纷纷从幽深的洞穴里钻出来。

黑色的大兀鹰成群结队地从山顶飞下来捕捉乌龟。

兀鹰善于用它那长长的弯嘴，把乌龟肉从龟壳里啄出来。

春天的客人飞来了：有小巧玲珑的沙漠莺，有能歌善舞的鹡，有形态各异的百灵鸟，分别是鞑靼大百灵、亚细亚小百灵、黑色百灵、白翅膀百灵和凤头百灵。空中飘荡着它们的歌声。

在明亮舒适的春天，连沙漠都称不上是死气沉沉的，那里有多少生机勃勃的生命呀！

来自祖国各地的无线电报到此结束。

下次播报将于 6 月 22 日举行。

一箭射中目标！一语击中答案！

第一场比赛

1. 根据日历，春天从哪一天开始？
2. 哪一种雪融化得更快：洁白的雪还是肮脏的雪？
3. 为什么春天人们不猎杀毛皮兽？
4. 春天谁最先出现：蝙蝠还是飞虫？
5. 在我们这儿，春天哪种花最先绽放？
6. 春天，森林里哪种鸟的羽毛明显变色？
7. 什么时候最容易发现雪兔？
8. 小兔子出生时，眼睛是睁着的还是闭着的？
9. 这里画了两棵松树：一棵长在茂密的树林里，另一棵长在开阔的地方。你能看出，哪棵树长在什么地方吗？

10. 什么野兽是我们这里最小的？
11. 什么鸟是我们这里最小的？
12. 这里画了3种各不相同的鸟的嘴巴：一种吃昆虫，一种吃谷粒和野果，还有一种吃小兽和小鸟。你能根据鸟嘴分辨出哪种鸟吃哪种食物吗？

13. 在我们这儿的鸣禽中，哪种雄的是黄的，雌的是绿的？

14. 这棵树的中段被兔子啃光了树皮。兔子怎么能够啃到那么高的树皮？它为什么不从下部、从树根处开始啃呢？
15. 一年中哪两天，太阳在天上高挂12小时？
16. 在冬天，什么东西头朝下生长？
17. 什么东西不用生炉子，不用点柴火，却让人周身温暖。
18. 什么东西静悄悄地飞，静悄悄地坐，死后才高声尖叫。
19. 乌黑的马儿在飞奔，可车辕还留在原地。分别指代什么事物？
20. 老大娘冬天穿白棉袄，春天穿花衣裳。(打一季节)
21. 什么东西冬天温暖，春天腐烂，夏天死去，秋天渐渐复活。
22. 昨天经历了什么，明天又将出现什么？
23. 不是树，却有很多枝杈。(打一动物)
24. 得写多少个A，才能得到一种鸟？(打一字迷)

通告

诚求住房

我们已经来到这里。诚求用结实木板钉成的独立小房子，木板厚度不得低于2厘米。房子朝南，高32厘米，面积15厘米×15厘米。入口5厘米宽，离地高度为23厘米。

求购方　椋鸟

最近几天，我们即将到达。诚求菱形小房子，面积12厘米×12厘米，入口4厘米宽。

求购方

白腹鹟和红尾鸲

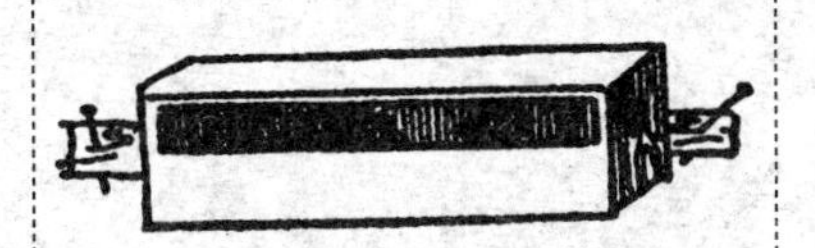

我们将于5月份到达。诚求里面有隔板的房子，隔成3个房间。面积12厘米×36厘米，入口开在屋檐下，4厘米宽。

求购方　雨燕

诚求木板房，高11厘米，面积11厘米×11厘米，入口4厘米宽，离地高度为7厘米。

求购方　白鹡鸰

（我们已经到达）

灰鹟（我们将于5月份到达）

森 林 报

第2期

返回故乡月

（春季第二月）

4月21日~5月20日

太阳转入金牛宫

一年：一共12个月的太阳史诗

四月

四月，请点燃雪！四月还在沉睡，春风却已轻拂，预示着天气将变暖和。等着瞧吧，还会发生新鲜事！

在这个月里，水从山上潺潺流下，鱼儿活蹦乱跳。春天把大地从雪底解放出来后，将完成它的第二项职责：把水从冰底解放出来。由雪水汇聚成的小溪，悄悄流入小河，河水上涨，挣脱了冰的束缚。春水奔流，在谷地上肆意地泛滥开来。

饱饮了春水和温暖雨水的大地，穿上了缀着五颜六色的娇美雪花[①]的绿色外套。森林却依旧光秃秃地站在那里。它在静静地等候，等待春天的眷顾。不过，树汁已开始暗暗地流动，幼芽灌满了浆，地上的花开了，半空中枝头的花也开了。

鸟类返乡大迁徙

候鸟纷纷大批地从越冬地起飞。它们的返乡之旅严谨有序，排列整齐，依次而归。

今年，候鸟飞临时所经过的空中线路和飞行次序，依然和几千年、几万年和几十万年前它们的老祖宗所确立的一样。

---

① 一种春天的花。

最先动身的，是去年最后飞离的鸟。最后起飞的，是去年秋天最先飞离的鸟。色彩最艳丽华美的鸟最晚飞来，它们必须等到新鲜的青草和绿叶长出之后才能飞来。因为在光秃秃的大地和树枝上，它们太引人注目了。现在在我们这里，它们还找不到掩蔽物来躲避猛兽和猛禽这些天敌的袭击。

鸟类的海上长途飞行航线，正好穿越我们列宁格勒市和列宁格勒州的上空。这条航线被称为波罗的海航线。

这条海上长途航线的一端是阴沉沉的北冰洋，另一端是百花盛开、阳光明媚的炎热区域。无数海上和海滨的飞鸟，按照各自的行程和队形，组成连绵不绝的长队在空中飞翔。它们沿着非洲海岸飞行，飞越地中海、比里牛斯半岛和比斯开湾海岸，飞渡英吉利海峡、北海和波罗的海。

一路上，它们经历了无数的困难和灾难。浓雾像一堵墙似的突然出现在这些飞翔的旅行者面前。它们在潮湿的、昏暗的空中迷了路，匆忙中一头撞上了看不见的锋利岩石，摔得粉身碎骨。

海上的暴风雨折断了它们的羽毛，打掉了它们的翅膀，把它们吹到远离海岸的地方。

不期而至的寒冷把海水冻成冰，有些鸟在饥寒交迫中死去。

成千上万只鸟死于贪馋的猛禽雕、鹰和鹞的利爪。

这一季节，许多猛禽聚集在海上长途飞行航线上，不费吹灰之力就可以捕获丰盛的猎物。

也有数百万只候鸟，死在猎人的枪口下。但是，什么也阻挡不住长着翅膀的旅行者们那前赴后继的队伍。它们穿透浓雾，冲破一切障碍，朝着故乡、朝着故巢飞来了。

我们这里的候鸟，并非全部在非洲过冬，也并非都沿着波罗的海航线飞行。有些候鸟从印度飞来，扁嘴鳍鹬则在更远的美洲过冬。它们急不可待地穿越整个亚洲，朝我们飞来。从它们过冬的住处，到阿尔汉格尔斯克附近的故巢，大约需要飞行 1500 千米，耗时将近两个月。

戴着脚环的鸟

假如你遇到一只死了的戴着金属脚环的鸟，那么请你摘下这只金属环，把它寄到中央鸟类保护局，地址是：莫斯科，K－9，赫尔岑大街6号。请附上一封信，说明你在何时何地打死了这只鸟。

假如你抓到戴着脚环的鸟，那么请抄下脚环上压出的字母和号码，把鸟放生，然后写一封信，向上述机构报告你的发现。

科学家们把一种分量很轻的金属环（铝环）戴到鸟的脚上。环上的字母表明，这个脚环是由哪个国家的科研机构戴上的。在科学家的日记本里，也记载着与脚环号码相同的号码，表明他于何时何地给这只鸟戴上脚环。

科学家们用这种方法来探索鸟类生活的惊天秘密。

例如，在我国遥远的北部，给一只鸟戴上了脚环，后来，它落到非洲南部，或者印度，或者其他地方的某人手里，便会从那里寄回从鸟脚上取下的金属环。

不过，并非所有的候鸟都飞到南方去过冬，有的飞到西部，有的飞到东部，有的甚至飞到北部去过冬。通过给候鸟戴脚环的办法，我们得知了候鸟的这一生活习惯。

森林中的大事

道路泥泞

现在郊外道路泥泞：无论是在林中小道还是乡间小路，都无法乘坐雪橇和马车通行。我们很难得到来自森林的消息。

雪下浆果

在林中的沼泽地上，红莓苔子从雪底下钻出来了。农村的孩子们经常跑去采红莓苔子，他们说，经过严冬的陈年浆果比新浆果甜。

昆虫过枞树节

柳树开花了。它那枝节粗大的灰绿色枝条，完全被轻盈的鲜黄色小球遮住了。所以柳树浑身变得毛茸茸的，轻盈飘灵，一副喜气洋洋的模样。

柳树开花了，这可是昆虫们的节日啊！在那漂亮的树丛周围，欢快热闹，像庆贺枞树节似的。熊蜂嗡嗡地飞着；糊涂的苍蝇漫无目的地瞎忙；勤劳的蜜蜂弹拨着一根根纤细的雄蕊，采集花粉。

蝴蝶飞来飞去。瞧，长着雕花般翅膀的黄蝴蝶，叫作柠檬蝶；眼睛大大的棕红色蝴蝶，叫作荨麻蛱蝶。

瞧，一只长吻蛱蝶落在了毛茸茸的小黄球上面，它用黑色翅膀遮住小黄球，把长嘴巴深深地插到雄蕊之间去汲取花蜜。

还有一簇树长在这簇欢快的树丛旁，它也是柳树，也开着花。但是，这棵柳树的花完全是另外一副模样：相貌丑陋，长着乱蓬蓬的灰绿色小球果。昆虫也栖息在小球果上面。可是这棵树周围不像旁边那棵树周围那么热闹。不过，柳树的种子却正是结在这棵树上。原来，昆虫已经把黏糊糊的花粉，从小黄球上搬到灰绿色小球果上来了。在每一棵长长的、像小瓶子似的雌蕊里，很快将结出种子来。

■ 发自尼·芭芙洛娃

葇荑花序

葇荑花序绽放在大河小溪的沿岸和森林边上。它们不是开在刚刚解冻的大地上，而是开在被春天的太阳晒得暖洋洋的枝头上。

在白杨树和榛子树上，点缀着许多长长的浅咖啡色小穗。这些小穗就是葇荑花序。

它们早在去年就长出来了。不过，在冬天里，它们一直鼓囊囊的，停滞不长。现在它们舒展开来，变得松软而富于弹性。

只要碰一下树枝，它们就摇晃着喷出一股烟尘般的黄色花粉。不过，在白杨树和榛子树的枝头上，除了会喷花粉的葇荑花序外，还长着另外一种花：雌花。白杨树的雌花，是褐色的小球果；榛子树的雌花，是粗壮的苞蕾。从苞蕾里露出一些粉红色的卷须，恰似躲在苞蕾里的昆虫长的胡须，实际上这是雌花的柱头。每一朵雌花都有好几个柱头，两个、三个，有时甚至有五个。

现在白杨树和榛子树还没长出叶子，风在光秃秃的树枝间自由飘荡，把葇荑花序吹得东摇西摆，然后又撩起花粉，把花粉从一棵树吹到另一棵树上。粉红色卷须般的柱头吸收了花粉，于是这些怪模怪样的短胡子似的小花受了精。到秋天，它们将长成一颗颗榛子。白杨树的雌花也受了精，到秋天，它们将变成带有种子的小黑球果。

■ 发自尼·芭芙洛娃

蝮蛇的日光浴

每天清晨，有毒的蝮蛇都爬到干树桩上晒太阳。它爬得很费劲，由于寒冷，它身体的血冰凉刺骨。蝮蛇在阳光下晒暖了身子，变得活跃起来，就去捕捉老鼠和青蛙。

蚂蚁窝微微颤动起来

我们在一棵枞树下，找到一个大蚂蚁窝。因为没有看见一只蚂蚁，一开始我们还以为这不过是一堆垃圾和旧针叶，没想到是座蚂蚁城。

现在，“垃圾堆”上的雪化了，蚂蚁爬出来晒太阳。在长时间的冬眠之后，它们变得虚弱无力，黑乎乎地粘成一团，伏在蚂蚁窝上。我们用小棍儿轻轻地拨弄它们，它们只是勉强动了动，连用刺鼻的蚁酸来回射我们的力气都没有。

必须再等几天，它们才能再次开始劳动。

还有谁苏醒过来

蝙蝠和扁扁的步行虫、圆圆的黑色屎壳郎以及叩头虫等各种甲虫都苏醒过来了。叩头虫在表演它那令人费解的把戏：把它仰面朝天放着，它就把头“啪”的一点，腾空跃起，在空中翻个跟头，笔直地落在地上。

蒲公英开花了；白桦树被绿色的薄雾包裹着，马上就要生出叶子了。

第一场春雨之后，粉红色的蚯蚓从土里钻了出来，羊肚菌和鹿花菌等新生的蘑菇也冒了出来。

在池塘里

池塘苏醒了。青蛙离开了淤泥里过冬的温床，产下卵，从水里跳上了岸。

与之相反，北螈刚从岸上回到水里。在我们列宁格勒地区，人们把北螈称作“哈里同”。北螈是橙黑色的，拖着条大尾巴，与其说它像青蛙，不如说它像蜥蜴。冬天，它离开池塘到森林里过冬，藏在潮湿的苔藓里睡大觉。

癞蛤蟆也醒了，也产了卵。不过，青蛙的卵像一团团冻胶似的漂浮在水面，冒着小气泡，每个小气泡里有只黑色的小圆点。癞蛤蟆的卵却由一条细带子连成一串，粘着在水底草丛上。

森林卫生员

冬天，有些飞禽走兽突然遭遇严寒，措手不及，冻僵了，被雪埋在下面。到春天，它们纷纷露了出来。可是它们不会在那里待很久的，因为熊、狼、乌鸦、喜鹊、埋粪虫和蚂蚁，以及其他森林公共卫生员，会把它们收拾走的。

它们是春花吗

现在已经可以找到许多开花的植物了，它们是三色堇、荠菜、遏蓝菜、蓼和欧洲野菊。

你可别认为这些草都跟春天开的雪花一样，是从地下钻出来的。雪花是先露出点儿绿色的梗，然后用尽全身仅有的小小力气，一舒展，小花朵就问世了。

三色堇、荠菜、遏蓝菜、蓼和欧洲野菊从来不藏起来过冬。它们以盛开的花朵，勇敢地迎接冬天。等到蓝天重新代替了头顶的白雪天

花板，它们就苏醒过来，花朵和蓓蕾也复活了。

去年晚秋，我们看到的那些草茎上的蓓蕾，现在都开成了花，正从草丛里望着我们呢。

依你看，它们还能算是春花吗？

■ 发自尼·芭芙洛娃

白慈鸟

一只白色的慈鸟住在小雅尔契克村的中学旁。它和普通慈鸟一起飞行。即使老人们也从未见过浑身雪白的慈鸟。同学们都不明白，为什么会有白色的慈鸟。

■ 发自中学生森林记者　波利亚·希尼茨娜
盖拉·马斯洛夫

编辑部的解释

有时普通鸟兽会产下浑身雪白的小鸟小兽。

科学家们把它们叫作患白化病的鸟兽。

患白化病的鸟兽分为两种：浑身雪白和部分雪白。患白化病的鸟兽机体里面，缺少染色素，也就是使羽毛和兽毛染色的色素。

家畜里面，患白化病的很多，如白家兔、白公鸡、白母鸡和白老鼠。

野生动物里很少有先天性白化病患者。

患白化病的野生动物，日子比家畜要难过千百倍。有的出生不久，就被亲生父母咬死了；有的一辈子受到同类的追捕和攻击。即使亲属把这种白色的畸形儿收留在队伍里，像小雅尔契克村的白慈鸟那样，它也活不长，因为它实在太显眼了，猛禽首先就不会放过它。

珍稀的小兽

森林里，一只啄木鸟大声鸣叫起来。它叫得实在太响了，我一听就明白：啄木鸟遇到麻烦啦！

我穿过丛林，看见林中空地的一棵枯树上有个形状规则的窟窿，这就是啄木鸟的老窝。一只稀奇的小兽，正顺着树干朝鸟巢逼近。我看不出这是只什么野兽！它浑身灰色，尾巴既不长也不蓬松；圆圆的小耳朵，跟小熊的耳朵很像，长着一双又大又凸的鸟眼。

小兽爬到洞口，朝洞里瞅了瞅，显然是想吃鸟蛋……啄木鸟急忙朝它扑去！小兽向树后一躲，啄木鸟追了上去。小兽沿着树干盘旋而上。啄木鸟紧追不舍。

小兽越爬越高，可树干到顶啦，它再也爬不上去了！啄木鸟猛地啄它一口！小兽从树上纵身一跃，在半空中飞翔起来……

它张开四只小爪子，像片秋叶似的在空中飘浮。身子不时地朝两边摆动，转动着小尾巴以调整方向。它飞过草地，停在一根树枝上。

这时我才恍然大悟，原来它是一只会飞的小兽——鼯鼠。它的身子两侧生有皮褶子。它伸出四只爪子，打开皮褶子，就可以飞行了。它是我们森林中的跳伞运动员！只可惜这种小兽极其稀少！

■ 发自森林记者 尼·斯拉德科夫

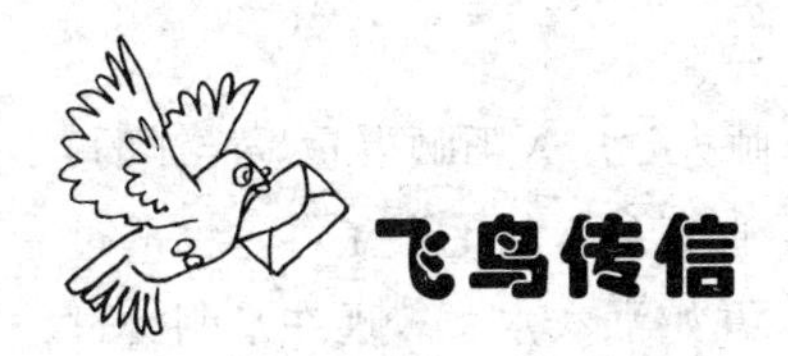

飞鸟传信

发大水啦

春天给森林里的居民带来许多灾难。雪快速融化，河水泛滥，淹没了河两岸。

有些地方变成了真正的汪洋。动物受灾的消息不断地从各处传来。兔子、鼹鼠、野鼠、田鼠以及其他住在地上和地下的小动物最遭罪了。水涌进住所，它们只好弃家而逃。

每一只小动物都在想方设法躲避水灾。

小鼩鼱跳出洞穴，爬上灌木丛，坐在那里等待洪水退去。它的样子可怜巴巴的，因为它饿极了。

当大水涌上岸的时候，鼹鼠差点儿给闷死在地下。它从地底下钻出来，蹦到水面游了起来，它必须找个干燥的地方。

鼹鼠是位优秀的游泳运动员。它一口气游了好几十米才爬上岸。它心满意足，因为没有猛禽在水面发现它那乌黑发亮的皮毛。

它爬上岸后，又顺利地钻到了地底下。

■ 发自本报记者

兔子上树

有只兔子遇到这么件事。

它住在一条大河当中的小岛上。每天夜里，它出来吃小白杨树的树皮；白天则躲在灌木丛里，以免被狐狸或者猎人发现。这只兔子还

小，也不太聪明。它压根儿没有注意到，小岛周围河水中的冰块正在噼里啪啦地裂开。

那天，兔子正安逸地躺在灌木丛下睡大觉。太阳晒得它暖洋洋的，它一点儿也没发觉河水在迅速上涨，一直到身下的毛湿了，才惊醒过来。它一跃而起，周围已是一片汪洋。开始涨大水了。现在水刚漫过兔子的脚背，它慌忙往岛中央逃，那里还是干燥的。

可是，河水上涨很快。小岛变得越来越小，兔子急得来回乱窜。它发现整座小岛很快就要淹没在水中了，可是它又不敢往湍急冰冷的河里跳。它不可能横渡过这条汹涌澎湃的大河的。就这样过去了整整一天一夜。

第二天早晨，小岛只剩下一小块地方露出水面，一棵树干粗而多节的大树长在上面。这只吓得魂不附体的兔子，绕着树干乱窜。第三天，河水已经涨到树下了。兔子开始往树上跳，可是每次都失败了，“扑通”一声掉到水里。终于，兔子跳上了离地面最近的那根粗树枝。它凑合着坐在上面，耐心地等待洪水退去：河水已经不再上涨了。

它并不担心会饿死，因为老树皮虽然又硬又苦，但终归是可以吃的。风最可怕，猛烈地摇晃着大树，兔子几乎抓不住树枝。它仿佛是一个趴在轮船桅杆上的水手，脚下的树枝好比船只的龙骨在左右摇晃，脚下奔淌着幽深冰凉的河水。大树、木头、树枝、麦秸和动物的尸体沿着宽阔的河流，从兔子身子底下漂过。当它看到有只兔子随着波浪一上一下，慢慢地从它身旁漂过时，这只可怜的小兔子吓得浑身发抖。那只死兔子的脚被一根枯树枝缠住了，它肚皮朝天，四脚僵直，跟树枝一起漂浮着。

兔子在树上待了 3 天。水终于退了，兔子跳下了地。

现在，它只好留在河中间的小岛上。一直等到炎热的夏天，河水变浅了，它才可以跑到岸上去。

松鼠乘船

在春水泛滥的草地上，一个渔夫撒下袋形鱼网捕捞鳊鱼。他划着一只小船，在冒出水面的灌木丛中缓慢穿行。他看见一只模样奇特的淡棕色蘑菇长在一棵灌木上。冷不防，那只蘑菇跳了起来，径直跳进渔夫的小船里。这只蘑菇一到船里，立刻变成一只浑身湿透、毛发乱蓬蓬的松鼠。

渔夫把松鼠带到岸边，松鼠立刻跳出小船，欢蹦乱跳地跑进树林里。谁也不知道，它为什么会出现在水中的灌木丛上？在那里究竟待了多长时间？

连鸟类都在遭罪

当然，对鸟类来说，水灾没有那么可怕。但是，它们也饱受春汛的困扰。浅黄色的鹀鸟在大水渠边筑了巢，在巢里产了蛋。春汛期间，鸟巢被冲坏了，蛋也给冲走了，鹀鸟只得另寻筑巢之处。

沙锥待在树上，急不可耐地等待大水退去。沙锥住在林中的沼泽地上，用长嘴巴插到柔软的泥土里寻找食物。它天生拥有一双便于在泥地上行走的脚。如果让它在树干上站着，那么就像狗站在栅栏上一样难受。不过，它还得在树上待着，一直等到可以再次在柔软的沼泽地上行走，用长嘴巴在地上挖洞。它绝不会离开这块沼泽地！因为其他地盘已经被别的沙锥占领，它们是不会让它进去的。

意想不到的猎物

一天，我们的一位森林记者，同时也是一位猎人，悄悄地靠近一群栖息在湖上灌木丛后面的野鸭。他穿着一双高筒雨靴，轻轻地移动着脚步，漫上岸的湖水已经没到他的膝盖。

突然，一阵喧嚣声和泼水声，从他面前的灌木丛后面传来。紧接着，他看见一个长长的、光溜溜的灰脊背在浅水里晃动。他不加思索地用打野鸭的霰弹，对准这只怪物连开两枪。灌木丛后面的水一阵翻腾，泛起许多水泡，接着一片沉寂。猎人走过去，看见他打死的是一条长约 1.5 米的梭鱼。

现在这个季节，梭鱼从江河湖泊游到被春水淹没的岸上，在草丛里产卵。这里的浅水很暖和。小梭鱼从卵里孵出之后，就跟随着退下来的春水，游到江河湖泊里去。猎人对此一无所知，否则他一定不会干违法的事。法律禁止猎杀春天游到岸边产卵的鱼，即使是梭鱼和其他食肉鱼，也不能打。

最后的冰块

冬天，一条冰道横穿小河，这也是集体农庄庄员驾着雪橇行走的道路。但是，春天到了，小河里的冰往上浮并裂开来。于是，这一段冰道就摇摇晃晃地顺流而下了。

这是一块肮脏不堪的冰，上面留有马粪、雪橇的车辙和马蹄印。冰块当中，还丢弃着一枚马掌钉。一开始，冰块在河床里漂浮着。一些小白鸟（鹡鸰）从岸边飞到冰块上，捕食冰上的小苍蝇。后来，河水漫上岸，冰块被冲到草场里。鱼儿在冰下穿跃，在春水泛滥的草场上来回游戈。

一天，一只瞎眼的黑色小野兽蹦出水面，并爬上了冰块。这是一只鼹鼠。春水淹没了草场，它在地底下无法呼吸，只好浮出水面。后来，冰块的一角恰好碰到干土丘，鼹鼠趁机跳上土丘，赶紧钻到土里面去了。

冰块继续向前漂浮。它越漂越远，最后漂进了森林，被一个树墩挡住了。林鼹鼠和小兔子等一大批受灾的陆栖小动物，立刻聚集到冰块上来。它们遇到了相同的灾难，都面临着死亡的威胁。它们又怕又冷，浑身颤抖，互相偎依在一起。

不过，水很快开始撤退了。太阳晒融了冰块，只剩下马掌钉子还留在树墩上。小野兽们爬上岸，四散着跑开了。

顺着小河，顺着大江，顺着大湖

人们利用流水运送冬天砍下来的木头，因此小河里密密麻麻地漂浮着原木。木材流送工人在小河流入大江、大湖的地方，筑了一道道浮栅，堵住小河口，并在那里把木材编成木筏，继续往前送。

在列宁格勒州的茂密森林里，流淌着几百条小河。其中不少河流入姆斯塔河。姆斯塔河流入伊尔明湖，然后流经宽阔的伏尔霍夫河，再流进拉多加湖。最后，从拉多加湖流入涅瓦河。

冬天，林业工人在列宁格勒州的茂密森林里砍伐原木；春天，他们把原木推进小河里。于是，那些原本不会动的木头开始沿着水上之路旅行。有时，一只木蠹蛾藏在树干里，于是它也跟着到列宁格勒市来了。

林业工人可以看见各种各样的趣事。一位工人向我们讲述了这么一个故事。一只松鼠坐在林中小河边的树墩上，两只前爪捧着大松果在啃。突然，一只大狗从树林里跑出来，狂吠着扑向松鼠。周围没有一棵可供松鼠攀爬的树。松鼠丢下松果，高高翘起毛茸茸的大尾巴，蹦跳着奔向河边。大狗紧追不舍。这时，河里正密密麻麻地漂浮着原木。松鼠跳上离岸最近的木头，接着跳上第二根，然后跳上第三根。狗激愤之下也跟着往上跳。难道又长又直的狗腿能在圆木头上跳跃吗？圆木在水面上打着转。狗的后腿一滑，前腿也跟着一滑，就掉到了水里。这时水流又送来一大批原木。眨眼间，狗就不见了。而那只轻盈机灵的小松鼠，不停地从一根原木跳到另一根，很快就跳到了对岸。

另外一位木材流送工看见一只棕色的野兽，爬上了一根单独漂浮着的大木头，它的身高有两只猫那么长，嘴里衔着一条大鳊鱼。这只野兽坐在原木上，悠然自得地吃着大鱼，搔搔痒，打打哈欠，然后溜进了水里。这是一只水獭。

冬天鱼儿在干什么

冬天，在数九寒冬的冰冷季节，许多鱼儿睡得正香。

鲫鱼和冬穴鱼早在秋天就钻到河底的淤泥里。鲍鱼和小鲤鱼在铺着沙子的洞穴里过冬。鲤鱼和鳊鱼在长满芦苇的河湾和湖湾的深坑里过冬。鲟鱼秋天就聚集到不完全结冰的大河底的洞穴里，挤成密密的一团。毕竟河越深，靠近河底的水就越暖和。

在本期的《森林报》上，你们也可以读到几乎不冬眠的鱼将干些什么事。上面所说的那些冬眠的鱼，现在都已经苏醒过来，并迫不及待地开始产卵了。

祝你一钓一个准

按照古代一种挺滑稽的习俗，对出发去钓鱼的人得说：“祝你一钓一个准!”

在我们的读者中有不少钓鱼迷。我们不仅预祝他们成功，而且还准备用忠告和指南来帮助他们，告诉他们何时何地什么鱼容易上钩。

河开冻后，可以立刻把钓鱼钩垂到河底，用蚯蚓钓江鳕。等池塘里和湖里的冰一融化，就可以钓红鳍鱼。红鳍鱼喜欢躲在河岸边隔年的草丛里。稍后，就可以捕捉圆腹条了。水变清后，可以用渔网捕大鱼、用鱼饵钓小鱼。

苏联著名捕鱼专家库尼洛夫曾经说过：“钓鱼人应该了解鱼类在一年四季和各种气候条件下的生活习性，这样，当他来到河边或湖边时，才能准确选择适合钓鱼的位置。”

随着春水退去，河岸显露，水也变清了，可以开始在下列地方钓梭鱼、硬鳍鱼、鲤鱼和鳜鱼：小河口和小支流里；在浅滩和石滩旁陡岸和深湾旁，特别是在有浸泡在水里的乔木和灌木的地方；在鱼钩可以甩到航道当中的平静的、狭窄的水域桥墩下、小船或木筏上；在水磨坊的坝上。无论在深水里，还是在岸边灌木丛下的浅水里，都可以钓鱼。

库尼洛夫还说：“从早春到深秋，在任何水域，都可以用带鱼漂的、适合钓各种鱼的钓鱼竿。”

从 5 月中旬开始，就可以在湖泊和池塘里用红虫子钓冬穴鱼；稍后，可以钓斜齿鳊、鳜鱼和鲫鱼。河岸的草丛旁、灌木丛旁和 1.5 米到 3 米深的河湾，都是钓鱼的最佳位置。不要在一个地方待太久。如果鱼不再上钩，就换到另一丛灌木旁，或者芦苇丛、牛蒡丛旁。驾着小船钓鱼更加方便。

待到小河里的水一变清，就可以在岸边钓各种鱼了。在平静的小河边，钓鱼的绝佳位置为：陡峭的岸边，水中留有树枝和灌木的河中心的洼地，岸边长有杂草和芦苇的小河湾。

有时候，由于河岸泥泞，周围都是水，很难接近小河湾和灌木丛。但是如果设法踩着草墩，或者穿着高筒雨靴走到岸边去，把鱼饵甩到牛蒡后或者芦苇丛里，就可以钓到很多鳜鱼和斜齿鳊。当你沿着岸边走时，必须耐心地寻找好地方。你必须拨开树丛，把钓鱼竿从树枝间伸出去，把鱼饵甩到人们还未钓过鱼的地方。吸引钓鱼者的好去处还有：桥墩旁、小河口和水磨坊的坝上。在这些地方，总能找到鱼并成功地钓到鱼。

必须用豌豆、蚯蚓和蚱蜢做诱饵钓大鲤鱼，可以在岸边用普通的、带鱼漂的钓鱼竿钓；有时也可以用不带鱼漂的钓鱼竿钓。从 5 月中旬到 9 月中旬，都可以用不带鱼漂的钓鱼竿钓鱼。

钓鲑鱼和淡水鳜的好地方是：大坑、河道弯曲的急流旁；周围堆满了被风刮倒的树木、平静无风的林中小河；岸边长有许多灌木的深水潭；堤坝下和石滩下。某些鳜鱼，必须在石滩和靠近暗礁的地方钓。必须在离岸不远的、湍急的浅水中，或者在铺有砾石的支流中，钓小鲤鱼和一些不太大的鱼。

森林里的战争

森林部落之间，总是发生战争。我们派出特派记者，到战事前线采访。

首先，我们的特派记者到了长着白胡子的百岁老枞树国。每个老枞树战士，都有接在一起的两根电线杆那么高，有的甚至有3根电线杆那么高呢。

枞树国阴沉沉的。老枞树战士们笔直地站立在那儿，阴郁地一言不发。它们的树干，从根部到树梢都是光溜溜的，只偶尔有些弯弯曲曲的枯树枝，凸立在树干上。

在远离地面的高处，巨树茂密的树枝缠绕在一起，编织成了一道密不透风的帘子，又似一座大屋顶，遮蔽住整个国家。阳光射不进厚厚的幕帐，下面一片昏暗，气闷难忍，散发出一股潮湿腐朽的味道。偶尔出现在这里的各种绿色小植物，也全都枯萎凋零了；只有灰藓和地衣对这个阴暗国度的生活感到满意。它们喝主人的血——树液，贪婪地黏附在那些在战争中牺牲的巨树的尸体上。

特派记者在这里没有看见一只野兽，也没有听见一声鸟鸣。他们只碰到一只离群索居的猫头鹰，它是为了躲避耀眼的太阳光才藏到这里来的。它被我们的记者吵醒了，浑身羽毛竖起，胡子颤抖，角状的钩形嘴里发出可怕的啪嗒声。

不刮风的日子，在枞树部落的国度里，一片死一般的沉寂。每当风从树顶刮过的时候，这些直立挺拔的巨树，只是摇摇针叶茂密的树梢，气呼呼地发出嘘嘘声。在老树林里，数巨大的枞树个头最高、最强悍、成员也最多。

我们的记者离开枞树国，来到白桦林和白杨部落国。白皮肤、绿卷发的白桦树和银皮肤、绿卷发的白杨树，用沙沙声热情地欢迎他们。数不清的小鸟在林中歌唱。阳光透过树梢的叶子倾泻下来，把天空照得色彩斑斓：空中不时闪过一道太阳的反射光，形成金色的小蛇、圆圈儿、月牙儿和小星星，在光溜溜的树干上滑过。地上密集地长着各种低矮的小草。显然，它们在主人的绿帐篷下感到轻松自在，像在自己家里一样。野鼠、刺猬和小兔子，在记者脚下窜来窜去。每当风从树顶刮过的时候，在这快乐的国度里热闹非凡。无风的日子里，这里也并非静悄悄的，白杨树叶微微摆动着，发出沙沙的响声，日日夜夜都在窃窃私语。

这个国家以河为界，河那边是一片荒漠，一块巨大的砍伐迹地。冬天，林业工人们刚在那里砍伐过原木。在这片荒漠背后，又是巨大的枞树部落，像一堵黑黝黝的墙似的矗立在那儿。

记者明白，只要森林里的雪一融化，这片荒漠就不再是荒漠，立刻变成一个战场。森林里各部落的居住地拥挤不堪。一旦附近腾出一点儿空地，每个部落都急于占领。记者渡过河，在砍伐迹地上搭了个帐篷住下来，以便做这场战争的见证人。

一个阳光明媚的温暖早晨，从远方传来一阵手枪对射似的噼啪声。记者连忙赶到那里。原来枞树发起了进攻，它们派出空军占领空地。太阳晒热了枞树的大球果，球果发出噼里啪啦的爆裂声，一个接一个地裂开来。每次迸裂时，都发出“砰”的一声，仿佛是从玩具小手枪里发出来似的。紧包着球果的鳞片一下子膨胀开来。球果好比秘密的军事掩蔽所，打开后，许多细小的滑翔机（种子）立刻从里面飞出来。风托住它们，一会儿抬得高高的，一会儿又放得低低的，在空中旋转着，一路前行。

每棵枞树都结了成百上千只球果。每只球果里隐藏着大约 100 架小滑翔机（种子）。无数种子在空中飞舞，降落在砍伐迹地上。不过枞树种子有点儿重，而且只有一只翅膀。微风不能把它们送得很远。它们没能飞到大片的砍伐迹地，只飞了一小半路，就掉到地上了。几天后，借助于一场大风，枞树的小滑翔机才全部占领了空地。紧接着，

是几个春寒料峭的早晨，娇嫩的种子差点儿被冻死。幸亏后来下了一场温暖的春雨，大地变松软了，这批小移民才被收留下来。

当枞树部落占领砍伐迹地的时候，河对岸的白杨树正在开花。它们那毛茸茸的葇荑花序里的种子，才刚刚开始成熟。

又过了一个月，夏天就要到了。在阴森森的枞树国里，开始欢庆佳节。红蜡烛（新球果）在枞树枝上点燃。枞树换了新装，金黄色的葇荑花序满缀在深绿色的针叶树枝上。枞树开花了，它们在悄悄准备明年用的种子。

那些埋在砍伐迹地里的枞树种子，被温暖的春水泡胀了。现在它们已经可以作为小树苗钻出来，向这个世界报到了。

而白桦树还没有开花呢！

森林记者坚信新大陆将被枞树完全占领，其他森林部落来晚啦。他们预料战争不会爆发。

在编辑下一期《森林报》的时候，编辑部希望能收到记者们发来的最新的详细报道。

集体农庄纪事

雪刚一融化，集体农庄庄员们就把拖拉机开到田里去了。用拖拉机耕地，用拖拉机耙地；假如给拖拉机装上钢爪，它还能把树墩连根拔起，开辟新的农田。

紧跟在拖拉机后面，大模大样、摇摇摆摆地走来一群黑里透蓝的白嘴鸦；稍远处，灰色的乌鸦和两肋雪白的喜鹊在蹦蹦跳跳。要知道，被犁和耙从土里翻出来的蛆虫、甲虫及其幼虫，可都是鸟儿们最爱吃的美味点心。

农田耕过了，耙好了，拖拉机已经拖着播种机在田里播种了。精挑细选的种子从播种机里均匀地一行行撒在地上。在我们这儿，最先播种亚麻，然后播种娇嫩的小麦，最后种燕麦和大麦。这些都是春播作物。

至于秋播的黑麦和小麦，现在已经长到离地四分之一俄尺[①]高了；这两种麦子早在去年秋天就种上了，在雪下过了一冬，现在长势良好。

在那生机勃勃的绿色田野里，当天蒙蒙亮和夜幕降临的时候，似乎总有一辆看不见的大车在吱吱叫，又好似有一只大蟋蟀在唧唧叫："契尔维克！契尔维克！"哦，不是的，既不是大车，也不是蟋蟀在叫，而是美丽的田公鸡（灰山鹑）在叫。它灰不溜丢的，夹杂着白色的花斑，面颊和头颈呈橘黄色，红色的眉毛，黄色的脚。它的妻子雌山鹑已经在绿色田野的某个地方筑了巢。

草场上的幼草泛青了。每当黎明时分，住在木屋里的集体农庄的孩子们，被一阵阵响亮的马嘶声和牛羊叫声吵醒。牧童们已开始把牛

① 1俄尺相当于0.71米。——译者注

群、羊群往草场赶了。

有时，人们会看到慈鸟和白嘴鸦这些奇怪的骑手，骑在牛背和马背上。牛走着，长着翅膀的小骑手不停地用嘴巴笃、笃、笃地啄牛背。牛完全可以甩甩尾巴，像赶苍蝇似的掸掉它们。可是牛却耐着性子，不赶它们。这是为什么呢？

道理很简单：小骑手们的分量不重，还能给牛和马带来好处。原来，慈鸟和白嘴鸦是在啄食藏在牛毛、马毛里的幼虫，以及苍蝇在磨破、碰伤的地方产的卵。

肥嘟嘟、毛烘烘的熊蜂早就醒来了，嗡嗡地叫着；亮闪闪、身段苗条的黄蜂飞舞着；蜜蜂也该出来了。集体农庄庄员们把在暖蜂室和地窖里过冬的蜂房拿出来，放在养蜂场上。长着金色翅膀的蜜蜂纷纷从蜂房里爬出来，先晒会儿太阳，晒暖后张开翅膀，飞到各处去采集香甜的花蜜。这还是它们今年第一次采蜜呢。

在集体农庄植树

春天，在列宁格勒州的集体农庄里栽种了几千公顷的树林。在许多地方，新培育了面积从 10 ~ 50 公顷不等的树苗圃。

■ 发自列宁格勒塔斯社

集体农庄新闻

发自尼·米·芭芙洛娃

新 城 市

昨天晚上，在果园附近长出了一座新城市。城里的房子干净卫生。据说，这些房子不是造起来的，而是用轿子抬来的。城里的居民对温暖的天气感到很高兴，纷纷出来散步。它们在屋顶上空盘旋，熟悉街道和住房。

马铃薯过节

要是马铃薯会唱歌，今天你们一定能听到一首最快乐的歌。今天是马铃薯的盛大节日，要把它们运到田里去了。人们小心谨慎地把它们装到木箱里，放到汽车上，然后运走。

为什么要小心谨慎呢？为什么装在木箱里，而不是麻袋里呢？因为每一颗马铃薯都发芽了。芽长得多么好啊：短短的、胖胖的、毛茸茸的，光照充足。它们的下部宽，长着许多白色的小凸包，就快长出根来了。芽的上部尖尖的，可以看到很多细小的叶子。

神秘的坑

在学校的附属地块里，早在秋天就挖好了一些坑，但不知是干什么用的。经常看见青蛙掉在坑里，有人就以为这是专门为捕捉青蛙而设的陷阱。

不过现在连青蛙都明白了，这些坑是用来栽果树的。

孩子们在坑里栽上苹果树、梨树、樱桃树或李子树，每个坑里栽一棵。

在坑中间竖根木桩，把小树缚在木桩上。

修指甲

集体农庄的专业理发师给牛修趾甲。他帮牛洗脚，把它们的脚趾甲都给剪短了。牛很快就要到牧场去了，它们的四条腿应确保完好无损。

开始干农活了

拖拉机在田里日夜轰鸣。夜里，它们独自工作；到早晨，就有一群慈鸟擅自跟定了拖拉机。它们忙得不亦乐乎，还是吃不完被拖拉机翻出来的蚯蚓。

鸥也非常喜欢吃蚯蚓和在土里过冬的幼小甲虫，因此在江河湖泊附近，跟在拖拉机后面的不是一群群的慈鸟，而是一群群白色的鸥。

令人奇怪的芽

一种奇怪的芽长在一些黑醋栗丛上。芽长得很大、很圆。有些芽张开了，很像小小的甘蓝叶球。借助于放大镜，我们仔细研究了这些芽，不由得失声惊叫起来，因为这里面住满了令人讨厌的生物：长长的，弯弯的，还蹬着腿、吹着胡子呢。

怪不得芽膨胀得这么厉害。原来藏在芽里面过冬的是扁虱。对于黑醋栗来说，扁虱是最致命的敌人。它们毁坏了黑醋栗的芽，还把疾病传染给黑醋栗，害得黑醋栗结不了果。

假如在一棵黑醋栗上膨胀的芽不多，就必须在扁虱还没爬出来之前，赶快把芽摘下来烧掉。而那些膨胀芽多的黑醋栗，就只能整棵烧掉了。

成功的飞行

一批一岁的小鲤鱼飞到了五一集体农庄。它们是装在矮木箱里，乘着飞机来的。虽然鱼一般不飞行，但它们都活着，很健康，已经兴高采烈地在集体农庄的池塘里游泳了。

城市新闻

植树周

冰雪消融，春回大地。在城市和各区里，开始了植树周。春天里，这些植树的日子被称为植树节。

孩子们在学校附属地块上、花园里、公园里、住宅周围和大路上忙碌，为植树做准备。

涅瓦区少年自然科学家实验站准备了几万棵果树苗。

苗圃把两万棵枞树、白杨和枫树的苗木，划拨给海滨区的各学校。

■ 发自列宁格勒塔斯社

种子储蓄罐

田野一望无际，得造多少林，才能保护这么多田地，让它们不受风的侵袭啊！学校的孩子们都了解植树造林对于国家的重要意义。所以，春天的时候，在六年级 A 班教室里，放了一只大木箱——树苗种子储蓄罐。枫树种子、白桦树的葇荑花序、结实的棕色橡实等被纷纷倒进罐里。孩子们用桶装着种子，带到学校来。比如维加，单单椤树种子他就收集了 10 千克。到了秋天，树苗种子储蓄罐装得很满了，我们就把收集到的种子全部上交，用来开办新的树苗圃。

■ 发自丽娜・波良考娃

在果园和公园里

树木被一层像哈出的气似的柔和而透明的绿色薄雾笼罩起来。只要树一开始长叶子，雾就会自动消散。

一只漂亮的大蝴蝶（长吻蛱蝶）飞来了。它的羽毛像天鹅绒似的柔软，浑身呈棕色，夹杂着浅蓝色斑点，翅膀的末端是白色的，宛如褪了色一般。

还有一只有趣的蝴蝶也飞出来了。它长得很像荨麻蛱蝶，但个头儿比荨麻蛱蝶小，颜色没那么鲜艳，是浅棕色的。它的翅膀上坑坑洼洼的，翅翼仿佛被扯破了一般。

请抓一只来仔细瞧一瞧，你会看到有一个白色的字母“C”在它的翅膀下部。也许你会认为有人故意给它刻上了白色字母“C”做标记。它的学名就叫作“C”字白蝶。

小粉蝶和大白蝶这些白蝴蝶也很快就要飞来了。

七 鳃 鳗

在我国，从列宁格勒到库页岛，在大小不一的江河里，都可以看到一种模样奇特的鱼。它的身子又瘦又长，猛一看，你会以为是条蛇呢。它的身体两侧没有鳍，只在靠近尾巴的背上长着鳍。它游泳的时候，像条蛇似的一扭一扭的。它没有鳞，皮肤松软；它的嘴也不像普通的鱼嘴，而是一个漏斗形的圆洞，是个吸盘。看到这个吸盘，你会认为它压根不是鱼，而是条巨大的水蛭。这就是七鳃鳗。

由于在它的眼睛后面、身体两侧，每边有 7 个呼吸孔（即 7 个鳃），所以在我国农村，人们又把它叫作七孔鳗。

幼小的七鳃鳗很像泥鳅。孩子们经常抓住它，挂在鱼钩上做诱饵，以捕获凶猛的大鱼。有时，七鳃鳗会用吸盘吸附在大鱼身上，跟着大鱼周游世界，大鱼怎么也甩不开它。渔夫们还说，有时七鳃鳗还会吸附在水底的石头上。一旦吸住石头，它就会全身扭动起来，不停地拖拽，最后把石头都搬动了。七鳃鳗的力气竟然这么大！它搬开石头后，就在石头下面的坑里产卵。所以这种令人称奇的鱼还有个学名，叫作吸石鳗。

它长得不太好看，但用油煎一煎，再蘸点儿醋，却是一道美味佳肴呢！

街上的生活

每天夜里，蝙蝠开始空袭城市郊区。它们丝毫不关注路上的行人，只顾一心一意地在空中抓捕蚊子和苍蝇。

燕子飞来了。在我们列宁格勒州，一共有 3 种燕子：一种是家燕，它长长的尾巴像把叉子，喉部长着一个火红色的斑点；一种是金腰燕，尾巴短短的，喉部呈白色；一种是灰沙燕，小巧玲珑，呈灰褐色，胸脯雪白。

家燕的巢筑在城市郊区的木头房子上；金腰燕直接在石头房子上筑巢；而灰沙燕则在悬崖的岩洞里孵小燕子。

燕子飞来后，又过了许多天，雨燕才飞来。很容易区分雨燕和燕子，雨燕的叫声很刺耳，常常在房顶上飞来飞去。它们看上去通体乌黑，翅膀也不像普通燕子那样呈尖角形，而是半圆形，像一把镰刀。

会咬人的蚊子也飞出来了。

城市里的鸥

涅瓦河刚刚解冻，鸥就飞到了河面上空。它们丝毫不害怕轮船和城市的喧闹，在人们的眼皮底下悠然自得地从河里捕小鱼吃。

鸥飞累了，就径直落到铁皮屋顶上休息。

长着翅膀的旅客乘飞机

只有听到那音调均匀的嗡嗡声，你才会猜想到坐在飞机里的是长着翅膀的小乘客。一批高加索蜜蜂分坐在200间舒适的客舱（即三合板做的木箱）里。飞机把800个蜜蜂家庭，从库班运到了列宁格勒。

旅途中，还给这些小旅客提供了丰盛的“蜜粮”。

■ 发自尼·伊凡琴科

晴天雪

（摘自少年自然科学家日记）

5月20日。早晨阳光灿烂，东方天空蔚蓝，没想到这时竟下起雪来了。晶莹的雪花，像萤火虫似的，缓慢地、轻盈地在空中飞舞。

冬爷爷呀，请别吓唬人，现在你雪花的寿命可长不了！就像夏天的晴天雨一样，太阳透过雪花露出笑脸，这样的雪只会使蘑菇长得更快。雪一落到地上，就化了。

如果我到郊外森林转一转，也许会碰上一个大惊喜。

在那融化的雪花下面，我也许会找到满是褶子的褐色菇伞，这就是早春第一批鲜美的蘑菇——羊肚菌和鹿花菌。

■ 发自森林记者　维利卡

“咕——咕”

5月5日清晨，在郊区公园里响起了第一声“咕——咕！”

一周后，在一个温暖而宁静的夜晚，忽然有只鸟在灌木丛里鸣叫起来，叫声清脆悦耳。起初它是轻轻地鸣唱，然后越来越响，最后大声呼叫啼啭起来，宛如细碎的豌豆纷纷往下撒！

这时，大伙立刻明白了，原来是夜莺在歌唱。

少年米丘林工作者大会

30年前，列宁格勒州的小学生们拜访过米丘林。米丘林告诉小客人们，在伟大的改造自然的工作中，他们可以如何帮助大人。

列宁格勒的米丘林工作者们，在本次大会上也回忆起这件事。列宁格勒市和列宁格勒州35000多个少年米丘林工作者，派出各自的代表参加本次大会。春天，他们做了45000个人造鸟巢，栽种了20万棵果树，并且照料树木、保护绿色朋友和集体农庄的庄稼。

■ 发自列宁格勒塔斯社

给列宁格勒州和列宁格勒市全体少先队员和学生的一封公开信

据说，在我们州，很多学校的少先队员和学生都擅长制作鸟兽标本，还听说他们拥有丰富的矿物标本和昆虫标本，制作了大量的列宁格勒州的植物标本。全州各学校可以和我们一起分享这种直观教具。我们市区少先大队的队员们，也可以把我们从苏联各地搜集来的标本寄给他们。

我们已开始采集春季花卉的标本。今年暑假，我们将在老师和少先队辅导员的带导下，进一步了解家乡的大自然，为母校采集许多珍贵的新标本。我们每个人都想为学校多干点儿事。

暑假过后，我们都得到了充分休息，被太阳晒得黑黝黝的。我们将重新聚集在教室里，上植物课或动物课。老师将利用我们采集到的动植物标本讲解新知识。那时，我们将感到多么高兴啊！

市区的许多少先大队委员会决定，所有的中队和小队，都必须参加采集矿石标本、昆虫标本和植物标本的活动，用采集来的标本充实学校里的博物馆和自然知识研究室。

我们将和其他州的少先大队和中队交换展品。到那时，我们学校的自然知识研究室的直观教具就会更加丰富了。

一箭射中目标！一语击中答案！

第二场比赛

1. 穿上黑衣服，蛮横无礼；换上红衣服，乖巧温顺。（打一动物）
2. 哪种可以食用的蘑菇最先出现？
3. 为什么白嘴鸦在田里跟着耕地的农民走？
4. 喜鹊巢和乌鸦巢的区别在哪里？
5. 哪种蜘蛛叫作“流浪蛛”？
6. 哪种鸟先飞到我们这里来：雨燕还是家燕？
7. 要是人造鸟巢不够住，椋鸟会在哪里筑巢？
8. 为什么椋鸟和慈鸟喜欢在牛背、羊背和马背上玩耍？
9. 为什么家鸭和家鹅，春天时会突然郁闷地叫唤，变得极度焦躁不安？
10. 哪几种鸟会受春汛的困扰？
11. 春汛时，禁止捕杀哪几种鱼？
12. 谁更加怕冷：鸟还是爬虫？
13. 青蛙的舌头，哪一端固定在嘴巴里？
14. 这里画了两种鸟的翅膀：一种住在密林里，另一种住在开阔的地方。你能区

分它们吗？

15. 从前面看像锥子，从后面看像叉子，横着看像锤子，背上披着件蓝呢子，胸前挂着块白手绢，说起话来像老外。（打一动物）
16. 没上门闩的门一打开，跑出来一只没尾巴的小狗。（打一动物）
17. 似牛非牛通体黑，长着六条腿却没蹄子。边飞边叫，落下来是个挖地高手。（打一动物）
18. 不是鱼虾，不是鸟兽，更不是人，它在五月才露脸。嘴巴长长，声音尖尖，嗡嗡地飞，悄悄地落。谁要是朝它拍一下，准叫它鲜血淋漓丧了命。（打一动物）
19. 一个只管倒，一个只管喝，还有一个只管长。（打一自然现象）
20. 不在地上走，不往头顶瞧，不用造窝巢，却生出许多小娃娃。（打一动物）
21. 喂养全世界，自己却一口不吃。这指的是自然界的什么事物？
22. 长出一串小铃铛，变成一串大铃铛。这是哪种植物的特性？
23. 没有翅膀，却会飞；没有腿，却会跑；没有帆，却会游。（打一自然现象）
24. 四只走路的物件，两只顶撞的物件，外加一根鞭子。（打一动物）

通告

《森林报》宣布将进行“锐眼”称号竞赛。

谁想得到“锐眼”的光荣称号，必须仔细研究我们贴在通告栏里的图画，然后学会根据画上鸟兽的形状、足迹和其他特征，分辨出这些生活在森林、田野、水上和空中的鸟兽。

第一场测验

“锐眼”称号竞赛

谁在飞？

一些大鸟在空中翱翔。谁知道，这是些什么鸟？

图1

图1：这是只脖子细长的白色大鸟，翅膀拖在后面，尾巴很短，看不见腿。请问，这是只什么鸟？

图2

图2：很像图1的鸟，但体型略小，灰色，脖子短些。请问，这是只什么鸟？

图 3：翅膀长在中间，脖子在前，像根棒；双腿在后，像两根棒。请问，这是只什么鸟？

图 3

图 4

图 4：翅膀朝下弯，双腿在后，像两根棒。头和脖颈仿佛是装在背上的一个大问号。请问，这是只什么鸟？

请 报 名

参加鸟兽保护协会，去拯救那些遭受水灾的兔子、狐狸、松鼠、鼹鼠和其他各类陆上野兽。

授予拯救水淹动物的人“马札伊老爷爷”奖章。①

少年自然科学家自制奖章，他们把金色或银色的纸包在用厚纸剪成的圆圈外面。

根据少年自然科学家小组的决议，金质奖章授予那些拯救了比狐狸大的麋鹿、鹿等大型野兽的人。

银质奖章授予那些拯救了兔子、松鼠、鼹鼠和刺猬等小型野兽的人。

① 俄罗斯著名诗人涅克拉索夫的诗中写到，从前有个马札伊老爷爷，每当发大水的时候，总是划着船去拯救动物。——译者注

准备住房

我们的小朋友，著名的害虫消灭者鸣禽，现在正在寻找养育后代的小窝。

恳请读者帮助它们准备住房。

腐烂树枝从树上脱落的地方，形成了一个小坑。很容易把它挖深，变成树洞。在老树的朽烂的树枝上，也很容易挖树洞。山雀、红尾鸲、鹟和其他小的树洞寄居者——小猫头鹰和黑啄木鸟等，都很喜欢住在这种树洞里。

最好参照图示，替那些在灌木丛里筑巢的小鸟，把树枝束成一束。

替在浅树洞里筑巢的灰鹟和红胸鸲，做右图这样的树洞。

替猫头鹰和慈鸟，做下图这样的卧式树洞。

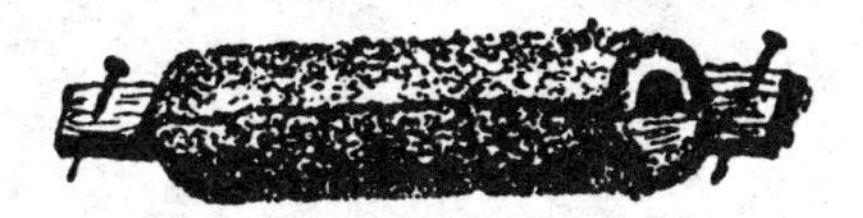

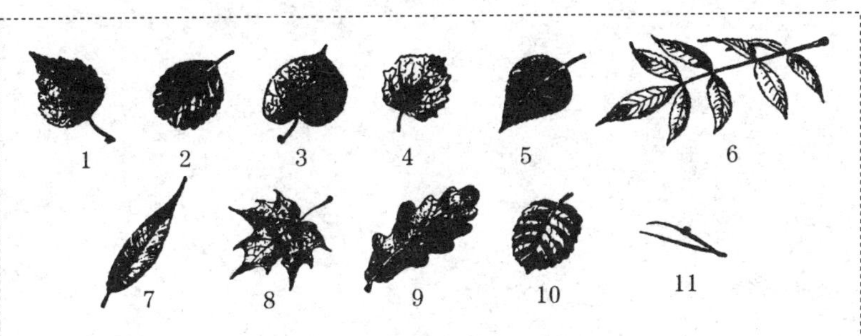

这些是什么树的阔叶？又是什么树的针叶？

森　林　报

第 3 期

唱歌跳舞月

（春季第三月）

5 月 21 日 ~6 月 20 日

太阳转入双子宫

一年：一共12个月的太阳史诗

五月

五月到了：唱吧！玩吧！现在，春天才认真地开始完成第三项任务：给森林穿上新装。

现在，森林里最欢快的月份——唱歌跳舞月开始了！

太阳，即太阳的光和热，获得了完全的胜利，它战胜了冬季的黑暗和寒冷。晚霞向朝霞伸出了手，白夜在北方开始了。生命夺回大地和水之后，挺直了腰板。高大的树木穿上了由新叶缀成的亮晶晶的绿衣裳。无数长着翅膀的昆虫飞到了空中。一到黄昏，擅长熬夜的蚊母鸟和身手敏捷的蝙蝠，就飞出来捕食它们。白天，家燕和雨燕在空中翱翔；雕和鹰在农田和森林上空盘旋。红隼和百灵鸟在田野的上空扇动着翅膀，仿佛云上有根线牵着它们似的。

没有上锁的大门打开了，长着金翅膀的住户，即勤劳的蜜蜂从里面飞了出来。大家都在唱啊、跳啊、玩啊，琴鸡在地上，野鸭在水里，啄木鸟在树上，鹬（天上的绵羊）在森林的上空。现在，正如诗人所描绘的那样："在俄罗斯大地，兽儿、鸟儿喜气洋洋。肺草从去年的枯叶下钻出来，在树林里闪着蓝光。"

为什么我们的五月被称为"哎哟"月？

因为五月里，天气乍暖还寒。白天艳阳高照，夜里——"哎

哟!”——可别提有多凉了。五月里，有时候树阴底下就是天堂；有时候却得给马铺上草，自己爬上热炕。

快乐的五月

每只动物都想展示一下自己的勇猛灵巧。现在动物们很少唱歌，也不太跳舞了。所有动物的牙都痒痒的，想找对手打架。于是，绒毛、兽毛和羽毛满天飞。森林中的住户都在忙碌，因为这是春天的最后一个月了。

夏天即将来临。夏天一到，就要忙着筑巢和孵小鸟了。

农民们说得好：“春姑娘在俄罗斯快活极了，想待着一辈子不走。可是只要布谷鸟一叫，夜莺一啼，她就会投入夏天的怀抱。”

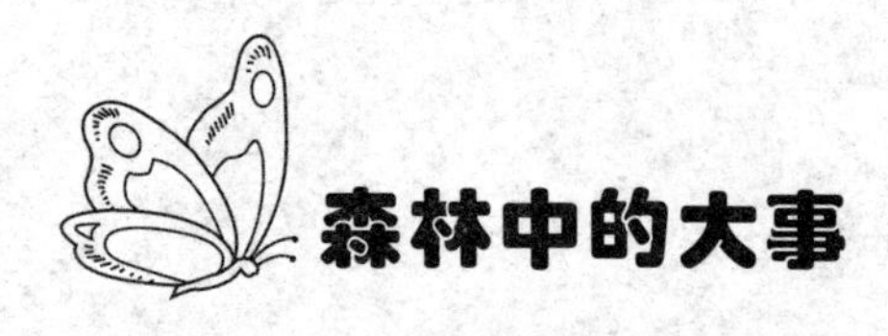

森林中的大事

森林乐队

莺在这个月里唱起歌来，不分白天黑夜，一直啼啭。孩子们很惊讶，它到底什么时候睡觉啊？原来春天鸟没工夫睡大觉，它只睡一小会儿，唱一首，打个盹儿，然后再唱第二首；半夜里睡一小觉，中午再睡一小觉。

每逢清晨和黄昏，不单是鸟，森林里所有的动物都在吹拉弹唱，各显神通。在森林里既可以听到清脆的独唱、小提琴独奏、敲鼓声和吹笛声，也可以听到吠叫声、嗥啸声、咳嗽声和哼唧声，还可以听到吱吱声、嗡嗡声、呱呱声和咕嘟声。燕雀、莺和擅长唱歌的鸫鸟，用清纯的声音歌唱。甲虫和蚱蜢拉着小提琴。啄木鸟敲着鼓。黄鸟和小巧玲珑的白眉鸫吹着笛子。狐狸和白山鹑吠叫着。牝鹿咳嗽着。狼嗥啸着。猫头鹰哼唧着。丸花蜂和蜜蜂嗡嗡地响着。青蛙先是咕噜咕噜、然后又呱呱呱地叫着。谁也不感到难为情，即使没有好嗓子也无妨。动物们都按照各自的喜好选择乐器。

啄木鸟寻找声音清脆的枯树枝，这就是它们的鼓。它们那无比结实的嘴巴，便是最适合的鼓槌。天牛嘎吱嘎吱地转动坚硬的脖子，难道不像在拉小提琴吗？

蚱蜢的小爪子上有小钩子，翅膀上有锯齿，于是它便用小爪子挠翅膀。

火红色的麻鹭把长嘴伸到水里，用力一吹，水咕噜咕噜直响，整个湖里响起一阵喧闹声，仿佛牛在叫。沙锥更是别出心裁，它竟然用

尾巴唱起歌来。它一跃而起，冲入云霄，然后打开尾巴，头朝下俯冲下来。它的尾巴兜着风，发出一种恰似羔羊在森林上空的叫声。

森林乐队就是这样组成的。

客　　人

顶冰花宛如金星的花朵，早已闪现在乔木和灌木丛下，闪现在离地不是很高的地方。当树木还是光秃秃的、明媚的春光还能自由地直射到地面时，这些花朵就出现了。在阳光的照射下，顶冰花开花了，一旁的紫堇也开花了。

看到紫堇最先开出的花朵，我们快乐极了！它浑身上下都美极了：奇妙的淡紫色小花，开在长长的花茎尖端上，边缘像锯齿似的叶子是青灰色的。

现在，顶冰花和它的朋友紫堇的最好时光已经过去了。树木太茂盛了，影响了它们的生存。不过，它们已经做好了“回家”的准备。它们的家在地下，它们只是到地面上来做客的。种子一播下，它们就消失得无影无踪了。不过在深深的地底下，它们的小球茎和圆块茎却要度过整整一个夏天、一个秋天和一个冬天。

如果你想把它们移植到自己家里，那就要趁那些迟开的花朵还未凋谢的时候，赶紧挖起来。一定要小心翼翼地挖。有时，这种小植物的白色地下茎非常长，长得令人惊叹不已！通常，在土冻得厉害的地方，这些小客人的球茎和块茎，躺在离地面很远很远的地方。在暖和的、有东西覆盖着的地方，球茎和块茎就离地面比较近。当你往家里移植的时候，千万记住这一点。

■ 发自尼·芭芙洛娃

田野里的声音

我和同伴去田里除草。我们静悄悄地走着，突然听见鹌鹑从草丛

里对我们说："去除草！去除草！去除草！"我对它说："我们就是去除草的呀！"可它还是自顾自地说："去除草！去除草！"

我们经过池塘。池塘里，两只青蛙正把嘴巴探出水面，鼓动着耳后的鼓膜，拼命叫唤。一只青蛙叫道："傻瓜！傻瓜！"另一只青蛙回答道："你才是傻瓜！你才是傻瓜！"

我们来到田边，翅膀圆圆的田凫欢迎我们。它们在我们头顶上扑腾着翅膀，不停地问我们："你们是谁？你们是谁？"

我们回答道："我们是从克拉斯诺雅尔斯克村来的。"

■ 发自森林记者　库罗奇金

（来自克拉斯诺雅尔斯克村）

鱼的声音

有人在无线电收音机里，播放了记录着水底声音的录音带。从扩音器里传出的声音，把屋子里的人声都压倒了。这是一些人类从未听见过的声音：嘶哑的啾啾声、嘎吱嘎吱的尖叫声、不知是哪位的呻吟声和哼唧声、某种独特的呱呱声，又突然夹杂着一阵震耳欲聋的哒哒声。原来这是黑海里各种鱼类的声音。每一种鱼都有它独特的声音，很容易把它和水下王国里的其他居民区分开。

现在，多亏了特殊的水底音响收听装置（即敏感的水底"耳朵"）的发明，我们才更加坚信水下王国根本不是沉默不语的，鱼类也根本不是哑巴。这具有重大的现实意义。借助于水底测音机，我们可以探知，可供捕食的珍贵鱼类的聚居地及其转移方向。这样一来，就可以在确切地知道鱼类行踪的情况下，才出发捕捞，而不是瞎猜一气、盲目出海。将来，人类也很可能学会模仿鱼类的声音，用这种方法来诱捕鱼群。

屋顶下

花粉是花朵中最娇嫩的部分。花粉一旦被打湿，就坏掉了。雨水、露水都对它有害。那么它是如何保护自己、不受损害的呢?

铃兰、覆盆子、越橘的花朵，像小铃铛似的倒挂着，因此它们的花粉都藏在“屋顶”下。

金梅草的花朝天开。但是它的每一片花瓣，都像汤匙似的朝里弯，而且花瓣的边儿相互偎依。这样，就形成一个饱满的、四周封闭的小球。雨点打在花上，可是没有一滴雨水落到里面的花粉上。

凤仙花现在还在含苞待放，它的每一朵花蕾都藏在叶子下面。多么匪夷所思啊：花梗架在叶柄上，花就可以一直开在叶子底下，如同躲在屋顶下面。

野蔷薇花的雄蕊很多，每逢下雨，它就把花瓣合拢。莲花碰到天气不好的时候，也会把花瓣合拢。

毛茛的花朵往下垂。

■ 发自尼·芭芙洛娃

森林之夜

一位森林记者给我们写信道：“夜晚，我到森林里去，倾听夜森林里的声音。我听见了各种声音。可是，我不知道，这些声音都是属于什么动物的。那么，我该怎样为《森林报》描述这个森林之夜呢?”我们答复道：“请把你听见的声音描绘出来，我们会设法弄清楚的。”

于是，他给我们编辑部寄来了这样一封信：

“老实说，我在夜森林中听到的，都是些乌七八糟的噪声，根本不像你们在报上所描写的那样，是什么乐队。

“鸟鸣声慢慢安静下来，终于悄无声息了。已经是半夜了。

“听，从高处的某个地方，传来一阵低沉的琴弦声。一开始声音很轻，后来越来越响，汇成一段厚重的低音；随后，声音又变得越来越轻，最后完全停止了。

“我想，作为开场演出，倒还不错。虽然拉的是单弦，但总算开始了。

“突然，从树林里传来一阵狂笑：‘哈——哈——哈！呼——呼——呼！’这声音令人毛骨悚然，我感到似乎有群蚂蚁从我背上爬过。

“我想，这是在夸奖音乐家呢，还是在嘲笑他？

“又是一阵寂静。等了好久。我想，不会再发出什么声音了吧。

“后来，我听见有谁在给唱机上发条。拼命地上啊、上啊，可就是没有音乐响起。我想，它的唱机是坏了，还是怎么了？

“终于不上发条了。万籁俱寂。可后来又上起来了：特勒勒，特勒勒，特勒勒，特勒勒……没完没了，讨厌至极。

“发条终于上好了。我心想，现在该插入唱片、开始放音乐了吧。

“忽然，有人鼓起掌来了。巴掌拍得那么清脆、那么响亮。

“我想，怎么回事？还没演奏呢，就鼓起掌来了？

“这就是我听到的全部声音。后来，又有人给唱机上了好长时间的发条，但什么音乐也没放出来，可还是有人鼓掌。我很气愤，就回家了。”

我们想说，森林记者不应该气愤。他最初听见的像低音琴弦似的嗡嗡声，是甲虫（大概是金龟子）在他头顶上飞过。那令人汗毛竖起的哈哈大笑声，是大猫头鹰（灰林鸮）发出的。毫无办法，它的声音就是那么令人讨厌！

“特勒勒，特勒勒，特勒勒，特勒勒……”这是蚊母鸟在给唱机上发条。蚊母鸟也是夜里飞行的鸟，只不过它不是猛禽。蚊母鸟当然不会有唱机，声音是从它的喉咙里发出来的。它自己认为那是在唱歌呢！

鼓掌的也是蚊母鸟。它拍的当然不是手，而是用翅膀在空中啪啪啪地拍。那声音很像掌声。

它为什么要这么做呢？我们编辑无法解释这一点，因为我们自己

也不知道呢。

也许它很开心，闹着玩的。

嬉戏和跳舞

鹤儿们在沼泽地上举办舞会。它们围成一圈，其中一只或两只走到中间来，于是舞会开始了。起初很平常，只不过用两条长腿在蹦跶。后来越跳越起劲，索性放开跳了，那些花样百出的舞步，简直能把人笑死！转圈、蹿跳、打矮步，真像踩着高跷在跳特列帕克舞①。站在周围的那些鹤儿，挥着翅膀不紧不慢地打拍子。

而猛禽呢，在空中嬉戏和跳舞。表现特别突出的是雄鹰。它们飞到白云下，在高空中展示它们的灵巧。有时，突然把翅膀一收，从那高得令人晕眩的空中，像颗石子似的砸落下来，眼看就要碰到地面了，这才张开翅膀，转个大圈子，凌空而去；有时，却张着翅膀、停滞在深邃的高空，一动也不动，仿佛有根线把它拴在白云下似的；有时，忽然在空中翻起筋斗来，好比小丑从天而降，回旋着，拍打着翅膀，不停地翻着筋斗冲向地面，做着“翻筋斗表演”。

最后飞来的一批鸟

春天就要结束了。最后一批在南方过冬的鸟，飞到了我们列宁格勒州。不出我们所料，这些鸟都穿着最鲜艳华美的衣服。

现在，草场上百花盛开，乔木和灌木都长满了新叶，这些鸟可以毫不费力地躲避猛禽的攻击。

有人在圣彼得宫的小河上看见了翠鸟。它穿着碧绿、棕色和蔚蓝三色相间的制服。它是从埃及飞来的。

---

① 特列帕克舞，一种顿足跳的俄罗斯民间舞。

长着黑翅膀的黄色金莺，在树丛里吹着笛子，又好似瘦弱的小猫在叫唤。它们是从南非飞来的。

蓝胸脯的小川驹鸟和色彩斑斓的野鹟，出现在潮湿的灌木丛里。金色的黄鹡鸰飞降在沼泽地上。

粉红胸脯的鵙鸟（伯劳）、戴着华丽的羽毛领子的五彩流苏鹬，还有绿蓝相间的佛法僧鸟，也都飞来了。

长脚秧鸡走来了

从非洲走来了长着翅膀的怪物：长脚秧鸡。

长脚秧鸡起飞很困难，而且飞得也不快。鹞鹰和游隼很容易在飞行途中把它捉住。不过，长脚秧鸡跑得飞快，而且擅长躲在草丛里。因此，它宁愿步行穿越整个欧洲，悄无声息地在草丛和灌木丛中行进。

只有在万不得已的时候，它才会张开翅膀飞，而且只在夜间飞行。

现在，长脚秧鸡在我们这儿的高草丛里整天叫唤："克里克——克里克！克里克——克里克！"你可以听见它的叫声，但是假如你想把它赶出草丛，仔细看看它长得啥模样，那可办不到。不信你就试试！

几家欢乐几家愁

现在，在森林里，谁都高高兴兴的，只有白桦树在哭泣。

在炙热的阳光下，白桦树白色身躯里的树液越流越快，而且穿过树皮的孔流到外面来了。人们把白桦树液当作一种既好喝又有益的饮料，所以他们割开树皮，让树液流到瓶子里。树液如同人体里的血液，如果树木流出了过多的树液，它就会枯萎而死。

松鼠开荤

松鼠吃了一个冬天的素食。它们吃松果，还吃秋天储存起来的蘑

菇。现在该是它们开荤的时候了。

许多鸟已经筑了巢，产下了蛋。有的鸟甚至已经孵出了雏鸟。在树枝上和树洞里找鸟巢，掏出小鸟和鸟蛋当饭吃，松鼠干起这一切可内行了。在毁坏鸟巢这件事情上，这位啃东西的好手不会输给任何猛禽。

我们的兰花

在我国北方，这种有趣的花是稀世珍品。当你看见它的时候，不由自主地会想起它那声名显赫的亲戚：生长在热带森林里的奇兰。在那里，兰花长在树上。在我们这里，兰花只长在地上。

在我们这里，有些兰花的根部令人称奇，像一只张开 5 个手指头的胖胖的小手。有的花美丽非凡，有的花却丑陋无比。不过，无论哪种兰花都香得沁人心脾，令人陶醉！

但是直到最近，我才头一回在罗普萨看到兰花里最出色的一种。这种我从未见过的植物，开着 5 朵美丽的大花。我把其中的一朵朝上翻了翻，立刻厌恶地缩回了手，因为有一只怪模怪样的红褐色苍蝇伏在上面。我用花穗拍它，它却一动也不动。我再仔细看了看，原来这不是只苍蝇。它长着毛茸茸的短翅膀，身子像天鹅绒似的光滑，其中夹杂着浅蓝色的斑点。它有头，还长着一对触须。不过，这毕竟不是苍蝇，只是花的一部分。这种花叫作蝇头兰，那时我还从未见过这种花。

■ 发自尼·芭芙洛娃

找浆果去

草莓熟了。在阳光充足的地方，已经可以看见熟透的红色草莓浆果了。它香甜无比！你吃过以后，会久久地回味它的香味。

覆盆子也熟了。沼泽地上的桑悬钩子也快要成熟了。覆盆子枝上结了无数的浆果；每棵草莓却最多只结 5 个浆果。桑悬钩子最吝啬，它的茎端上只结一个浆果，而且并不是每一棵桑悬钩子上都结浆果。有的光开花，不结果子。

■ 发自尼·芭芙洛娃

这是只什么甲虫

我抓到一只甲虫，却不知道它的名字，也不知道该用什么来喂它。

它长得很像那种名叫瓢虫的甲虫，只不过瓢虫是红色的，带白色斑点，这只甲虫却通体乌黑。它有 6 只爪子，会飞，身子圆圆的，比豌豆稍大一点儿。背上长着两片黑黑的硬翅膀，硬翅膀下面长着黄色的软翅膀。每当它抬起黑翅膀、展开黄翅膀时，就起飞了。

当它遇到危险的时候，会把小爪子藏到肚皮底下，把触须和头缩进去躲起来，令人忍俊不禁。假如这时你把它拿在手里看，肯定不会说它是甲虫。它更像一颗黑色水果糖。但是，如果等一会儿，谁也不碰它，它就会伸出爪子、探出头来，最后伸出触须。

恳请您回答我：这是只什么甲虫？

■ 发自柳霞（12 岁）

编辑部的答复

由于你十分详细地描写了小甲虫，我们立刻就知道了它是只阎魔虫，也叫作小龟虫。它像乌龟似的，爬得很慢；它也会像乌龟那样，把身体缩到龟壳里面去。它的龟壳非常深，可以把头、脚、触须都藏到龟壳里。

有各种各样的阎魔虫：有黑色的，也有其他颜色的。它们都吃腐烂的植物和厩粪。

有一种长着细毛的黄色阎魔虫，住在蚂蚁窝里。它想去哪儿就去哪儿，然后又飞回蚂蚁窝里。蚂蚁从不打扰它。蚂蚁不仅保护蚂蚁窝，也保护房客阎魔虫，不让敌人攻击它。

燕子筑巢

（摘自少年自然科学家日记）

5月28日

有一对燕子在邻居木屋的屋檐下（正好对着我房间的窗户）筑巢。我非常兴奋，这下我可以亲眼看到燕子如何建造它那著名的小圆房子了。我可以看见从头到尾的全部建筑过程。我还可以知道，它们什么时候开始孵蛋、如何喂养小燕子。

我注意观察小燕子，看它们飞到哪里去衔建筑材料，原来是从村子的小河边衔来的。它们飞到紧挨水边的河岸上，用嘴挖起小块淤泥，马上衔着飞回木屋。它们轮流作业，把泥粘在屋檐下的墙上后，紧接着又去衔新的一块。

5月29日

不单我一个人看到新建筑感到高兴。今天一大清早，隔壁的一只大雄猫爬上了房顶。这是只阴沉着脸的流浪猫，身上的毛皮都被抓破了，右眼也在跟别的猫打架时被打瞎了。

它一直用眼睛瞅着飞来飞去的燕子，而且不止一次地向檐下张望，看巢有没有做好。

燕子惊慌地叫唤。既然猫待在屋顶上不走，它们就不再继续筑巢了。难道它们要永远离开这里吗？

6月3日

最近几天，燕子筑好了形状像把细细的镰刀的巢的底部。大雄猫经常爬上屋顶吓唬它们，干扰它们干活。从今天中午起，燕子压根儿没再飞来过。显然，它们准备放弃这项建筑工程了。它们将在别处找比较安全的地方，那我可就什么也看不到了！

好沮丧啊，好沮丧！

6月19日

最近几天一直炎热。屋檐下那个用黑泥做成的镰刀形状的巢基干

了，变成了灰颜色。燕子一次也没飞来。白天天空布满了乌云，不一会儿下起了白花花的雨来。这才叫真正的倾盆大雨！窗外仿佛挂起了一道用玻璃条编织成的细密的帘子。街上一股股雨水像小河似的奔淌。小河泛滥了，水像疯了似的哗哗流淌，无论从哪里都不能涉水走过小河了。要是踩一脚岸边的稀泥，差不多就没到膝盖了。

一直到将近黄昏的时候，雨才停。一只燕子飞到了屋檐下。它落到镰刀形状的巢基上坐了会儿，然后就飞走了。我想，也许燕子不是被猫吓走的，只是因为最近它们找不到筑巢用的湿泥，也许还会飞来吧？

6 月 20 日

飞来啦！飞来啦！而且不止一对，有好大一群呢！它们在屋顶上盘旋着，不时地朝屋檐下看，激动地大叫，似乎在争论什么问题。

它们商量了大约 10 分钟，然后只留下一只燕子，其余的都飞走了。只见燕子用爪子抓牢镰刀形状的泥巢基，待在那里一动不动，光顾用嘴修理巢基，或者也许是把它那黏糊糊的涎水涂在泥基上。我认为这只雌燕子是这个巢的女主人。因为马上飞来了一只雄燕子，它嘴对嘴地递给雌燕子一团泥。雌燕子接过后继续筑巢，雄燕子又飞去衔泥了。

大雄猫又上了房顶，可是燕子不怕它了。燕子一声也不叫唤，一直干到太阳下山。看样子，我总算可以看见燕子巢完工了！但愿大雄猫的爪子不要够到它。不过，燕子自己最清楚应该把巢筑在哪里吧。

■ 发自森林记者　维利卡

斑鹟的家

五月中旬的一天，晚上 8 点左右，我在我家的花园里发现一对斑鹟。它们停在白桦树旁的板棚上。白桦树上挂着一个我做的带活动盖的树洞形人造鸟巢。后来，雄斑鹟飞走了。雌斑鹟留了下来，它落到鸟巢上，但是没有钻进巢里。

两天后，我又看见了雄斑鹟。它钻进了鸟巢，然后停到苹果树上。一只朗鹟飞了过来，于是两只鸟开始打架。原因很简单：朗鹟和斑鹟都是在树洞里筑巢的鸟。朗鹟想抢斑鹟的巢，但是斑鹟坚决不让。这对斑鹟在树洞状鸟巢里住了下来。雄斑鹟不住地唱着歌，从鸟巢里钻进钻出。

一对燕雀落在白桦树梢上，但是这丝毫未引起斑鹅的注意。这道理也是明摆着的：燕雀和斑鹟不是死对头，燕雀自己给自己做窝，不住在树洞里，而且这两种鸟吃的食物也各不相同。

两天后。早上，一只麻雀飞到了斑鹟巢里。雄斑鹟向它猛扑过去。于是，一场残酷的战斗在鸟巢里打响了。忽然，一点儿动静都听不见了。

我跑到白桦树旁，用木棍敲了敲树干。麻雀从鸟巢里窜了出来。雄斑鹟却没有飞出来。雌斑鹟不停地绕着鸟巢飞，忐忑不安地叫唤着。我担心雄斑鹟被咬死了，就朝鸟巢里望了望。雄斑鹟还活着，只是十分衰弱无力。鸟巢里放着两个鸟蛋。

雄斑鹟在巢里躺了很久。它飞出来的时候，还是虚弱不堪。它停在地上，几只母鸡来追它。我很为它的命运担心，就把它带回了家，捉苍蝇给它吃。晚上，我又把它送回鸟巢。又过了 7 天，我朝鸟巢里瞧了瞧。一股腐烂的气息扑面而来。我看见雌斑鹟伏在巢里孵蛋。雄斑鹟躺在墙边。它已经死了。

我不知道，是麻雀再次闯入，还是在第一次战斗之后，雄斑鹟就受伤而死。甚至当我把雄斑鹟的尸体掏出来的时候，雌斑鹟都没飞出来。它最终还是把小鸟孵出来了。

■ 发自沃洛佳 · 贝科夫

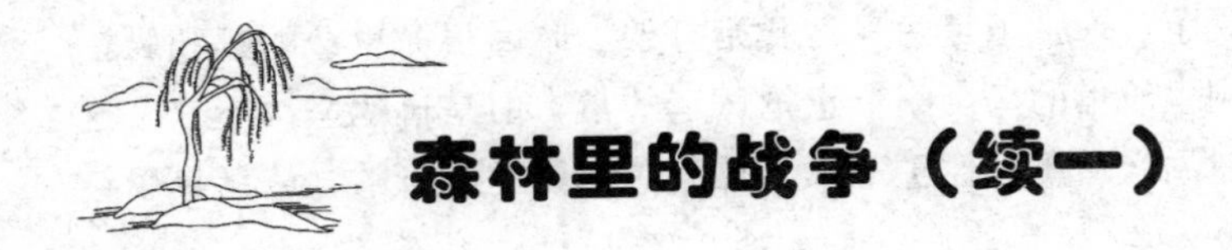

森林里的战争（续一）

你们还记得，住在采伐迹地上的特约记者写的报道吗？他们一直在等待，等待采伐迹地变得一片青绿，小枞树破土而出。

这一天真的到来了。下过几场温暖的春雨之后，在一个阳光明媚的早晨，采伐迹地一片葱绿。不过，到底是些什么家伙从土里钻了出来？

原来，根本不是小枞树！不知从哪里冒出来一大群凶悍的野草，竟然抢到了小枞树的前头。这是莎草和拂子茅，长得既快又密。现在无论小枞树怎样拼命地从土里往外钻，它们还是来晚了，野草大军已经占领了采伐迹地。

第一场肉搏战打响了！小枞树用锋利得像矛枪似的树梢，艰难地拨开头顶层层叠叠的野草。野草们也竭尽全力地往小树身上压。战斗既在地面展开，也在地下打响。野草和树木的根，就像凶恶的鼹鼠一样在地下乱钻。为了争夺那营养丰富、充满盐分的地下水，它们你缠我，我绕你，你勒我，我掐你。就这样，无数的小枞树始终未能见到太阳光，它们在地下就被像细铁丝一样既柔韧又结实的草根给勒死了。

而那些好不容易钻出地面的小枞树，面临的是野草茎那令人窒息的“拥抱”。野草紧紧缠绕住小枞树结实的树干。小枞树试图用尖树梢拨开富于弹性的、交织在一起的野草茎。可是，野草坚决不让小枞树钻到上面晒太阳。只在个别地方，偶尔有几棵小枞树成功地钻到了野草大军的头顶。

当采伐迹地上的战斗进入白热化的时候，河那边的白桦树才刚刚开花。不过，白杨树已经为远征做好了准备，它们将在河对岸登陆。

白杨树张开了葇荑花序。从每一个葇荑花序里，都飞出了几百颗

带白色刷毛的小种子（单腿小伞兵）。每位小伞兵的头上都有一顶白色的小降落伞。风兴高采烈地抓住小刷毛。比羽毛还轻的小刷毛，不住地在空中打转，像朵白云似的被风带到了河对岸。风松了手，把它们均匀地撒在采伐迹地上，一直撒到枞树国的国界。单腿小伞兵们像雪片似的，飘到小枞树和野草的头上。一下雨，它们就被冲入地下，埋入土里。于是它们暂时失去了踪影。

日子一天天地过去了。采伐迹地上的战斗还在继续。不过，现在已经很明显，野草根本斗不过小枞树。野草拼命地想往高里蹿，但很快就停止了生长。小枞树却还在继续长高。

这下子，野草们的日子可不好过了。小枞树那宽大黝暗的针叶树枝，铺展到野草的头上，夺走了野草的阳光。在树荫里，野草很快败下阵来，无力地倒伏在地面上。

但是，这时另外一支队伍（小白杨）从土里冒了出来。它们成群结队地来到这世界，显得惊慌不安，相互挤在一起，浑身发抖。它们迟到了，没有力量与小枞树决一死战了。

枞树把黝暗的针叶树枝伸到小白杨的头上，小白杨只得蜷缩起身子。在树荫里，它们很快就枯萎了。白杨树非常喜爱阳光，离开太阳就活不了命。

枞树眼看就要胜利了。这时，又有一批新的敌国空降部队，降落在采伐迹地上。它们乘着两只翅膀的小滑翔机飞来，刚一露面，就躲进土里不见了。这是白桦种子。它们嬉戏着飞过了河，散落在整个采伐迹地上。

我们的特派记者还不清楚，它们能战胜先到的占领军——枞树吗？

我们将把有关它们的新报道，刊登在下一期的《森林报》上。

集体农庄纪事

集体农庄庄员们要干很多活。播种完后，必须把粪肥和化肥运到田里，给田施上肥，为秋播做好准备。接下来，必须忙菜园里的活：先种马铃薯，再种胡萝卜、黄瓜、芜菁、饲用芜菁和甘蓝。这时亚麻也长高了，该给它们除草了。

孩子们也没在家里闲着。他们在田里、菜园里、果园里忙碌，做大人的好帮手。他们协助大人播种、除草、修剪果枝。集体农庄里的活真多啊！他们得编完够用一整年的白桦帚①，拔嫩荨麻。嫩荨麻可以用来做汤喝，用嫩荨麻和酸馍做的绿色菜汤美味极了。他们还用各种方法捕鱼：用钓鱼竿钓小鲤鱼、斜齿鳊、红鳍鱼、鳜鱼、鲈鱼、鳊鱼和鲔鱼等；撒下鱼簖和鱼梁捕鳕鱼和小梭鱼；用鱼饵抓鳜鱼、梭鱼和鳕鱼。

晚上，他们用大捞网捕捞各种鱼。捞网就是用一根长竿子，在一头绑上袋形网做成的捕鱼工具。

夜晚，他们在河岸边装好捕捉龙虾的簖，坐在篝火旁，等待龙虾陆续爬进簖里。大家边等边轮流讲故事，既讲滑稽故事，也讲恐怖故事。

清晨，再也听不到田公鸡（灰山鹑）在田里叫唤了。秋播的黑麦已经长到了齐腰高；春播的庄稼也长高了。

田公鸡依旧住在老地方，但是它不能叫唤了。它停在了巢旁边，巢里有蛋，雌山鹑正在巢里孵蛋呢。现在它必须沉默不语，否则会招来祸事的：不是鹰应声而来，就是孩子们或者狐狸跑过来，他们可全

① 白桦帚，俄罗斯人用来洗澡的物件。他们把白桦树枝和枝叶扎成一束，洗澡的时候用来拍打身子。有点儿类似于我们的丝瓜条。

都是捣毁鸟巢的高手啊！

帮助大人们干活

刚一放假，我们少先队员就开始帮集体农庄庄员们干活了。我们在田里除草、消灭害虫。

我们既休息，又劳动。感觉好极了。

今后还有很多农活和麻烦事要做。马上就要收割庄稼了。我们将去拾麦穗，帮助女庄员们捆麦子。

■ 发自森林记者　安娜·妮基吉娜

新的森林

在俄罗斯联邦的中部和北部地区，春季造林工作已经结束。一共建成了大约10万公顷的新森林。

今年春天，在苏联欧洲部分的草原地带和森林草原地带，各集体农庄新开辟了大约25万公顷的护田林带。与此同时，集体农庄还创建了大批苗圃，明年将可提供10亿多棵乔木和灌木树苗。

到秋天，俄罗斯联邦林场将再新造几万公顷森林。

■ 发自塔斯社

集体农庄新闻

（发自尼·米·芭芙洛娃）

逆风助手

集体农庄突击队队员收到寄自亚麻田的一封投诉信。小亚麻抱怨，田里出现了敌人——杂草，杂草多得让它们没法活了。

集体农庄立刻派出女庄员去帮助亚麻。她们镇压敌人——杂草，细心呵护亚麻。她们脱下鞋子，赤着脚，小心翼翼地逆风行走。亚麻在女庄员的脚下，倒下去了，可是逆风把亚麻茎推了推，就把亚麻扶起来了。于是亚麻站起身来，似乎什么事也没发生过，它们的仇敌却被消灭掉了。

今天第一次

今天第一次把一群小牛犊放到牧场上去。它们高兴极了，撅起尾巴，尽情地跑啊、跳啊。

绵羊妈妈脱衣裳

在红星集体农庄的绵羊理发室里，10 位经验丰富的剪毛工人，正在用电推子给绵羊剪毛。他们剪呀剪，把绵羊全身的毛都剪了下来，似乎给绵羊脱掉了一层皮。

当牧羊人把剪完毛的绵羊妈妈们放到小绵羊身边去的时候，小绵羊问："谁是我的妈妈呀？"

小绵羊咩咩地叫，可怜巴巴地问："妈妈，你在哪里呀？你在哪里呀？"牧羊人帮每一只小绵羊找到了妈妈，然后又回到绵羊理发室给下一批绵羊剪毛了。

牲口越来越多

集体农庄的牲口数一天比一天多。光今年春天，就出生了多少只小马、小牛、小绵羊、小山羊和小猪呀！

昨天一夜时间，小河村的小学生家畜饲养室里的牲口，就扩大了 3 倍。从前只有一只山羊，现在增加到 4 只：山羊妈妈卡姆什卡和 3 只小山羊——库加、穆萨和施嘎利克。

好日子就要到了

果园里的好日子就要到了。草莓已经开过了花；圆圆的樱桃树上，开满了白色的花；昨天梨树上也绽放出花蕾。一两天后，苹果树也要开花了。

在“新生活”集体农庄里

南方蔬菜——番茄秧昨天搬了新家，搬到了池塘边的田里。以前它们住在温室里。黄瓜秧做了它们的邻居。番茄——这些体格健壮的半大小伙子正要开花。黄瓜秧小宝宝躺在白色的封套里，只露出个小鼻尖。土地妈妈保护它们，不让馋嘴的鸟儿看见它们。黄瓜秧能很快长高并赶上番茄吗？

帮助六只脚的劳动者

一说到跟农业有关的昆虫，我们立刻想起一大群个儿虽小，但是对于庄稼来说十分可怕的敌人。我们竟完全忘记了，有很多六只脚的小朋友，在田里给我们干活。我们竟忘记了，它们在给植物授粉中，发挥着巨大的作用。有许多长着翅膀的六条腿的昆虫，比如蜜蜂、丸花蜂、姬蜂、甲虫、蝇类和蝴蝶，为黑麦、荞麦、大麻、苜蓿和向日葵等植物授粉，把花粉从一朵花送到另一朵花。

有时，这些小劳动者的力量还不够，不能满足全部庄稼的授粉需求。那么，我们就得亲自帮助它们。我们用一根长绳当耙子，为黑麦、荞麦、亚麻和苜蓿等授粉。俩人各拉住长绳的一端，从开花植物的梢头上拖过去，把梢头稍稍压弯下来。这样，花粉纷纷从花上落下来，随风飘散到田里，或者沾到绳子上，被带到其他花上去。可以这样给向日葵授粉：先把花粉收集在一小块兔子皮上，再把兔子皮里的花粉撒到所有正在开花的向日葵花盘上。

城市新闻

列宁格勒市的麋鹿

5月31日一大清早，有人在列宁格勒市梅契尼克夫医院旁看见一只麋鹿。这并非麋鹿第一次出现在市区，近几年来，麋鹿出现了好几次。大家猜测，它是从弗希沃罗德区的森林里跑过来的。

说人话的鸟

一位市民来到《森林报》编辑部，讲述了这么一件事：

“早晨，我在公园里散步。忽然，有人从灌木丛里不断地用哨音大声地问我：‘看见特利什卡了吗?’我朝四周瞧瞧，一个人也没有，只看见一只通体发红的小鸟，落在灌木丛上。我朝它打量了一会儿，心想：这是只什么鸟呀？叫声那么清晰。它问的特利什卡又是谁呢？紧接着，它又问起来了：‘看见特利什卡了吗?’我朝它迈了一步，想走近点儿看个究竟。可是它‘嗖’的一下飞进灌木丛中不见了。”

这位市民看见的鸟，叫红雀。它从印度飞来。的确，它的尖啸声听起来很像在提问。不过，每个人都按照自己的理解，把它翻译成人的语言。有的人认为它在问：“看见特利什卡了吗?”也有的人认为它在问：“看见格利什卡了吗?”

海底来客

许多各种各样的鱼从大海和海洋里游到江河里产卵，然后小鱼又从河里游回大海。

只有一种鱼，产在海洋深处，然后从深海游到河里来生活。它的出生地，在大西洋的马尾藻海①。这种不同寻常的鱼，就叫扁扁鱼。

你没听说过这样的鱼吧？这也不奇怪：因为只有当它很小、还住在海洋里的时候，才这么叫的。那时候，它通体透明，连肚子里的肠子都能看得清清楚楚。两侧扁扁的，像片树叶。等它长大了，却变得像条蛇了。这时，人们才想起它真正的名字——鳗鱼。

扁扁鱼先在藻海里住 3 年。到了第 4 年，它们变成了小鳗鱼，不过身体还是像玻璃般透明。现在，这种玻璃似的鳗鱼，正成群结队地涌进涅瓦河。它们从故乡大西洋神秘的深海游到这里，一路上至少要经过 2500 千米！

试　飞

当你在公园里、大街上或林荫路上走的时候，请不时抬头瞧一瞧，看有没有小乌鸦或小椋鸟从树上掉下来、小慈鸟或小麻雀从屋檐上摔下来，掉到你头上。现在它们刚刚离开巢，正在学习飞行呢！

城郊漫步

最近几天，住在城郊的人夜里会听到一阵阵断断续续的、低沉的嘶鸣声："呋契——呋契……呋契——呋契！"叫声先从一条沟里传过

① 马尾藻海（Sargasso Sea），大西洋北部的一个海，因海面漂浮大量马尾藻而得名。马尾藻海是世界上最清澈的海，其最清澈处的能见度可达 75 米。——译者注

来，然后又从另一条沟里传过来。原来这是红骨顶鸡在城郊漫步。红骨顶鸡是长脚秧鸡的亲戚，也和长脚秧鸡一样，步行穿越整个欧洲，徒步走到我们这里来了。

采蘑菇

当老天爷尽情地下过一场温暖的大雨之后，你就可以到郊外去采蘑菇了。红菇、鳞皮牛肝菌和美味牛肝菌纷纷从土里钻出来。这是夏季的第一批蘑菇，统称为麦穗菇，因为它们出生的时候，秋播黑麦刚好开始抽穗。很快，一到夏末，它们就消失不见了。

当你看到花园里紫丁香花凋谢了，就知道春天过完了，夏天开始了。

有生命的云

6 月 11 日，很多人在列宁格勒市的涅瓦河畔散步。烈日炎炎，天空中一丝云也没有。房子和街上的柏油马路，被太阳烤得滚烫，人热得连气都喘不过来。孩子们在玩耍。

突然，在宽宽的河那边，飘起了一大朵灰色的云。大家都停住了脚步，望着它。这朵云飞得很低，几乎贴着水面在飞。人们看着它越变越大。

终于，它带着沙沙的喧闹声，把散步的人团团围住了。这时大家才明白，这不是云，而是一大群蜻蜓。一瞬间，周围的一切都发生了神奇的变化。因为有这么多小翅膀在扇动，空气中掠过了一阵凉爽的微风。孩子们也不再顽皮了。他们欢天喜地地望着：阳光透过彩色云母似的蜻蜓翅膀，空中闪着美丽的七彩霞光。游人们的脸一下子变得色彩斑斓起来：无数小彩虹、日影和小星星在他们的脸上跳跃。这朵有生命的云沙沙地响着，掠过河岸上空，升得越来越高，飞到房屋后面不见了。

这是一群刚出生的小蜻蜓，它们友好地、成群结队地去寻找新住所。人们始终不知道，它们从哪里孵化出来，又要飞到哪里去栖息。通常，在各处都能见到成群结队的蜻蜓。要是你看见了它们，不妨留意一下小蜻蜓飞自哪里，又将飞到哪里去。

列宁格勒州的新野兽

最近几年，在列宁格勒州叶非莫夫区和相邻几个区的森林里，猎人们经常碰到一种本地居民不认识的野兽。这种野兽的个头几乎跟狐狸一样高。原来它是乌苏里的浣熊狗，或者简称为浣熊。

它为什么会跑到这里来？答案很简单：用火车运来的。10 年前，运来了 50 只浣熊，放养在我们州的森林里。在这些年里，它们繁衍了大批的后代，现在已经允许猎人捕猎这种野兽了。

乌苏里浣熊的毛皮非常珍贵。因为它们在这里不冬眠，所以在我们州，整个冬天都可以捕猎浣熊。而在气候严寒的故乡，它们是冬眠的。

欧　鼹

有人以为欧鼹是啮齿类动物，跟住在地底下的老鼠一样，在地下乱爬，啃食植物的根。这是对欧鼹的诬陷，因为鼹根本不属于鼠类，它更像是身穿天鹅绒般柔软光滑皮大衣的刺猬。鼹也是食昆虫的兽，吃金龟子和其他幼小的害虫，因此鼹对人类非常有益。在毁坏植物这件事上，它是无罪的。

不过，假如有人不肯原谅鼹，因为它在花园或菜园里刨洞，把一堆堆泥土抛撒在花台或菜畦上，进而碰坏了花或者好吃的蔬菜，那么可以从容地在地上插一根长杆子，在长杆子上端装一个小风车。

风一吹，风车就转，长杆子随之抖动，下面的土地也一起颤动，鼹洞里就会嗡嗡作响。这样一来，鼹立刻四处逃散了。

■ 发自少年自然科学家　尤兰

蝙蝠的回声探测器

夏天的夜晚，一只蝙蝠飞进了打开的窗户。“把它赶走！快把它赶走！”女孩子们大叫着，赶紧用围巾裹住自己的头，一位秃头老爷爷嘟囔道：“它是冲着窗户里的亮光来的，干吗要钻到你们的头发里去啊。”

直到不久前，科学家们还搞不明白，为什么蝙蝠在漆黑的夜间飞行，不会迷路。

人们曾经蒙住它们的眼睛，塞住它们的鼻子，可是，它们还是能躲避空中的一切障碍物，连拴在屋里的细线都能躲开，灵活地逃避天罗地网。随着回声探测器的发明，谜底被揭开了。现在，科学家们确认，所有的蝙蝠，飞行时都用嘴发出超声波，即人类耳朵听不见的、非常尖细的叫声。无论超声波碰到什么障碍物，都会反射回来。因为蝙蝠灵敏的耳朵可以“接收”这些信号：“前方有墙！”“有线！”或者“有蚊子！”只有妇女茂密细长的头发，不能很好地反射超声波。

秃头老爷爷当然没什么危险，可是女孩子们的浓密长发，却真的会被蝙蝠当成“窗户里的亮光”，很可能就冲着其中一“扇”猛扑过来。

给风打分数

当风小的时候，它是我们的朋友。

在炎热的夏季的中午，假如一丝风也没有，我们会热得喘不过气来。如果平静无风，烟囱里的烟就会笔直地升上天空。如果空气以每秒不到半米的速度流动，我们会觉得一丝风也没有，我们给它打0分。

微风的风速，是每秒1~1.5米，或每分钟60~90米，或每小时3.5~5.5千米。这是人步行的速度，这种风已经能把烟囱里的烟柱吹歪了。我们觉得脸上凉风习习，不会感到气闷，很舒适。我们给这种

微风打1分。

轻风的速度，是每秒2~3米，也就是每分钟120~180米，或每小时7~11千米。这大约相当于人跑步的速度。树叶吹得沙沙作响。我们在记分簿里，给轻风打2分。

软风的速度，是每秒4~5米，也就是每小时14.5~18千米。这大约相当于马小跑的速度。软风摇晃细树枝，快乐地推着纸折的小船跑。我们在记分簿里，给软风打3分。

气象学里的和风指的是：吹起道路上的灰尘，激起大海里的波浪，摇动树林里的粗树枝。它的速度是每秒6~8米。我们给它打4分。

疾风的速度，是每秒9~10米，或每小时32~36千米。这大约相当于乌鸦飞行的速度。这种风吹响树梢，摇动树林里的细树干，掀起大海里的波浪。它吹散大大小小的蚊子。我们给它打5分。

大风开始捣乱了。它使劲摇晃森林里的树木；把晒在晾衣绳上的衣服扔在地上；把帽子从人的脑袋上刮下来；把排球往旁边乱推，不让人好好打球。它的速度相当于每小时39~43千米的火车客车行驶的速度。幸亏气象学家们给风打分数，用的是12分制。如果是我们学校里的5分制，那就不够用了。气象学家给大风打上足足6分。

一箭射中目标！一语击中答案！

第三场比赛

1. 什么甲虫以出生月份命名？
2. 蚱蜢靠什么发出咔嚓声？
3. 沙锥用什么发出“咩咩”的叫声？
4. 为什么红褐色的鹭鸶被叫作“水牛”？
5. 蜘蛛有几条腿？
6. 甲虫有几对翅膀？
7. 哪种鸟从南方到我们这里来，其中一段路是步行的？
8. 椋鸟孵出小鸟后，把啄破的蛋壳扔到哪里去了？
9. 哪种动物的耳朵长在腿上？
10. 哪种鸟叫起来像瘦弱的猫？
11. 青蛙卵和蟾蜍卵的区别何在？
12. 长脚秧鸡长得有多高？
13. 哪种鸟“汪汪”叫？
14. 哪种鸣禽最晚飞到我们这里来？
15. 丁香花开，是春天还是夏天？
16. 树根底下，热闹非凡；树林中间，铁匠打铁；树林上空，灯火明亮。这三句话分别指什么？
17. 行路的人用得上，赶车的人用得上，病人也用得上。请问这

是什么树？

18. 洁白似雪，黑如甲虫，绿似嫩葱。转起圈来像疯子，在树林里直打转。（打一动物）
19. 不用手织，却编成了网。
20. 又细又长，落到苔草里；自己不出来，却把孩子放出来。（打一自然现象）
21. 请我来，等我来，我来了之后，它却躲起来。这又是指什么？
22. 像只小牛没有角，额头宽宽眼睛小；碰不得，摸不得，牲口群里有它就遭了殃。（打一动物）
23. 什么动物出生时就长着胡子？
24. 一个说："开始跑！"一个说："躺下来！"还有一个说："蹲下来！"这提到的是哪3种自然现象？

通告

演出和音乐，赶快去看!

在僻静的林中小湖里，长满了青草和芦苇。在这里，可以看到最有意思的演出。为了观看这场演出，必须在湖边搭个小棚子，躲进里面。

在晴朗的清晨的霞光中，两个服装艳丽的演员从草丛里游了出来。这是两只漂亮的小鸟，嘴巴又细又红，华丽的衣领一直齐到脸颊，在初升太阳的映照下，闪着鲜艳的古铜色光芒。这是鸊鷉。请安静地坐着，看它们将如何表演。

瞧！它们并排游着，肩并着肩，仿佛列队的士兵一样。突然，似乎听见了“分开游”的命令，它们立刻转过身来，面对面鞠了个躬，跳起舞来。

然后，它们伸直脖子，头往后仰，微微张开嘴巴，仿佛在发表重要讲话。突然它们一起嘴朝下，猛地钻入水中，甚至没溅起一丝水花！1 分钟后，一只接着一只从水里跳出来，立在水面上，仿佛站在地上一样。它们挺直身子，互相传递着各自从水底衔起的一束青苔，仿佛在交换两条绿手绢。

你忍不住鼓起了掌，它们立刻消失不见了；躲到芦苇丛中去了！

第二场测验

“锐眼”称号竞赛

如何区分它们?

如何区分栖在水面上的矶凫和野鸭?

图 1

图 2 和图 3，是我们这里的两种兔子：灰兔和雪兔。冬天，谁也不会混淆它们，因为在冬天，一种是灰色的，另一种是白色的。但是到了夏天，两种兔子都变成了灰色的，该如何区分它们？

图 2　图 3

图 4　图 5　图 6

图 4、图 5 和图 6，画着 3 种小兽。它们的区别在哪里？各叫什么名字？

这里画着 3 条蛇和 1 条无脚蜥蜴。哪条是蜥蜴？哪几条蛇有毒？它们用什么咬人？哪几条蛇无毒？

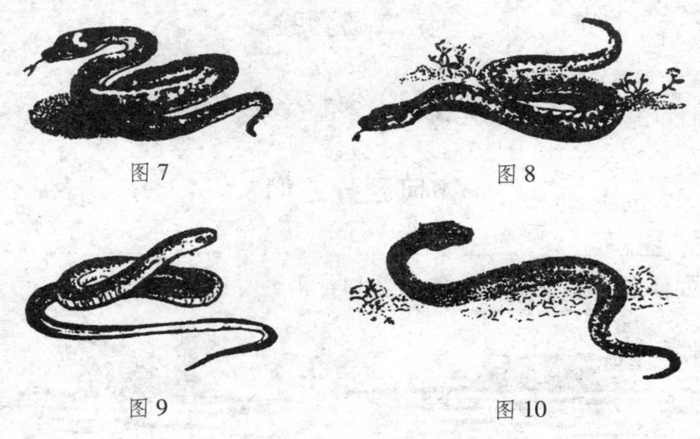

图 7　图 8

图 9　图 10

森林报

第4期

鸟儿筑巢月

（夏季第一月）

6月21日~7月20日

太阳转入巨蟹宫

一年：一共 12 个月的太阳史诗

六月

六月里，蔷薇花开了，候鸟搬完了家，夏天开始了。现在白昼最长。在遥远的北方，完全没有了夜晚，太阳一天 24 小时都挂在天上。在潮湿的草地上，花儿开得越来越富于阳光的色彩，金凤花、立金花、毛茛等把草地染得一片金黄。

这时，人们在太阳初升的黎明时分，采集可用于治病的花、花茎和草根，以备在突然生病的时候，可以把储存在花草里的太阳的生命力，转移到自己身上来。

一年之中最长的一天（6 月 22 日）夏至过去了。

从这一天起，白昼开始慢慢地、慢慢地缩短。缩短的速度跟春天光明增加的速度一样慢。不过人们感觉挺快。民间俗话说："夏天的头顶只从篱笆缝里露出来了……"

所有的鸣禽都有了自己的巢，所有的巢里都下了蛋，各种颜色应有尽有。脆弱的小生命透过薄薄的蛋壳，露出来了。

各居其所

孵小鸟的季节到了。森林中的居民都给自己造了房子。

我们的记者决定去了解一下，那些飞禽走兽、鱼和昆虫都住在什么地方？它们过得怎么样？

漂亮的住房

原来，现在整个树林里，从上到下都住满了。不论哪里，一点儿空地都没有了。地上、地下、水上、水下、树枝上、树干中、草丛里、半空中，全住满了。

黄鹂把住房盖在半空中。它用大麻、草茎和毛发，编成一间轻巧的小篮子形状的住房，把它高高地挂在白桦树枝上。小篮子里放着黄鹂的蛋。你说怪不怪，风吹动树枝的时候，蛋却不会被打破。

百灵、林鹨、鹀和许多别的鸟把住房搭在草丛里。我们记者最喜欢篱莺的巢棚。它用干草和干苔搭成，带有棚顶，门开在侧面。

鼯鼠（松鼠的一种，脚趾间有一层薄膜相连接）、木蠹贼、小蠹虫、啄木鸟、山雀、椋鸟、猫头鹰和许多其他的鸟把住房盖在树洞里。

鼹鼠、田鼠、獾、灰沙燕、翠鸟和各种各样的昆虫把住宅建在地底下。

鸊鷉是一种潜水鸟。它的巢浮在水上，用沼泽地里的草、芦苇和水藻搭建而成。鸊鷉住在这只浮动的巢里，仿佛乘着木筏，在湖里漂来漂去。

河榧子和银色水蜘蛛把小房子建在水底下。

最佳住房

我们的记者想找到一所最优秀的住房。原来，要确定哪一所住房最佳，可没那么容易呢！

雕的巢用粗树枝搭成，面积最大，建在粗大的松树上。

黄头戴菊鸟的巢最小，只有小拳头那么大，而它自己的身子，比蜻蜓还小。

田鼠的住房构思最巧妙，有许多前门、后门和安全门。无论你花多大力气，也别想在它的房间里捉到它。

卷叶象鼻虫的住房最精美。卷叶象鼻虫是一种带长吻的甲虫。它咬掉白桦树叶的叶脉，等到叶子枯萎的时候，就把叶子卷成圆柱形，再用唾液粘牢。雌卷叶象鼻虫就在这圆柱形的小房子里孕育后代。

戴领带的勾嘴鹬和夜游神夜莺的家最简陋。勾嘴鹬直接把4个蛋产在小河边的沙滩上。夜莺把蛋产在小坑里或者树底下的枯叶堆里。它们都不肯花大力气造房子。

反舌鸟[①]的小屋子最漂亮。它的小巢搭在白桦树枝上，由苔藓和薄薄的桦树皮装饰而成。它还在别墅的花园里，捡人们丢弃的彩色纸片，把这些纸片编在巢上当作装饰物。

长尾巴山雀的小巢最舒适。由于它的身材很像一只盛汤用的长柄勺，因此它也被称作汤勺。巢的里层用绒毛、羽毛和兽毛编成，外层用苔藓粘牢。整个巢呈圆形，像只小南瓜。有个小圆门，开在巢的正当中。

河榧子幼虫的小房子最轻巧。

河榧子是长着翅膀的昆虫。当它们停止不动的时候，便收拢翅膀，盖在背上，刚好能遮蔽全身。河榧子的幼虫还没长出翅膀，全身赤裸，

---

① 反舌鸟，篱莺的一种，擅长模仿人的声音和其他鸟的叫声。

没有东西可以遮挡身体。它们住在小河和小溪底。

河榧子的幼虫先找到跟自己的脊背差不多长的细树枝或者芦苇，接着把沙泥做成的小圆筒糊在那上面，然后倒爬进去。

这真的很方便：或者，全身躲进小圆筒里，在里面安心地睡上一觉，谁也看不见它；或者，伸出前脚，背着小房子，在河底爬上一阵子：这所小房子可轻了。

有一只河榧子的幼虫，找到一支掉在河底的香烟，便钻了进去，就这样带着它四处旅行。

银色水蜘蛛的房子最不同寻常。它先在水底下的水草间铺一张蜘蛛网，然后浮到水面，用毛茸茸的肚皮盛回一些气泡，放到蜘蛛网下。水蜘蛛就住在这种空气流通的水下小房子里。

还有谁会筑巢

我们的记者还找到了鱼巢和野鼠巢。

棘鱼给自己筑了个真正的巢。筑巢的工作由雄棘鱼来完成。它只捡分量重的草茎做建筑材料。即使用嘴把草茎从河底衔到河面上，草茎也不会漂浮。雄棘鱼用草茎铺设墙壁和天花板，先用唾液粘牢，再用苔藓堵住小窟窿。它还在巢的墙上开了两扇门。

小老鼠的巢跟鸟巢一模一样，由草叶和撕得很细的草茎编制而成。它把巢搭在离地大约两米高的、圆柏树的树枝上。

用什么材料造房

用各种各样的材料，建成森林里的住房。

歌唱家鸫鸟把朽木屑当作水泥，涂抹在圆巢的内壁上。

家燕和金腰燕用自己的唾沫，把烂泥粘成巢。

黑头莺用又轻又黏的蜘蛛网，把细树枝粘牢搭成巢。

鸸鸟会在笔直的树干上，倒立着跑上跑下。它住在洞口很大的树洞里。为了不让松鼠闯入巢里，它用黏土把洞口封起来，只给自己留个刚刚能挤进去的小洞。

碧绿、棕色和蔚蓝三色相间的翠鸟，造的巢非常有趣。它在河岸上挖了一只很深的洞，在小房间的地上铺了一层细鱼刺。这样，它就得到了一张柔软的床垫。

借住别人的房子

要是有谁不会造房子，或者懒得自己造房子，可以借住在别人的家里。

布谷鸟把蛋下在鹡鸰、知更鸟、黑头莺和其他会做巢的小鸟的家里。

树林里的黑勾嘴鹬找到了一个旧乌鸦巢，便在那里孕育起后代来了。

船砢鱼非常喜欢无主的虾洞。这种小洞在水底的沙岸上。船砢鱼就在小洞里产卵。

有一只麻雀把家安在了非常巧妙的地方。它先在屋檐下筑了个巢，可惜被男孩子们捣毁了。接着，它又在树洞里造了个巢，可是它产的蛋又被伶鼬拖走了。于是麻雀把家安在了雕的大巢里。雕的巢是用粗树枝搭成的，麻雀把巢安在粗树枝之间，地盘很大。现在，麻雀可以过安稳日子，谁也不用怕了。大雕根本无心去理会这么小的鸟。至于那些伶鼬、猫和老鹰，甚至于男孩子们，也不会再来破坏麻雀的巢了，因为谁都怕大雕呀！

集体宿舍

森林里也有集体宿舍。

蜜蜂、黄蜂、丸花蜂和蚂蚁造的房子，可以容纳成百上千的住户。

白嘴鸦把果园和小树林作为自己的移民区，在那里筑了许多许多

的巢。鸥占用了沼泽地、沙岛和浅滩。灰沙燕在陡峭的河岸上凿了无数小洞，把河岸搞得千疮百孔。

巢里有什么

巢里有蛋。蛋的模样各不相同。

不同的鸟产不同的蛋，这不是没有道理的。

勾嘴鹬的蛋布满大大小小的斑点；歪脖鸟的蛋却是白色的，略微带点儿粉红色。

原因在于，歪脖鸟的蛋产在幽深阴暗的树洞里，谁也看不见它。勾嘴鹬的蛋却直接下在草墩上，完全裸露在外面。要是这些蛋是白色的，那谁都会看到了，所以它们的颜色跟草墩一致。很可能因看不见它们，而一脚踩上去。

野鸭的巢筑在草墩上，而且也是毫无遮拦的。但它们的蛋却几乎是白色的，因为野鸭会耍计谋。当它们离开巢的时候，会咬下自己肚子上的绒毛，把蛋盖好。这么一来，蛋就不会被发现了。

为什么勾嘴鹬的蛋的一头尖尖的，而猛禽兀鹰的蛋是圆的？

这个道理也很好懂。勾嘴鹬是一种小鸟，身子比兀鹰小 4 倍，但下的蛋却很大。它的蛋的一头尖尖的，这样孵蛋的时候很容易放在一起：小头儿对着小头儿，紧靠在一起，不致占用很大的地方。否则，勾嘴鹬怎么用它那小小的身体盖住那么大的蛋并孵化它们呢？

可是，为什么小勾嘴鹬的蛋几乎跟大兀鹰的蛋一样大呢？

这个问题，只得等小鸟出蛋壳的时候，在下一期的《森林报》上解答了。

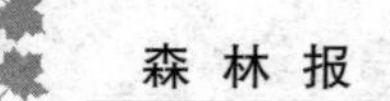

森林中的大事

狐狸怎样迫使老獾离开了家

狐狸家里遇到了祸事：洞里的天花板塌了，小狐狸差点儿被压死。

狐狸一看，事情不妙，得搬家了。

狐狸来到老獾家。獾挖了一个杰出的洞穴。出入口东一个西一个，里面分布着许多小地道，这都是为了防备敌人出其不意进攻时用的。

它的洞很大，可以住下两家人。

狐狸恳求獾分间房子给它住，獾坚决拒绝了。獾是个严厉的主人，爱干净，爱整齐，容不得有脏东西。它怎么能让一只带着孩子的狐狸住进来呢！

狐狸被獾赶了出来。

“好哇！”狐狸想，“你这么不讲情面呀！等着瞧吧！”

狐狸假装走到了树林里，其实是躲在灌木丛后，在那里等待机会呢。

獾从洞里探出头来瞧了瞧，看到狐狸走了，这才从洞里爬出来，到树林里找蜗牛吃。

狐狸溜进了獾洞，在地上拉了一泡屎，把屋里弄得肮脏不堪，然后跑了。

獾回家一看：好家伙！臭气熏天！它懊丧得哼了一声，就离开这个洞，到其他地方给自己再挖个洞。

这正中狐狸的下怀。

它把小狐狸都衔过来，在獾洞里舒舒服服地住下了。

有趣的植物

池塘里开始长满了浮萍。有些人把它叫作苔草，但苔草是苔草，浮萍是浮萍。浮萍一点儿也不像其他植物，长得很有趣。它有着细小的根，绿色小圆片浮在水面上，附带着一个长圆的凸出物。这些形状很像小烧饼的凸出来的东西，便是浮萍茎部的枝。浮萍不长叶子。有时也会开几朵花，不过这是极其稀罕的事。浮萍用不着开花。它繁殖起来又快又方便。只要从这小烧饼似的茎上脱落下来另一个小烧饼似的枝，一棵植物便变成了两棵植物。

浮萍的日子过得很快活，自由自在，无拘无束。如果有野鸭游过，浮萍可能会依附在野鸭的脚上，跟着野鸭飞到另一个池塘里去。

■ 发自尼·芭芙洛娃

会变魔术的花

在草场上，在林中空地上，绛红色的矢车菊开花了。我一看到它，就想起了伏牛花。因为这两种花都会变小魔术。

矢车菊的花不是结构简单的花，而是由许多小花组成的花序。它上面那些漂亮、蓬松的犄角似的小花，都是些不结子的空心花。真正的花藏在当中，是许多绛红色的细管子。一朵雌蕊和好几朵会变魔术的雄蕊，都藏在细管子里。

假如你碰一下绛红色的细管子，细管子就会倒向一旁，从小孔里喷出一小团花粉来。过一会儿，如果你再碰它一下，它又会歪向一旁，又喷出一团花粉来。

魔术就是这么变的。

这些花粉可不是平白无故喷撒的。只要昆虫向它要花粉，它都会给一点儿。拿走也行，吃掉也行，沾在身上也行，只要带点儿给另一朵矢车菊就行。

■ 发自尼·芭芙洛娃

来无踪、去无影的夜间强盗

森林里出现了来无踪、去无影的夜间强盗，林中居民个个惊恐不安。

每天夜里，总会丢失几只小兔子。小鹿、琴鸡、松鸡、榛鸡、兔子和松鼠，一到夜里就觉得危机四伏。无论是灌木丛中的鸟，树上的松鼠，还是地上的老鼠，都不知道强盗会从哪儿发起攻击。神出鬼没的凶手，一会儿从草丛里，一会儿从灌木丛里，一会儿又从树上冒出来。也许，凶手还不止一个，而是整整一支强盗大军呢。

几天前的一个夜晚，獐鹿全家（一只雄獐鹿、一只雌獐鹿和两只小獐鹿）在林中空地上吃草。雄獐鹿站在距离灌木丛8步远的地方警戒；雌獐鹿带着小獐鹿在空地上吃草。

冷不丁，一个黑影从灌木丛里蹿出来，只一蹦，就上了雄獐鹿的背。雄獐鹿倒了下去。雌獐鹿带着小獐鹿逃进了森林。

第二天早晨，雌獐鹿回到空地上去看，见雄獐鹿只剩下两只犄角和4个蹄子。

昨天夜里麋鹿受到了攻击。当它穿过茂密的森林时，看见一个奇形怪状的大木瘤，长在一棵树枝上。

麋鹿在森林里算得上是条好汉，它用得着怕谁吗？它的一对犄角硕大无比，连熊都不敢侵犯它呢。

麋鹿走到那棵树下，正想抬起头仔细看看树上的木瘤究竟长什么样，冷不防，一个可怕的、重达300千克的东西，猛地压在它的脖子上。

出其不意的袭击，把麋鹿的魂都给吓掉了。它猛地晃了下脑袋，把强盗从背上甩了下去，然后头也不回地拔腿就跑。因此，它也没看清楚，夜里究竟是谁袭击了它。

我们这树林里没有狼。况且，狼也不会上树呀。熊现在正懒洋洋地躲在密林里呢，再说，熊也不会从树上扑到麋鹿的脖子上去。那么，

这个神秘的强盗究竟是谁呢？

真相暂时还没有大白。

夜莺的蛋莫名其妙地失踪了

我们的记者找到一个夜莺的巢。一个小坑里放着两枚蛋。当人走近的时候，雌夜莺飞离了蛋。

我们的记者没有动鸟巢，只是清楚地记下了鸟巢的所在地。一个小时以后，他们又回到了那个鸟巢，但是巢里的蛋已经消失不见了。

两天以后，才搞明白蛋的去处。原来，雌夜莺担心人们会来捣毁鸟巢，便把蛋衔到别的地方去了。

勇敢的小鱼

我们已经描述过，雄棘鱼在水底下做的巢的模样。

雄棘鱼造好巢后，便给自己选了位棘鱼老婆带回家。棘鱼夫人从这边的门进去，产下鱼子，立刻就从另一边的门逃走了。

雄棘鱼又找了第 2 位夫人，接着又找了第 3 位、第 4 位，可是这些棘鱼夫人全都跑走了，只留下它们产的鱼子让雄棘鱼照料。

家里堆满了鱼子，雄棘鱼只得独自留下来看家。

河里的许多家伙都爱吃新鲜鱼子。可怜的小个子雄棘鱼，不得不保护自己的家，不让凶恶的水底怪物前来侵犯。

不久前，馋嘴的鲈鱼闯进了它的家。小个子主人勇猛地扑上去，跟那个怪物搏斗。

它把身上的 5 根刺（背上 3 根，肚子上 2 根）全都竖起来，巧妙地对准鲈鱼的鳃刺去。

原来，鲈鱼满身都披着厚实的铠甲——鱼鳞，只有鳃部没有防护。鲈鱼被小棘鱼的勇敢吓坏了，赶紧溜之大吉。

谁是凶手

（参见《来无踪、去无影的夜间强盗》一文）

今天夜里，树上的松鼠被谋杀了。我们查看了凶杀现场，根据凶手在树干上和树底下留下的脚印，弄清楚了这个神秘的凶手是谁。前不久就是它害死了獐鹿，闹得整个树林里惊恐不安。

根据脚印判断，凶手就是我们北方森林里的“豹王”，也就是凶残的“林中大猫”——猞猁。

小猞猁已经长大了。现在猞猁妈妈带着它们，在林子里四处转悠，在树上爬来爬去。

夜里，它们的眼睛跟白天一样明亮。谁要是在睡觉以前没藏好，那可就要倒大霉了！

6只脚的鼹鼠

我们的一位森林记者，从加里宁州发来以下报道：

“我把一根锻炼身体用的杆子插入土中。这时从土里蹿出一只不知名的小野兽。它的前掌有脚爪，背上长着两片像翅膀一样的薄膜，通体棕黄色的细毛，很像短而密的兽毛。这只小兽既像黄蜂，又像田鼠，身长5厘米。根据它有6只脚这个特点，我判断它是一种昆虫。”

编辑部的解释

这种独特的昆虫叫蝼蛄。它长得的确很像小兽，难怪它有一个兽的外号——“赛鼹鼠”。它跟鼹鼠最相像，它们两个都有很宽的前爪，是掘土的高手。不过，蝼蛄的前脚生得像剪刀似的，这是它必备的武器。当它在地下行走的时候，就用这双脚剪断植物的根。而高大强壮的鼹鼠用它那强有力的爪子，就可以抓断这种根，要不然也可以用锋

利的牙齿咬断它。

蝼蛄的两腭上，长着如同牙齿一般、锯齿状的薄片。

蝼蛄在地下度过大部分时间。它像鼹鼠那样，在地下掘通道，在里面产卵，然后在上面堆个小土堆，恰似鼹鼠的窝。另外，蝼蛄还生着两只柔软的大翅膀。它擅长飞行，在这方面鼹鼠可比不过它。

蝼蛄在加里宁州并不多见，在列宁格勒州更少。可是在南方各州，蝼蛄很多。谁要是想找到这种与众不同的昆虫，就到潮湿的泥土里去找吧！最好在水边、果园里和菜地里找。可以用以下方法抓到它：选定一处，每天晚上往上面浇水，然后用木屑把它盖起来。半夜里，蝼蛄会自动钻到木屑下的烂泥里来。

刺猬救了她

玛莎一大清早就醒来了，连忙穿上衣服，赤着一双脚，就往树林里跑。

树林里的小山岗上长着许多草莓。玛莎飞快地采了一小篮，转身朝家跑。草墩被露水沾湿了，冰凉的。一路上，她蹦蹦跳跳。突然她脚底下一滑，痛得大叫起来。原来她的一只光脚从草墩上滑下去，被某个尖东西刺出血了。只见一只刺猬蹲在草墩下，它立刻把身子缩作一团，“呋，呋”地叫起来。玛莎哭了。她坐到旁边的草墩上，用衣服擦掉脚上的血。刺猬默不作声。

突然，一条背上刻有锯齿形黑条纹的大灰蛇，径直朝玛莎爬过来。这是一条剧毒的蝰蛇！玛莎吓得胳膊腿儿直发软，蝰蛇越爬越近，咝咝地叫着，吐着它那叉子似的舌头。

这时，刺猬突然挺直身子，飞快地朝蝰蛇跑去。蝰蛇抬起前半身，像根鞭子似的抽打过来。刺猬赶紧敏捷地竖起身上的刺迎过去。蝰蛇咝咝地狂叫起来，想掉转身逃跑。刺猬猛扑到它身上，从背后咬住它的头，用爪子扑击它的背。

玛莎这才如梦初醒，一跃而起，跑回家去了。

蜥蜴

我在树林里的树桩旁，抓到一只蜥蜴，把它带回了家。我把它养在一个大玻璃缸里，里面铺上了沙土和石子。每天我给它换水、换草，放入苍蝇、甲虫、幼虫、蛆虫和蜗牛。蜥蜴贪婪地咀嚼着，大口地吞食着。它特别爱吃在甘蓝丛里生长的白蛾子。它飞快地把头转向白蛾子，张开嘴，吐出叉子似的小舌头，然后跳起来，扑向那美味的食物，就像狗扑向肉骨头似的。

一天早晨，我在小石子之间的沙土里，看到十来只白色的椭圆形小蛋，蛋壳又软又薄。蜥蜴挑了个能晒到太阳的地方孵蛋。一个多月后，小白蛋破壳了，十来个机灵的小不点儿蜥蜴钻了出来，长得跟妈妈一模一样。

现在，这一家子全爬到小石头上，正懒洋洋地晒着太阳呢。

■ 发自森林记者　谢斯嘉科夫

燕子巢

（摘自少年自然科学家日记）

6月25日

每天，我亲眼看着一对燕子辛勤地衔泥做巢。巢一点儿一点儿地变大。每天一大清早，它们就开始干活，中午休息两三个小时，然后又修修补补、涂涂抹抹，一直忙到离日落只有两小时光景才收工。的确，不能一直不停地往上面粘泥，必须让稀泥干一干。

有时候，其他小燕子也飞来做客。要是猫不在房顶上的话，小客人们就在梁木上坐一会儿，叽叽喳喳、和和美美地聊会儿天。新居的主人不会下逐客令的。

现在，巢已经做得很像下弦月了，就是月亮由圆变缺、尖角朝右时的样子。

我完全清楚，为什么燕子巢做成了现在这副模样，为什么不是左右两边均衡地增长。因为巢是雄燕子和雌燕子一起造的，可是它俩出的力不一样。雌燕子衔泥飞回来的时候，它的头总是歪向左边。它干活儿很卖力，一个劲儿往左边粘泥，而且比雄燕子更频繁地飞出去衔泥。雄燕子常常一飞走，就几个钟头不见踪影，准是在云霄里和别的燕子追着玩呢。它落到巢上的时候，头老是偏向右边。它干的活儿当然赶不上雌燕子的了，因此它那右半边的巢比左半边的短一节。所以，燕子巢两边并非均衡地增长。

雄燕子多么懒啊！它那么懒，怎么不知道害臊呢。按理说，它比雌燕子更强壮呢！

6月28日

燕子不再衔泥了，它们开始往巢里衔干草和绒毛，它们在铺床呢。我没料到，燕子把全部建筑工程设计得这么周到细致，原本就应该让巢的一边比另一边长得高些！雌燕子把巢的左边堆到了顶，雄燕子的右半边巢却始终没有完工。这么一来，就形成了一只右上角留了一个缺口的泥圆球。不用说，燕子巢本来就应该是这个样子的，这就是它们家的大门啊！否则的话，燕子怎么飞进家呢？看样子，我当初责怪雄燕子懒，是冤枉人家了。

今天雌燕子第一次留在家里过夜。

6月30日

燕子巢完工了。雌燕子已经不出家门了，大概它已产下了第一只蛋。雄燕子不断地给雌燕子衔来一些小虫，嘴里不住地哼着歌，兴高采烈地说着贺词。

那一批燕子又飞来了。它们在巢附近扑着翅膀，一只接一只地从巢旁飞过，边飞边向巢里张望。这时，女主人的小脸蛋，正探在门外，也许客人们正在亲吻这位幸福的女主人呢！燕子们叽叽喳喳地喧闹了一阵就飞走了。

猫儿经常爬上屋顶，往屋檐下张望。它是不是也在迫不及待地等待巢里的雏燕出世呢？

7月13日

雌燕子两个星期几乎一直待在巢里。只是在中午，在一天中最暖和的时候，它才飞出去一会儿，那时娇嫩的蛋不容易着凉。它在屋顶上来回盘旋，捉几只苍蝇吃，然后飞到池塘边，低低地贴着水面飞，用嘴抄着水喝，喝饱了，又飞回巢里。

可是今天，燕子夫妻俩开始一起频繁地从巢里飞进飞出。有一次，我看见雄燕子嘴里衔着一块白色的甲壳，雌燕子嘴里衔着一只小虫儿。不用说，巢里小燕子已经出世了。

7月20日

不好啦！不好啦！猫儿爬上了屋顶，几乎把整个身子从屋檐上倒挂下来，想用爪子掏鸟巢。巢里的小燕子可怜巴巴地啾啾地叫着。

在这紧急关头，不知从哪儿飞来一大群燕子。它们大声叫着，盘旋着，鸟嘴几乎要啄到猫的脸了。哎呀，猫爪险些钩到了一只燕子。不好！猫儿又向另外一只燕子扑过去了……

太好了！这个灰强盗算计失误，“扑通”一声，从屋檐上摔下去了……

猫虽然没摔死，可也伤得不轻。它“喵呜”叫了声苦，用三只脚一瘸一拐地走了。

这真叫自作自受。从今往后，它再也不敢来恐吓小燕子了！

■ 发自森林记者　维利卡

小燕雀和它的妈妈

我家的院子里，一片葱绿。

我在院子里走着，突然，一只小燕雀从我脚底下飞了出来，它的脑袋上长着犄角似的绒毛。它飞了起来，接着又落下来。

我捉住它，把它带回了家。父亲让我把它放到打开的窗户前。

还不到一个小时，小燕雀的爸爸妈妈就飞来喂它了。

它就这样在我家里待了一天。晚上，我关上窗子，把小燕雀放进

笼子。

早晨5点钟左右，我睡醒了，看见小燕雀的妈妈蹲在窗台上，嘴里衔着一只苍蝇。我跳起来，打开窗户，自己则躲到屋角偷偷观看。

不久，小燕雀的妈妈又飞来了。它落在窗台上，小燕雀叽叽啾啾地尖叫起来，这是在要东西吃呢！这时，燕雀妈妈才下定决心飞进屋子里来，跳到笼子跟前，隔着笼子喂小燕雀。

后来，它又飞去找新的食物。我把小燕雀从笼子里拿出来，送到院子里。

等我想到再去看看小燕雀的时候，它已经不在那里了——燕雀妈妈把孩子带走了。

■ 发自贝科夫

金线虫

在江河里，在湖泊和池塘里，甚至在普通的深水沟里，生活着一种神秘的生物——金线虫。老人们说，金线虫是马复活的毛发。在人游泳的时候，它似乎会钻到人的皮肤里去，在皮下游走，让人感到奇痒无比……

金线虫真像粗糙的棕红色毛发，更像用钳子钳断的一截金属线。它无比坚硬，如果把它放在石头上，用另外一块石头敲打它，它一点儿都不在乎，还是不停地一会儿伸长，一会儿缩短，一会儿盘成奇妙的一小团。

实际上，金线虫是一种没有脑袋的软体虫，对人类没有危害。雌金线虫的肚子里装满卵。它们的卵在水里长成有角质的长吻和钩刺的小幼虫，然后依附在水栖昆虫的幼虫身上，钻进幼虫的身体里，被幼虫的外皮遮盖起来。以后，假如它们的“主人”没有被水蜘蛛或者昆虫吞到肚子里去，那么它们的一生就完结了。如果能进入到新“主人”的身体里，它们就在那里变成没有脑袋的软体虫，钻入水里，吓唬那些迷信的人。

枪击蚊子

达尔文国家自然保护区建在半岛上，周围是雷宾海。这是一个全新的、独特的大海，不久前这里还是一片森林。海很浅，某些地方还凸立着树梢。海里流淌着温暖的淡水。无数只蚊子在海水里繁殖起来。

一大群小嗜血鬼聚集在科学家的实验室里、食堂里和卧室里，搅得他们吃不好、睡不好，工作也干不好。

晚上，突然从每个房间里传来枪声。

出什么事了？……没什么大事，只是开枪打蚊子。

当然，枪筒里装的既不是子弹，也不是铅弹。枪筒里先装入少量普通的打猎用的火药，用填药塞压实。然后撒入由昆虫制成的杀虫粉，从上面使劲压牢，以免药粉撒出来。

射击时，杀虫粉的细粉尘飘撒在房间四处，钻入每条缝隙，杀死了所有的蚊子。

一位少年自然科学家的梦

一位少年自然科学家正在用心准备即将在班里作的报告。报告的题目是《与森林和田园里的害虫做斗争》。

他读到以下两段："为了用机械和化学方法跟甲虫做斗争，共花费了13700多万卢布。用手捉了1301万只甲虫。如果把这些甲虫装在火车里，可以装满813个车厢。""为了和昆虫作战，每一公顷土地上耗费了20~25个人的劳动日……"

少年自然科学家看得头晕目眩。像蛇一样长的一串串数字，拖着由许多零组成的大尾巴，在他眼前晃来晃去。他只好去睡觉。

他做了一夜恶梦。连绵不绝的一队队甲虫、幼虫和青虫，从黑幽幽的森林里爬出来，飞也似的穿过田地，把他团团围住，想闷死他。他用手捻死一些虫子，又拖了水龙带用杀虫药水浇它们，可是虫的数

量并不见减少，它们还是络绎不绝地涌过来。它们经过哪里，哪里就成为一片荒漠……少年自然科学家吓得醒了过来。

到了早晨，发现事情并没那么可怕。少年自然科学家在报告里建议，在飞禽节前，大家应该制作好很多很多的椋鸟屋、山雀巢和树洞形鸟巢。鸣禽捉甲虫、幼虫和青虫的本领，可比人大多了，而且它们还是免费干活儿的呢！

请试试看

据说如果在四周拉有铁丝网的露天养禽场上面，或者在不带顶盖的笼子上面，交叉着拉几根绳子，那么猫头鹰，甚至雕鸮，在扑向睡在铁丝网或者笼子里的飞禽之前，一定会先落在绳子上歇歇脚。在猫头鹰看来，这绳子很坚固。可是只要它一落到绳子上，就会摔个倒栽葱，因为绳子太细了，而且绷得不紧。

猛禽摔个倒栽葱以后，会头朝下一直挂到第二天早晨。在这种姿势下，它是不敢扑翅膀的，它害怕掉到地上摔死。等到天亮了，你就可以去把这个小偷从绳子上取下来。

请试试看这是不是真的。可以用粗铁丝代替绳子。

钓鱼测试仪

据说还有这么件事：如果你想从哪个湖或哪条河里钓鱼，可以先从那个湖或那条河里钓上几条小鲈鱼，把它们养在鱼缸或盛果子酱的大玻璃罐里。这样，你随时都可以知道，在这一天，你是否值得到那个湖（或那条河）边去钓鱼。只要在出发前，喂点儿东西给鱼缸里的小鲈鱼吃。假如它们争先恐后地游过来抢食吃，就说明这天是个钓鱼的好日子，湖里或河里的鲈鱼和其他鱼很容易上钩。假如鱼缸里的鱼不吃食，就说明这天湖里或河里的鱼也没胃口，说明气压有了变化，天气马上要变了，也许会下雷雨。

鱼对空气和水里的一切变化都非常敏感。根据它们的行为，可以预测数小时后的天气。每个爱钓鱼的人都应该试试看，这种活的晴雨表在室内和在露天条件下是否同样管用。

天上的大象

空中飘来一片黑沉沉的乌云，像一头大象似的。它不时地把长鼻子甩向地面。大象鼻子一碰到地，地上立刻扬起一片灰尘。尘土像根柱子似的旋转着，旋转着，越变越大，终于和天上的大象鼻子连在一起，变成了一根不断旋转的、顶天立地的大柱子。大象把大柱子抱在怀里，又往前奔去了。

……天上的大象跑到一座小城的上空，挂在那里不动了。忽然，从它身上喷出大雨点。大雨如注，是真正的倾盆大雨！屋顶和人们撑在头上的伞，响起了乒乒乓乓的声音。你猜猜，是什么敲得它们乒乓作响？是蝌蚪、小蛤蟆和小鱼！它们在大街上的小水塘里活蹦乱跳。

后来人们才弄明白，这块大象般的乌云，借助于龙卷风（从地下一直卷到天上的旋风）的帮忙，在一座森林中的小湖里喝饱水，带着水里的蝌蚪、蛤蟆和小鱼一起，在天上飞驰了数千米，然后把战利品通通丢弃在小城里，又继续向前飞奔。

绿色的朋友

从前，我们的森林似乎大得无边无际。

可是，从前森林的主人（地主）玩忽职守，不知道保护森林、爱惜森林。他们毫无节制地砍伐树木、滥用土地。凡是森林被砍光的地方，就出现了沙漠和峡谷。

农田的周围没有了森林，旱风从遥远的沙漠向农田袭来。滚烫的沙子把农田掩埋起来，庄稼都被烧死了。没有东西可以保护这些庄稼。

江河、池塘和湖泊的岸边没有了森林，积水就开始干涸，峡谷开始向农田挺进。

但是，现在人民赶走了那些懒散的"主人"，开始亲自管理自己的巨大财富。人们向旱风、旱灾和峡谷宣战了。

于是，绿色的朋友——森林，成了人民的好助手。

哪里有裸露的江河、池塘和湖泊需要保护，希望不受烈日的炙烤，我们就把森林派往那里。雄伟的森林挺起勇士般的身躯，用枝叶茂盛的大脑袋，遮蔽住江河、池塘和湖泊，不让太阳晒到它们。

哪儿的农田需要保护，希望不受旱风的侵袭，我们就在那儿造林。恶毒的旱风，总是从遥远的沙漠里携来热沙，掩埋耕地。森林勇士挺起胸膛，抵挡住恶毒的旱风，像一道铜墙铁壁似的保护农田……

哪儿耕松的土地塌陷，峡谷迅速扩大、贪婪地侵蚀着我们农田的边缘，我们就在那儿造林。我们的绿色朋友森林，用强有力的根紧紧抓住土地，把土地稳牢，挡住四处乱窜的峡谷，不许它啃食我们的耕地。

征服旱灾的战事正酣。

重造森林

季赫维斯基地区的好几处森林，从前被砍得一干二净，现在人们正在重新造林。在250公顷的土地上，栽种了松树、枞树和西伯利亚阔叶松。在230公顷树木被砍光的土地上，重新翻松了土地，以便让残留树木结的种子，落在地上容易发芽。

在10公顷的土地上，栽种了西伯利亚阔叶松。从树苗里长出了茁壮的芽。繁殖阔叶松，可以使列宁格勒州森林里贵重的建筑木材的产量大大增加。

还开辟了一个苗木场，培育了许多可以用作建筑木材的针叶树和阔叶树。

还计划培育许多果树和可以提供橡胶的灌木——疣枝卫矛。

■ 发自列宁格勒塔斯社

森林里的战争（续二）

小白桦的命运，跟野草和小白杨的差不多——它们都被枞树摧残死了。

现在，侵占者枞树在那块采伐迹地上再没有敌人了。我们的记者卷起帐篷，搬到了另外一块采伐迹地。不是去年，而是前年，林业工人在那里砍伐过树木。在那里，他们亲眼看见了侵占者枞树在战争开始后第二年的状况。

枞树种族非常强大。不过，它们也有两个不足。第一个不足是，它们扎在土里的根，虽然伸得远，却扎不深。秋天，在宽敞辽阔的采伐迹地上，狂风怒吼。许多小枞树被风从土里连根拔起，匍匐倒地。第二个不足是，小枞树还不够健壮，很怕冷。

小枞树上的芽，全冻死了；瘦弱的树枝也被寒风吹断了。到了第二年春天，在那块被枞树征服的土地上，没有剩下一棵小枞树。

枞树不是每年结种子。所以，虽然它们一开始很快取得了胜利，但是胜利并不稳固。在很长一段时间内，它们被赶出了战斗的行列。

那些勇猛的野草，第二年春天刚从土里钻出来，就重新投入了战斗。

这一回，它们必须跟小白杨、小白桦争斗。

可是，小白杨、小白桦都长高了，轻而易举地就把那些富有弹性的纤细野草，从身上抖落下去。野草紧紧地包裹住它们，对它们反而有好处。陈年枯草，像一条厚实的毛毯一样遮蔽大地，腐烂后散发出热量；新生的青草，掩盖住刚出世的娇嫩的小树苗，保护它们不受危险的早霜的侵袭。

小白杨和小白桦长得很快，低矮的青草很难追上它们。小草落后了，刚一落到后面，马上就见不到太阳了。

当小树长到比青草高的时候，马上伸展开树枝，覆盖住小草。白杨和白桦没有枞树那般浓密黝暗的针叶。不过，这没什么影响，因为它们的树叶很宽，树荫浓郁。

如果小树长得稀疏的话，野草还能坚持得住。但是，在整个采伐迹地上，小白杨和小白桦都是一群群密集生长的。它们默契地进行着战斗，把手臂似的树枝连起来，相互靠得很近。

这简直就是一顶密不透风的树荫帐篷。小草在树荫底下见不到阳光，就枯死了。

不久以后，我们的记者看到，第二年的战争以白杨和白桦的完胜而告终。

于是我们的记者又搬到第三块采伐迹地上，继续观察。

我们将在下一期《森林报》上报道他们在那里的所见所闻。

祝你一钓一个准

钓鱼和天气：夏天，大风和雷雨把鱼儿赶到避风的地方去，如深坑、草丛和芦苇丛。假如一连几天天气不好，那么所有的鱼都会游到最僻静的地方去，变得无精打采，什么也不想吃。

天热的时候，鱼往凉快的地方游，专找那些泉水叮咚、河水冰凉的地方。烈日炎炎的时候，只有早晨凉爽和傍晚暑气稍退的时候，鱼才会上钩。

夏天干旱的时候，河水和湖水的水位降低，鱼儿只得游到深坑里去。但是，深坑里的鱼食不够吃。所以，只要钓鱼人找对地方，就能钓到很多鱼，特别是当你用饵食钓鱼的时候。

麻油饼是最理想的饵食。先把它放在平底锅里煎一下，用咖啡磨或研钵捣烂，然后与煮烂的麦粒、米粒或豆子混在一起，或者撒在荞麦粥、燕麦粥里。这样，饵食就会散发出喷香的麻油味。鲫鱼、鲤鱼和其他许多鱼，都非常喜爱这种味道。必须天天撒饵食喂它们，使它们习惯于这个地方，然后像鲈鱼、梭鱼、刺鱼和海马这些食肉鱼也会跟着游过来。

短暂的小雨或雷雨，会使河水变凉，大大增进鱼的食欲。雾散开以后，天气晴朗的时候，鱼也容易上钩。

每个人都能根据晴雨表、鱼上钩的情况、云彩、日出后驱散的夜雾以及露水，学会预测天气变化。鲜艳的紫红色霞光，说明空气中积满了水蒸气，可能会下雨。反之，淡金红色的霞光说明空气干燥，也就是说，最近几个小时内不会下雨。

除了用带浮标和不带浮标的普通钓鱼竿以及绞竿钓鱼外，还可以乘着小船，边划船边钓鱼。只需预备一根结实的长绳子（约 50 米长，在手拉处接一段钢绳或牛筋），再预备一条假鱼。把假鱼拴到绳子上，拖在离小船大约 25 ~ 50 米远处。小船上坐两个人：一人划船，一人拉绳子。把假鱼拖在水底或水当中走。像鲈鱼、梭鱼和刺鱼这类食肉鱼，看见假鱼在头顶游过，以为是真鱼，猛扑过去一口吞下，于是就牵动了绳子。捕鱼人感到有鱼上了钩，便慢慢地把绳子往身边拉。用这种方法捕到的鱼，往往是大鱼。

在湖边，用假鱼和长绳子钓鱼的最佳之处，是在灌木丛生的陡峭河岸下的深坑里，在芦苇和草丛附近的水域里。在河里划船，得沿着陡岸或者水深而平静的水面划；得躲开石滩和浅滩，在离它们稍上或稍下一些的位置划。划着小船钓鱼的时候，必须轻手轻脚，尤其是在无风的日子，即使桨轻轻地触碰一下水面，鱼隔得老远都能听见。

捕 虾

名称中不带字母“P”[①] 的那几个月，是捕虾的好时光。

捕虾人应该了解虾如下的生活习性。

小虾由虾子孵化而来。虾子出生之前，藏在雌虾的腹足里（河虾有 10 只脚，最前面一对是钳子）和尾巴下半部分（出于礼貌，通常把它称为虾颈部）。每只雌虾最多怀有 100 粒虾子，雌虾怀着虾子过冬。初夏，虾子裂开来，孵化出如蚂蚁一般大的小虾。古时候，一般认为只有最聪明的人，才知道虾在什么地方过冬。可是现在，人人都知道虾在河岸和湖岸上的小洞穴里过冬。

虾在出生后的第一年，要换 8 次甲壳（这是它的外骨骼）；成年后，一年换一次。脱掉旧甲壳后，赤裸的虾懒洋洋地躲在洞里，等到新甲壳长硬了才肯出来。许多鱼都爱吃脱了甲壳的虾。

---

① 俄语中 5 月、6 月、7 月、8 月的称呼中不带字母“P”。——译者注

虾是夜游动物，白天躲在洞里。不过，只要它一感到有猎物出现，那么即使在太阳底下，它也会从洞里蹿出来捕捉。这时，可以看见一串串气泡从水底冒上来——这是虾在呼气。小鱼、小虫这类水下小生物都是虾的食物。不过，它最喜欢吃腐肉。在水下，隔老远，它就能闻到腐肉的气味。

捕虾人用一小块臭肉、死鱼或死蛤蟆当饵食。晚上，虾从洞里游出来，头朝前，在水底来回觅食。这时，正好捕捉它（虾只有在逃跑的时候，才往后倒着游）。

把饵食系在虾网上，把虾网绷在两个直径 30 ~ 40 厘米的木箍或铁丝箍上。得绷紧了，千万别让虾一进网就可以把网内的腐肉拖走。用细绳把虾网系在长杆的一端。人站在岸上，把虾网浸入水中。在虾多的地方，虾很快就会聚集到网中，缠在里面出不去了。

还有一些更加复杂的捕虾办法。不过最简便而收益最大的办法是：在水浅的地方赤脚走进河里，找到虾洞，用手抓牢虾背，把虾从洞里拖出来。当然，有时手指头会被虾钳住，不过，这丝毫不可怕。况且，我们并不是向胆小鬼们建议用手捉虾的办法的呀！

如果你随身带着一口小锅、盐和茴香，你立马就可以在岸边煮开一锅水，撒入盐和茴香，把虾煮着吃。

在温暖的夏夜，望着满天繁星，在小河边或湖边的篝火旁煮虾吃，别提有多美了！

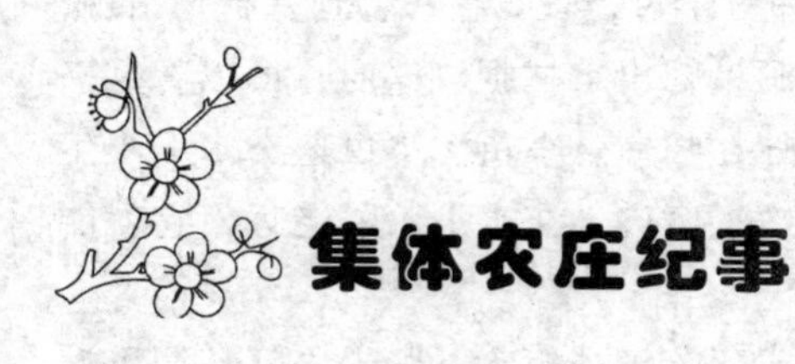

集体农庄纪事

黑麦长得比人高了，已经开了花。一只田公鸡（山鹑）在里面散步，仿佛在树林里漫步一般。雄山鹑还带着雌山鹑，后面跟着它们的小宝宝，如同小黄球，不停地滚——原来，小山鹑已经孵出来了，而且跑出了巢。

集体农庄庄员们在忙着割草。有的地方用镰刀割，有的地方用割草机割。割草机在草场上驶过，挥舞着光溜溜的翅膀。高高的芳香多汁的牧草，在它后面一排排整齐笔直地倒下来。

菜地里的畦垅上，碧绿的葱长高了。孩子们在拔葱。

女孩们和男孩们一起去采浆果。本月初，在向阳的小山坡上，香甜的草莓成熟了。现在正是草莓长得最旺盛的时候。树林里的黑莓果也快熟了；覆盆子也快熟了。在林中长满苔藓的沼泽地里，结满籽儿的桑悬钩子，从白色变成了红色，又从红色变成了金黄色。你爱吃哪种浆果，就采哪种浆果吧！

孩子们还想多采点儿，可是家里还有一大堆活要干呢——得提水浇菜园子，得清除菜畦里的草。

集体农庄新闻

（发自尼·米·芭芙洛娃）

投诉信

青草寄来了投诉信。它们抱怨说，集体农庄的庄员们欺侮它们。青草刚准备开花。有的已经开花了，从小穗里探出白色的羽状柱头，沉甸甸的花粉垂在细丝上。

突然，闯进来一批割草人，把青草全部齐根割了下来。现在它们可开不成花啦！只好重新生长了！

森林记者们认真分析了这件事。原来，集体农庄庄员们把割下的青草晒干了，这样就得到了干草。必须给牲口储备好够吃一冬的口粮，所以集体农庄庄员们把青草齐根割下来晒干。他们做得完全正确。

农田里喷洒了神奇的水

这种神奇的水一喷到杂草身上，杂草就死了。对于它们来说，这是致命的水。

可是当神奇的水喷洒到谷物身上的时候，谷物却依旧精神抖擞地站在那儿，兴高采烈的。对于它们来说，这是救命的水，对它们不仅没有坏处，还能改善它们的生活，消灭它们的敌人——杂草。

太阳的受害者

在共青团员集体农庄里，两只小猪在散步的时候，被太阳光灼伤了背。灼伤的地方起了水疱。马上请来兽医给小猪看病。在炎热的时候，严禁小猪外出散步，即使跟猪妈妈一起去也不行。

避暑的客人不见了

两位不久前来河岸集体农庄避暑的女客人神秘失踪了。大家找了她们好长时间，才在离河岸集体农庄3千米远的干草垛上找到她们。

原来她俩迷路了。事情的经过是这样的：早上，她们去游泳，记得路旁有块淡蓝色的亚麻田。午后，她们要回家时，却怎么也找不到那块淡蓝色的田了，于是就走错了路。

这两位避暑的女客人不知道，亚麻一大早开花，中午花就谢了，这时亚麻田也就从淡蓝色变成了绿色。

母鸡疗养地

今天一大早，集体农庄里的母鸡就出发到疗养地去了，它们的这次旅行可真舒适——乘汽车，还坐在各自的包厢里呢。

母鸡的疗养地就在收割过的麦田里。麦子收完了，只剩下麦秸穗和落在地上的麦粒。为了不让这些麦粒白白浪费掉，所以把母鸡送到这里来疗养。这里完全变成了一个母鸡村，只不过是临时的。等母鸡把地上的最后一颗麦粒捡干净，就再次乘上汽车，到新的地方去捡新的麦粒。

绵羊妈妈的担忧

绵羊妈妈们焦虑不安，因为小羊要被人从身边带走了。但是，总不能让三四个月大、已经成年的小羊，还跟在妈妈屁股后面转悠吧。应该让它们学会独立生活。以后，小羊们就单独吃草了。

准备上路

树莓（马林果）、醋栗和茶藨果都熟了。它们必须从集体农庄和国营农场出发去城里了。

醋栗不怕走远路。它说：“带我去吧！我撑得住。越早走越好。趁我现在还没熟透，还是硬梆梆的。”

茶藨果也说：“装的时候仔细点儿，我能走到目的地。”

可是树莓预先就泄了气，它说：“最好还是别碰我，让我待在原地吧！我最怕旅行了。颠簸是生活中最可怕的事。颠呀颠的，就把我颠成一团浆了！”

乱哄哄的餐厅

在五一集体农庄的池塘里，竖着几根木棍，上面挂着块招牌，写着“鱼餐厅”。在每一个水下餐厅里，都摆着一张镶边的大桌子，没有椅子。

每天早晨，木牌周围的水域，一片沸腾：鱼儿们在焦急地等着吃早饭。鱼的纪律性很差，它们你碰我，我撞你，乱作一团。

7 点钟的时候，工厂食堂的人乘着小船给水下餐厅送饭来了。有煮马铃薯、用杂草种子做的团子、晒干的小金虫和其他美味佳肴。

这时，餐厅里的鱼可多了，每个餐厅里至少有 400 条鱼在吃早饭。

一个少年自然科学家讲的故事

我们的集体农庄位于一片小橡树林旁。以前不太有布谷鸟飞进这片树林，顶多叫个一两声“咕——咕”，就跟我们道再见了。可是今年夏天，我却经常听见布谷鸟在叫。恰好在这个时候，集体农庄的牛群被赶到那片树林里去吃草。中午，一个牧童跑过来大叫道：“牛群发疯了！”

大家赶紧往树林里跑。不得了！那里已经闹翻了天！好可怕！牛儿们乱跑乱叫，用尾巴抽打自己的背，闭着眼睛往树上乱撞，真担心它们会把头撞碎，要不然，也会把我们都踩死！

大家连忙把牛群赶到别处去。这到底是怎么一回事呢？

原来是毛毛虫闯的祸。一条条毛烘烘的咖啡色大毛虫，真像小野兽。它们粘满了所有的橡树。有的树枝已经被啃得光秃秃的，树叶也被它们吃光了。毛毛虫身上的毛脱落下来，随风四处飘散，吹进了牛的眼睛，刺得牛好痛。简直太可怕了！

这里的布谷鸟可真多啊！我这辈子从未见过这么多的布谷鸟！除了布谷鸟之外，还有美丽的金色、带黑条纹的黄鹂和樱桃红色、翅膀上长着淡蓝色条纹的松鸦，都从周围飞到我们这橡树林里来了。

请猜猜看，结果怎样？橡树竟然都挺过来了。一星期不到，所有的毛毛虫都被鸟儿吃掉了。鸟儿真了不起，是不是？不然的话，我们这片小树林可就遭殃啦！简直太可怕了！

■ 发自尤拉

祖国各地播报

无线电呼叫

请注意！请注意！

这里是列宁格勒《森林报》编辑部。

今天是6月22日，夏至，是一年里最长的一天。今天，我们将举办一次祖国各地无线电播报。

呼叫冻原带、沙漠、原始森林、草原、海洋和大山！

现在是盛夏，是白天最长、夜晚最短的时候。请谈谈你们那里的情况。

喂！喂！这里是北冰洋群岛

你们说的黑夜是什么样的啊？我们完全忘记了，黑夜和黑暗长什么样。

我们这里的白昼最长了，整整24小时都是白天。太阳在天上一会儿上升，一会儿下降，就是不往海里落。像这样要持续大约3个月。

我们这里一片光明，因此地上的草长得快极了，就像童话里说的，不是一天一天地长，而是一小时一小时地长。树叶越来越茂盛，花儿越开越多。沼泽地里长满了苔藓。连光秃秃的石头上也爬满了五颜六色的植物。

冻原带复活了。

的确，我们这里没有美丽的蝴蝶和蜻蜓，也没有伶俐的蜥蜴、青蛙和蛇，更没有冬天躲到地底下冬眠的大大小小的野兽。我们这里的土地，全年冰冻着，即使在仲夏，也只有地面的一层开冻。

一大群蚊子在冻原带上空嗡嗡地飞，可是我们这里没有著名的蚊子歼灭者——动作灵敏的蝙蝠。它们在我们这儿哪能住得惯呢？哪怕在夏天也不成。它们只能在傍晚和夜里捕捉蚊子。可是我们这里整个夏天都没有黄昏和黑夜。

在我们这里的岛上，野兽的种类不多。只有旅鼠（个儿跟老鼠一般大、短尾巴的啮齿动物）、雪兔、北极狐和驯鹿。大白熊难得从海里游到我们这儿来，在冻原带上大摇大摆地走来走去，搜寻猎物。

不过，我们这里的鸟多得数也数不清！虽然在个别背阴处还有积雪，但是大批的鸟已经飞到我们这里来了。有各色各样的鸣禽——角百灵、北鹨、雪鹀、鹡鸰等。还有鸥、潜鸟、鹬、野鸭、雁、管鼻鹱、海鸟和模样儿挺逗的花魁鸟，以及许多古里古怪的鸟，说起来你可能连听也没听说过。

到处是啼鸣声、喧闹声、歌唱声。整个冻原带，甚至连光溜溜的岩石都被鸟巢占领了。有些岩石上，成千上万的鸟巢紧挨在一起，连石头上很小的、只能容纳一个蛋的坑，都被做成了鸟巢。喧哗声此起彼伏，真像个鸟市场！假如有猛禽斗胆飞近这个地方，黑压压的一大群鸟就会向它扑去，叫声惊天动地、震耳欲聋。鸟嘴雨点似的朝猛禽啄过去，它们绝不会让自己的孩子受欺负。

瞧，现在我们冻原带上多么快乐啊！

如果你问："既然你们这儿没有夜晚，那么鸟兽什么时候休息、什么时候睡觉呢？"

它们几乎不睡觉，因为没有工夫睡觉呀！打个盹儿，又得干活了——有的喂孩子，有的筑巢，有的孵蛋。谁都忙得不可开交，因为我们这儿的夏季太短暂了。

到冬天再睡觉也不迟，冬天，可以把一年的觉都补回来。

这里是中亚细亚沙漠

我们这儿正好相反，现在万物都睡着了。

毒辣辣的太阳把草木都晒枯了。我们已经不记得，上一场雨是什么时候下的。令人惊奇的是，草木竟然没有全部枯死。

带刺的骆驼草，本身勉强只有半米高，却故意把根钻到离火烫的地面五六米深的地方，这样，可以吮吸到地下水。其他的灌木和小草，不长叶子，却长满了绿色的细毛，这样，它们可以减少水分蒸发。沙树—— 一种沙漠中的矮树长起来了，一片叶子也不生，只长绿色的细树枝。

风刮了起来，在沙漠上空卷起干燥的灰沙，把太阳都遮住了。突然，传来一阵令人毛骨悚然的喧嚣声、咝咝声，仿佛有成千上万条蛇在叫。但这不是蛇，是沙树的细树枝，被风刮得在空中像鞭子似的抽动，咝咝作响。

蛇这会儿在呼呼大睡。金花鼠和跳鼠的天敌——草原蚺蛇，也钻到沙子的深处睡着了。

那些小兽也在睡觉。细腿的金花鼠，用一块土坷垃堵住洞口，不让阳光晒进来。它整天睡觉，只是在大清早，才出洞找东西吃。这会儿，它得跑多远才能找到一棵没有晒枯的小植物呀！黄色的金花鼠索性钻到地底下，准备睡很久很久——睡一个夏天、一个秋天、一个冬天，一直睡到第二年春天。它一年只出来游荡 3 个月，其余的时间都在睡觉。

蜘蛛、蝎子、蜈蚣、蚂蚁都在躲避火烧火燎的太阳，它们有的躲到石头底下，有的躲到地下，有的躲到背阴的地方，只在夜里才爬出来。动作敏捷的蜥蜴和行动迟缓的乌龟也不见了。

为了离水源近一些，野兽们都搬到沙漠的边缘去住了。鸟儿早已孵出了小鸟，带着它们一起飞走了。只有飞得很快的山鹑还待在这里，它们可以毫不费力地飞过上百千米，飞到最近的小河边，先自己喝个饱，然后装上满满的一嗉囊，匆匆忙忙飞回巢里喂小鸟。但是，等小鸟一学会飞翔，它们也就离开了这个恐怖的地方。

只有我们苏维埃人不怕沙漠。苏维埃人拥有强大的技术，在一切可能的地方挖掘出灌溉渠，把清水从遥远的高山引到这里来，让死气沉沉的沙漠变成绿油油的牧场和农田，让花和葡萄在这里茁壮成长。

在没有人的沙漠里，人类的第一天敌——风，便成了主人。它会搬动干燥的沙丘，扬起沙浪，赶着它们往村子里跑，掩埋房屋。只有我们人才不怕风——人和水与植物结成同盟，给风划了一道铁的界线，不许它逾越。在人工灌溉的地方，树林像一道铜墙铁壁挡住沙子，青草用数不清的细根吸住沙子，沙丘再也无法移动了。

是的，沙漠的夏天一点儿也不像冻原带的夏天。生物都在太阳底下进入了梦乡。夜黑沉沉的。只有在黑夜里，那些受尽凶残太阳折磨的弱小生命，才能稍透一口气。

喂！喂！这里是乌苏里原始森林

我们这里的森林令人惊叹。它既不像西伯利亚的原始森林，也不像热带的密林。这里有松树，有落叶松，有枞树，还有缠满了带刺的葎草和野葡萄藤的阔叶树。

我们这里的野兽有驯鹿、印度羚羊、普通棕熊和西藏黑熊、黑兔、猞猁、虎、豹、棕狼和灰狼等。

鸟类有毛色朴素的灰松鸦和色彩艳丽的野雉，苏联灰雁和中国白雁，普通野鸭和落在树上的五颜六色的漂亮鸳鸯，还有长嘴的白头朱鹭。

白天，原始森林里闷热阴暗。阳光射不进由宽大树顶结成的绿色大帐篷。

在我们这儿，夜晚漆黑一片，白天也是一片漆黑。

现在，各种鸟都已经产下了蛋，或者孵出了小鸟。各种野兽的小崽已经长大，在学习如何捕获猎物。

这里是库班草原

我们平坦的田野一望无际，大批收割机和马拉收割机正在忙着收割庄稼。今年是个丰收年。火车已经把我们的玉蜀黍运到莫斯科和列宁格勒去了。

在收割完庄稼的农田上空，鹰、雕、兀鹰和游隼在来回盘旋。现在，它们可以好好惩治一下盗窃庄稼的敌人——老鼠、田鼠、金花鼠和腮鼠了。现在，隔着老远就可以看见它们从洞里往外探头。连想想都觉得可怕，在庄稼还没收割的时候，这些恶毒的小野兽偷吃了多少麦穗呀。

现在它们正在为冬天储藏口粮。它们捡拾散落在田里的麦粒，用来装满地下粮仓。野兽们也没有落在猛禽的后面，狐狸在收割后的麦田里捕捉小兽，白色的草原鸡貂帮助我们无情地消灭一切啮齿动物。

这里是阿尔泰山脉

在低洼的盆地上，闷热潮湿。朝露在夏天炙热的阳光下，很快就蒸发了。晚上，草场的上空浓雾弥漫。萦萦上升的水蒸气打湿了山坡，冷却后凝成白云，飘浮在山顶。瞧，天亮前，山顶上总是云雾缭绕。

白天高空的太阳再次把水蒸气变成水滴，于是乌云密布，下起雨来。

山上的积雪不断消融。可是在那些最高的白色山峰上，冰雪封顶，终年不化。山顶上有大片的冰原、冰河。在那很高很高的地方，冰冷刺骨，连正午的太阳都晒不化那里的冰雪。

可是在这些山顶下，雨水和雪水奔淌着，汇成一条条山涧，沿着山坡滚滚而下，沿着岩石如瀑布般飞溅而下，一直流进江河里。于是一年里第二次，就像春天时一样，河水暴涨起来，冲出河岸，在盆地上泛滥。

在我们这里的山上，一切应有尽有。底下的山坡上是原始森林；往上是茂盛的高原草场——一种独特的高山草原；再往上是一片苔藓和地衣，如同在遥远而又严寒的冻原带上长的一般。在最高的山顶，整年冰雪封山，跟北极一样，永远是冬天。

在那最可怕的极高处，既不见飞禽，也不见走兽。只有剽悍的雕和兀鹰才偶尔飞到那里，用锐利的眼睛从云端处搜寻猎物。可是在稍稍往下的地方，就好像一座多层公寓，住满了众多各色各样的居民。它们各住各的楼，各占各的地。

在最高一层的光秃秃的岩石上，住着雄野山羊。在稍往下面的一层，住着雌野山羊和小野山羊，还有跟雌火鸡一样大的山鹑。

在茂盛的高山草场上，一群犄角笔直的山绵羊——羱羊在吃草。雪豹紧随其后想捕食它们。那里是肥硕的旱獭和各类鸣禽的聚居地。再往下，就是原始森林了，里面住着松鸡、雷鸟、鹿和熊等动物。

以前，只在盆地里播种麦子。现在，我们越来越把耕地往山上拓展。在那么高的地方，已经不是用马，而是用高山上的长毛牛——牦牛来耕地了。我们殚精竭虑，要从土地上获得最好的收成。我们的目标一定能达到！

喂！喂！这里是海洋

大海一望无际。我们伟大的祖国三面临海：西边是大西洋，北边是北冰洋，东边是太平洋。

我们乘船从列宁格勒出发，经过芬兰湾，横渡波罗的海，来到大西洋。在大西洋上，我们经常碰到外国船队，有英国的、丹麦的、瑞典的，还有挪威的；有商船、邮船，还有渔船。渔船在这里捕捞鲱鱼和鳘鱼。

我们从大西洋来到北冰洋。沿着欧亚两洲的海岸，有一条伟大的北方航线。这儿是我们的领海，这条航线是我们勇敢的俄罗斯航海家开辟的。以前人们认为这条航线是无法打通的，因为这里四处冰封雪

冻，充满致命的危险。可是现在，我们的船长们驾驶着一队队船只，由大力士破冰船开道，沿着这条航线航行。

在这些了无人迹的地方，我们看见了许多奇异的景象。起初我们穿越的是大西洋的赤道暖流。我们在那儿碰到了漂浮的冰山，太阳光把它们照得闪闪发亮，刺得人睁不开眼睛。在那里我们从水里拖出许多鲨鱼和海星。

然后这股暖流折向北方，流向北极。在那儿我们看到，巨大的冰原在水面上缓慢移动，一会儿分开，一会儿合拢。我们的飞机在上空做侦察飞行，随时可以通知船上，在冰原中，什么地方航路畅通。

在北冰洋的众多岛屿上，我们看见了成千上万只懒洋洋的大雁，它们虚弱无助。原来它们翅膀上的硬翎脱落了，飞不起来。只要用脚就可以把它们赶进网里去。我们看见了趴在大冰块上休息、长着獠牙的大海象。我们还看见了各式各样神奇的海豹。有一种大海兔，会突然把头上的大皮囊吹鼓，好像戴了一顶钢盔似的！我们还看见许多可怕的长着大牙、动作神速的逆戟鲸，在追捕鲸和鲸崽。

不过，关于鲸，咱们还是等下次到了太平洋再谈吧，那里的鲸更多一些。

再见！

我们夏季的《祖国各地播报》节目到此结束。

下次播报，将于 9 月 22 日进行。

一箭射中目标！一语击中答案！

第四场比赛

1. 根据日历，夏天从哪一天开始？这一天的特点是什么？
2. 什么鱼会筑巢？
3. 什么野兽在草丛和灌木丛里筑巢？
4. 什么鸟不筑巢，直接把蛋下在沙地上、坑洼里？
5. 这种鸟蛋的颜色是什么样的？
6. 蝌蚪先长出前脚，还是先长出后脚？
7. 普通刺鱼的刺长在身体的哪些部位？一共有几根刺？
8. 金腰燕（短尾的）和家燕（尾巴像叉子）筑的巢，从外形上看有什么区别？

9. 为什么不能用手去碰鸟巢里的蛋？
10. 雄萤火虫有翅膀吗？晚上，请你到树林里去，用玻璃杯罩住一只发光的雌萤火虫。它发出的光亮会把雄萤火虫引过来。
11. 什么鸟把鱼刺铺在窝里当垫子用？
12. 为什么燕雀、金翅雀和柳莺在树枝上筑的巢很少被发现？
13. 所有的鸟在夏天只孵一次蛋吗？
14. 我们这里有没有捕食生物的植物？
15. 哪种动物在水下用空气给自己造房子？

16. 孩子还没出生，就交给别人抚养。这是什么动物？
17. 一只老鹰，飞得老高；张开翅膀，遮住太阳。（打一自然现象）
18. 倒下的是一棵棵树，立起的是一座座山。（打一农业活动）
19. 一串串宝物，挂满枝头树梢；我们的肚子，全靠它填饱。（打一动物）
20. 一屈一弯，跳入水中；只见水花，不见踪影。（打一动物）
21. 赶也赶不走，拿也拿不起；时候一到，自动消失。（打一事物）
22. 只见拔草，不见草鞋。（打一动物）
23. 没有身子却能活，没有舌头却会说话；谁也没见过它，却谁都听说过它。（打一自然现象）
24. 不是裁缝，却总是带着针。（打一动物）

通 告

第三场测验

“锐眼”称号竞赛

谁住在这里?

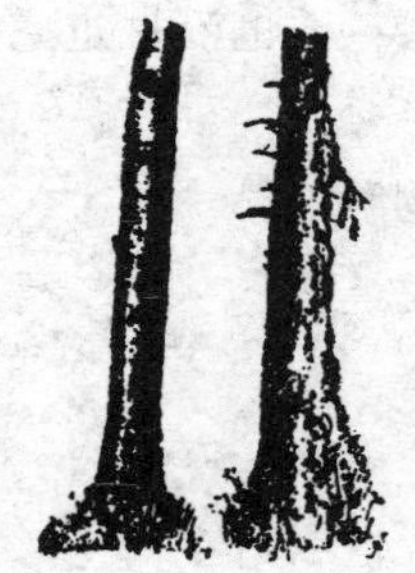

图 1　　图 2

花园里有两个树洞，里面都能听见小鸟的叫声。仔细看看，怎样才能知道什么鸟在这两个树洞里筑巢?

图 4

哪种动物住在这些洞穴里?

图 3

哪种动物住在这肉眼看不到的地底下?

图 5

树上的小房子是用苔藓搭成的。这是哪种动物的巢?

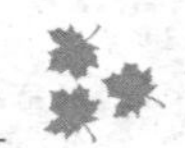

图 6

图 7

这两个洞很相似，而且是同一个主人挖的。但是在里面住着不同的动物。它们是谁呢？

请珍惜朋友！

我们这儿的小朋友，经常捣毁鸟巢。他们完全没有必要这么做，只是因为调皮捣蛋。他们没有想到，这么做会给自己和祖国带来多么大的损害。科学家们统计过，每一只鸟，即便是最小的鸟，仅仅一个夏天，就给我们的农业和林业带来多达 25 卢布的收益。每只鸟窝里有 4 ~ 24 枚鸟蛋，能孵出 4 ~ 24 只雏鸟。你们自己算一算，捣毁一个鸟巢，使国家遭受多大的损失啊！

小朋友们！

请组织一支鸟巢保护队，不让任何人捣毁鸟巢。不要让猫跑到灌木丛或树林里，把它们从那里赶出来。因为猫会抓鸟吃，还会损坏鸟巢。请告诉大家，为什么必须珍爱鸟类，鸟儿如何尽心尽力地保护我们的森林、田野和果园，如何大量消灭难以捕捉的害虫，保护我们的庄稼不受害虫的侵害。

森林报

第5期

小鸟出生月

（夏季第二月）

7月21日~8月20日

太阳转入狮子宫

一年：一共12个月的太阳史诗

七月

七月是夏季的鼎盛时期。它不知疲倦地整顿世界，命令稞麦深鞠躬，把头低到地面。燕麦已套上了长袍，荞麦却连衬衫都没穿上！

绿色的植物用阳光锻造身体。成熟的稞麦和小麦像一片金色的海洋。我们把麦子储存起来，作为一年的口粮。我们也为牲口储藏干草，割倒一片片青草，堆起一座座干草垛。

鸟儿变得沉默不语。它们现在没工夫唱歌了。所有的鸟巢里都有了小鸟。小鸟刚出生的时候，身上光秃秃的，没有毛，眼睛也没有睁开，需要父母照料很长时间。现在地上、水里、林子里，甚至空中，遍布着小鸟的食物，够大伙吃的。

森林里长满了鲜美多汁的小果实——草莓、黑莓、大覆盆子和醋栗；在北方，长着金黄色的桑悬钩子；在南方果园里，长着樱桃、洋莓和甜樱桃。草地脱下金色的外套，换上了甘菊的花衣裳，白色的花瓣反射着炙热的太阳光。现在可不能跟生命的缔造者——光明之神太阳开玩笑，它的爱抚会把你灼伤的。

森林里的孩子们

谁家有几个孩子

一只年轻的雌麋鹿，住在罗蒙诺索夫城外的原始森林里。今年，它生下了一只小麋鹿。

在这片森林里，还有只白尾巴雕的巢。巢里有两只小雕。

黄雀、燕雀和鸦鸟各孵出 5 只小鸟。

蚁䴕（一种啄木鸟）孵出 8 只小鸟。

长尾巴山雀孵出 12 只小鸟。

灰山鹑孵出 20 只小鸟。

在棘鱼的巢里，每颗鱼子孵出一条小棘鱼。一个巢里总共有 100 来条小棘鱼。

一条鳊鱼产的子，能孵化出好几十万条小鳊鱼。

一条鳘鱼的孩子更是多得不计其数——大概有几百万条吧！

无人照料的孩子

鳊鱼和鳘鱼一点儿都不关心孩子。它们一生下鱼子，就游走了。它们完全不关心，小鱼怎样孵化出来，怎样过日子，怎样找东西吃。不过，如果你有几十万个或几百万个孩子，你不这样做还能怎么做?

不可能一个个照顾到啊！

一只青蛙只有1000多个孩子，即使这样，它也不管孩子！

当然，没有父母照顾的孩子们，日子很难过。水下有许多贪嘴的怪物，它们都爱吃美味的鱼子和青蛙卵、鲜嫩的小鱼和小蛙。

想想真是可怕，在小鱼、蝌蚪长大之前，它们会遇到多少危险，它们中间有多少会被吃掉啊。

操心的父母

可麋鹿妈妈和所有的鸟妈妈，都是非常操心的。

麋鹿妈妈为了它的独生子，随时准备牺牲自己的生命。即使大熊想进攻小麋鹿，麋鹿妈妈也会前后脚一齐进攻。这一顿蹄子让熊大爷印象颇深，下次它再也不敢走到小麋鹿跟前来了。

我们《森林报》的记者，在田野里碰到一只小山鹑，它从他们脚前跳出来，一蹿，钻到草丛里躲了起来。

记者们捉住了小山鹑。小山鹑啾啾地大叫起来。山鹑妈妈不知从哪里跑了出来，看见自己的孩子被人家捉在手里，就一边咕咕地叫着，一边扑了过来，然后又摔倒在地，耷拉着翅膀。

记者们以为它受伤了，就扔下小山鹑，光顾着追它去了。

山鹑妈妈在地上一瘸一拐地走着，眼看一伸手就可以捉到了。可是只要人一伸手，它就往旁边一躲。这么追呀追的，忽然，山鹑妈妈扑扑翅膀，从地上飞起，仿佛什么事也没发生过似的跑了。

记者掉转头来找小山鹑，谁知连小山鹑的影子也不见了。原来山鹑妈妈故意假装受伤，把记者们从孩子的身边引走，好救出孩子。它把每个孩子都保护得那么好，因为它的孩子不多，总共才20个呀！

鸟的干活时间

天刚透出亮光，鸟就起飞了。

椋鸟每天干活 17 个小时，家燕每天干活 18 个小时，雨燕每天干活 19 个小时，朗鹟每天干活 20 个小时以上。

这些数字我都核实过。

它们每天不干这么长时间的活儿不行啊！

为了喂饱自己的孩子，雨燕每天至少要飞回家 30～35 次，给小鸟送食物。椋鸟每天至少要送大约 200 次，家燕至少要送 300 次，朗鹟要送 450 多次！

一个夏天，它们消灭掉很多对森林有害的昆虫和幼虫，数量多得数也数不清。

它们孜孜不倦地劳动着！

■ 发自森林记者　尼·斯拉德科夫

鹨鹛和沙锥孵出了什么样的小鸟

这是小鹨鹛。它刚钻出蛋壳，嘴上长着个白色的小疙瘩，这叫作“凿蛋壳齿”。小鹨鹛钻出蛋壳的时候，就是用这颗牙齿凿破蛋壳的。小鹨鹛长大后，会变成很凶残的猛禽，是啮齿动物的梦魇。不过，这会儿它还是个长得挺逗的小不点儿，浑身毛茸茸的，眼睛半瞎半明。它是那样的娇弱无助，一步也离不开爸爸妈妈。假如爸爸妈妈不给它喂食，它准会被活活饿死。

小鸟中也有非常健壮的小家伙，它们刚一破壳而出，就站直了身子。它们会自己找食吃，也不怕水，遇见敌人会自己躲起来。

瞧！这是两只小沙锥，它们钻出蛋壳才一天，就已经离开了家，自己找蚯蚓吃。为了让小沙锥在蛋壳里长得壮实些，所以沙锥下的蛋很大。

我们刚才讲过的小山鹑，也是位斗士。它刚一出生，就会撒开腿奔跑。

还有小野鸭秋沙鸭。它刚一出生，马上一瘸一拐地走到小河边，“扑通”一声跳下水，游起泳来。它会潜水，在水面上做各种动作——伸懒腰、欠身，简直像只大野鸭。

而旋木雀的女儿非常娇气。它在巢里待了整整两个礼拜，现在刚飞出来，坐在树墩上。瞧它那副气鼓鼓的样子！原来它很不满意，妈妈好长时间没来给它喂食了。它出生已经快 3 个礼拜了，可还总是吱吱地叫着，要妈妈喂它吃青虫和别的美味佳肴。

海岛殖民地

在一个岛屿的沙滩上，许多小海鸥住在别墅里避暑。

晚上，它们睡在小沙坑里，每个小沙坑里睡 3 只。沙滩上到处是小沙坑，真称得上是海鸥的大殖民地。

白天，小海鸥在老海鸥的带领下，学习飞行、游泳和抓小鱼。老海鸥一面教孩子，一面警觉地保护它们。如果有敌人靠近它们，它们就成群飞起来，大叫大嚷地扑向它。这种声势，谁见了都害怕，连海上的巨无霸白尾雕，都会闻声而逃。

雌雄颠倒

从幅员辽阔的祖国各地，人们给我们写信，说他们看见了一种希奇的小鸟。在莫斯科附近，在阿尔泰山上，在卡马河畔，在波罗的海上，在亚库金，在哈萨克斯坦，本月都有人看见过这种鸟。这种鸟既可爱又漂亮，很像城里卖给年轻的钓鱼迷们的那种色彩艳丽的浮漂。它们非常信任人，即使走到离它们 5 步远的地方，它们照样在离你最近的岸边游来游去，一点儿也不害怕。

现在，别的鸟都待在巢里孵小鸟，或者养雏鸟。只有这些鸟聚在一起周游全国。

令人惊奇的是，这些色彩艳丽的漂亮小鸟全是雌的。别的鸟的羽毛颜色都是雄的比雌的明艳亮丽，这种鸟却恰恰相反：雄的灰不溜丢，雌的五彩缤纷。

更让人奇怪的是，这些雌鸟根本不管自己的孩子。在遥远的北方冻原带上，雌鸟在小沙坑里产完蛋就远走高飞了！雄鸟留在那里孵蛋，哺育小鸟，保护小鸟。

简直是雌雄颠倒！

这种小鸟名叫鳍鹬，是鹬的一种。

这种鸟随处可见，它们今天飞到这里，明天又飞到那里。

可怕的小鸟

苗条柔弱的鹡鸰妈妈，在巢里孵出 6 只光秃秃的小鸟。其中的 5 只小鸟长得都挺像样，第 6 只却是个丑八怪：浑身上下皮肤粗糙，青筋直暴。它长着个大脑袋，一双凸眼睛，眼皮耷拉着。它一张嘴，准把人吓得连退 3 步——嘴巴像个无底洞，如同野兽的血盆大口！

出生后的第 1 天，它安静地躺在巢里。只在鹡鸰妈妈衔了食物飞回来的时候，它才吃力地抬起沉甸甸的大脑袋，张开大嘴，低声吱吱叫着："喂喂我吧！"

第 2 天清晨，凉风习习，鹡鸰爸爸和鹡鸰妈妈飞出去打食了。这时，小怪物蠕动起来。它低下头，把头抵住巢底，叉开两腿，开始往后退。

它的屁股撞到了它的小弟弟，就开始把屁股塞在小弟弟的身子底下，又把光秃秃的弯翅膀往后面甩。接着，它那弯翅膀像把钳子似的钳住了小弟弟。它就这么背着小弟弟一个劲儿往后退，一直退到巢的边缘。

它那瘦弱眼瞎的小弟弟在它那脊柱根的坑洼洼里不停地摇晃，好像盛在调羹里似的。丑八怪用脑袋和两脚撑住巢底，把小弟弟越抬越高，一直抬到跟巢顶一般齐。这时，丑八怪挺直身子，猛地往后一甩，小弟弟就从巢里飞了出去。

鹡鸰的巢是筑在河边悬崖上的。可怜那才一丁点儿大、光秃秃的小鹡鸰，"啪"的一声跌在砾石上，摔得粉身碎骨。

而凶恶的丑八怪自己也差点儿从巢里摔出来，它的身子在巢边不住地摇晃，幸亏它的大头分量重，总算把身子重新坠回了巢里。

这可怕的罪恶行径一共只持续了两三分钟。最后，精疲力竭的丑八怪一动不动地在巢里躺了大约15分钟。

鹡鸰爸爸和鹡鸰妈妈飞回来了。丑八怪伸长青筋直暴的脖子，抬起沉甸甸的大脑袋，一副懵懵懂懂的样子，若无其事地张开嘴巴，尖声叫起来："喂喂我吧！"

丑八怪吃饱了，休息好了，又开始对付第2个小兄弟。这个小兄弟没那么容易搞定——它拼命挣扎，不住地从丑八怪的背上滚下来。不过，丑八怪寸步不让。5天后，丑八怪睁开了眼睛，它看见只有它自个儿躺在巢里。它的5个小兄弟都被它扔到巢外摔死了。

在它出生后的第12天，它才长出羽毛。这时候真相大白了——鹡鸰夫妇俩倒霉透顶，它们抚养的是一只布谷鸟的弃婴。

可是小布谷鸟叫得可怜巴巴的，像极了它们自己那些死去的孩子；它抖动着翅膀，哀求着吃食，样子惹人怜爱。纤小温柔的夫妻俩不忍心拒绝它，不忍心丢弃它，怕它活活饿死。

夫妻俩自己过着半饥半饱的生活，整天忙忙碌碌，从早忙到晚给养子小布谷鸟送去肥壮的青虫。它们几乎把整个头伸进它的血盆大口，才能把食物塞进它那贪得无厌、无底洞似的大喉咙。

一直忙到秋天，它们才把小布谷鸟养大。布谷鸟飞走了，从此再也没来看过养父母。

小熊洗澡

一天，我们熟识的一位猎人沿着林中小河的岸边走，忽然听见一阵树枝断裂的咔嚓咔嚓巨响。他大吃一惊，急忙爬上了树。

一只棕色的大母熊从树林里走了出来，后面跟着两只活蹦乱跳的小熊和一个熊小伙子。小伙子是熊妈妈1岁大的儿子，现在暂时充当两兄弟的保姆。

熊妈妈坐了下来。

熊小伙子叼住一只小熊的后脖颈，把它往河水里浸。

小熊尖声大叫起来，四脚乱蹬。可是熊小伙子紧叼着不放，直到把它浸在水里，洗得干干净净为止。

另外一只小熊怕洗冷水澡，飞快地溜进树林里去了。熊小伙子追上去，打了它好几巴掌，然后照样把它浸到水里洗。

洗着，洗着，熊小伙子一不小心，把小熊掉在了水里。小熊吓得大叫起来！熊妈妈立刻跳下水，把小熊拖上岸，然后狠狠地揍了熊小伙子一顿，打得这个可怜虫干嚎起来。

两只小熊上了岸，似乎对洗澡挺满意。骄阳似火，它们穿着厚厚的、毛乎乎的皮大衣，热得难受。在冷水里洗个澡，感觉凉快多了。

洗完澡后，熊妈妈带着孩子们，又回到了树林里。猎人这才从树上爬下来，走回家去。

浆　果

各种各样的浆果成熟了。人们在果园里采树莓、红醋栗、黑醋栗和酸栗。

在树林里也可以找到树莓。树莓是一种丛生的灌木。假如你从一片树莓间走过，难免会碰断它干脆的茎，那时你就会听到脚底下噼里啪啦一阵响。不过，这不会对树莓造成危害。现在长着浆果的茎，只能活到冬天。瞧，这是它们的下一代：无数新鲜的茎从地下根里钻出来。它们毛茸茸的，长满细刺。明年夏天，就轮到它们开花结果了。

在灌木林和草墩旁，在伐木场的树墩旁，越橘就要成熟了。浆果的一面已经红艳艳的了。

越橘的浆果一丛丛地长在茎梢上。有几棵越橘结的浆果又大又沉，压得茎都弯下来，躺在了苔藓上。

真想挖出这样一棵小灌木，移植到自己家里栽培，看浆果会不会变得大一点儿？但是，目前人工栽培越橘还没有成功的。越橘的确是一种很有趣的浆果。它的浆果可以保存一冬。吃的时候，只要用开水冲一冲，或者研碎，浆液就会自动流出来。

为什么越橘不会腐烂呢？因为它自己就能防腐。它内含安息酸。安息酸不会让浆果腐烂。

■ 发自尼·芭芙洛娃

猫儿奶大的兔子

今年春天，我家的老猫生了几只小猫，但小猫全都送了人。碰巧就在这一天，我们在树林里抓到一只小兔子。我们把小兔子放到老猫身边。老猫的奶水充足，所以它很愿意喂养小兔子。于是，小兔子吃着老猫的奶水逐渐长大。它俩很要好，连睡觉都在一起。

最好玩的是，老猫竟然教会了小兔跟狗打架。只要有狗跑进我们的院子，猫就扑上去，愤怒地抓它。小兔子也会跟过去，举起两只前爪，捶鼓似的朝狗身上击打，打得狗毛直飞。附近的狗都害怕我家的老猫和老猫的养子——小兔。

小蚁鴷的计谋

我家的老猫看见树上有一个洞，就认定那是鸟巢。它想吃小鸟，便爬上树，把头伸向树洞里看了看，只见几条小蝰蛇在洞底蜷曲蠕动着，并发出咝咝的叫声！猫儿吓得魂飞魄散，从树上跳下来，撒开腿没命地逃走了！

其实躺在树洞里的根本不是蝰蛇，而是蚁鴷的孩子们。这是它们的计谋，用来防御敌人。它们把脑袋转来转去，脖子扭来扭去，仿佛蛇在蜷曲蠕动似的。同时，它们还发出如同蝰蛇一样的咝咝的叫声。谁都害怕剧毒的蝰蛇，所以小蚁鴷模仿蝰蛇，吓跑敌人。

躺在眼皮底下

一只大鹈鹕搜寻到一只琴鸡和它带着的一窝小黄琴鸡。

它想，这下我的午饭有着落了。

它瞄准了目标，正打算从高空扑下去，却被琴鸡发现了。

琴鸡叫了一声，眨眼间小琴鸡都不见了。鹈鹕看了又看，还是一只也没看到，仿佛钻进了地缝似的！鹈鹕只得飞走找别的猎物了。

琴鸡又叫了一声，在它的周围立刻跳起来一群黄绒绒的小琴鸡。

它们并没有逃走，只不过身子紧贴着地面，躺在附近。不信你试试，看能不能从半空里把它们跟树叶、青草和土块区别开！

凶猛的花

一只蚊子在林中沼泽地的上空飞过。它飞啊飞，飞累了，想喝水。它看见一朵花，绿色的茎，茎梢上长着白色的钟形花，在下面茎的周围丛生着一片片圆圆的紫红色小叶子。小叶子毛茸茸的，一颗颗亮晶晶的露珠在细毛上闪烁着。

蚊子落在一片小叶子上，伸出嘴去吸露珠。谁知露珠黏糊糊的，把蚊子的嘴粘牢啦。

突然，所有的细毛都蠕动起来，像触须似的伸过来，抓住了蚊子。小圆叶子合拢来，蚊子被裹在里面，不见了踪影。

等到叶子重新张开的时候，一张蚊子的空皮囊掉在地上，因为花儿吸干了蚊子身上的血。

这是一种可怕而又凶猛的花，叫作毛毡苔。它会捉住小虫，把它们通通吃掉。

水下战斗

跟在陆地上生活的孩子一样，在水底下生活的孩子也喜欢打架。

两只小青蛙跳进池塘，看见怪模怪样的蝾螈躺在里面。蝾螈的身子细长，脑袋大大的，四条腿短短的。

“多么可笑的怪物呀！”小青蛙心想，“应该跟它干一仗！”

一只小青蛙咬住大头蝾螈的尾巴，另一只小青蛙咬住它的右前脚。两只小青蛙使劲一拉，蝾螈的尾巴和右前脚留在了小青蛙的手里，蝾螈却逃走了。

几天后，小青蛙又在水下碰到这只小蝾螈。现在，它变成了真正的怪物：在该长尾巴的地方，长出一只脚爪；在扯断了的右前脚的地方，却长出一条尾巴。

蜥蜴也有这样的本领：尾巴断了，能重新长出一根；脚断了，能重新长出一只。而蝾螈在这方面的本领比蜥蜴还要强。不过，有时它们会犯糊涂——在断了肢体的地方长出跟原先肢体完全不相符的东西。

不是风，不是鸟，而是水

我想给你们讲一讲小植物景天，讲一讲它开花时的样子。我非常喜欢这种小植物，尤其喜欢它那厚实饱满的灰绿色小叶子。小叶子密密地生在茎上，把茎都遮住了。景天的花也开得很美，是鲜艳的小五角星。

但现在景天的花已经谢了，结了果实。果实也是扁扁的小五角星，紧紧地闭拢着，但这并不代表果子没有成熟。天晴的时候，景天的果实总是闭拢的。

现在，我可以迫使它们张开来。只要从水塘里打点儿水就行，只要一滴水就够了。瞧，水滴正好滴在小星星的中间。于是我的目的达到了——果实的叶子舒张开来了。瞧，种子露出来了。景天的种子不像其他许多植物那样躲避水。相反，它们迎着水冲了上来。要是再滴

上两滴水，种子就顺着水淌下来了。水接住种子，把它们播种到其他地方。

既不是风，也不是鸟，更不是兽，而是水帮助景天传播种子。我看见过一棵长在陡峭的岩石缝里的景天。这是顺着石壁往下流的雨水，把景天的种子带到那儿种上的。

■ 发自尼·芭芙洛娃

小矶凫学游泳

我到湖里去游泳，看见一只矶凫在教它的孩子们游泳，教它们怎样躲避人。大矶凫像只船似的漂浮在水面，小矶凫在潜水。小矶凫钻进了水里，大矶凫就在那里做警卫。最后，它们在芦苇旁钻出了水面，游到芦苇丛里去了。于是我就开始游泳了。

■ 发自森林记者　波波夫

奇特的小果实

荷兰牻牛儿苗是长在菜地里的一种小草，它的果实非常奇特。这种小草本身其貌不扬，毛毛糙糙。它开的紫红色花，也稀疏平常。

现在，一部分花已经凋谢了，在每个谢掉的花瓣上竖起个鹳嘴似的小东西。原来每个“鹳嘴”是5粒小尾巴长在一起的小果实，很容易把它们分开。这就是荷兰牻牛儿苗毛茸茸的、闻名遐迩的小果实。它上面尖尖的，下面好像长着条尾巴。尾巴尖弯得像镰刀，底部成螺旋形。这根螺旋一受潮就会伸直。

我把一粒小果实夹在两只手掌中，吹了一口气。它转动起来，芒刺把手心挠得痒痒的。的确，它不再是螺旋形的，而是伸直了。

为什么这种植物要变这样一套魔术呢？原来小果实脱落的时候，戳在地上，用镰刀似的尾巴尖钩住小草。天气潮湿的时候，螺旋旋转起来，尖尖的小果实便旋进了土里。

小果实的退路已经给堵死了，它的芒刺往上戳立，顶住泥土，不让它退出来。

这构思多么巧妙啊！植物自己给自己播了种。

从前，人们利用荷兰牻牛儿苗的果实来测量空气的湿度。可想而知，这种果实的小尾巴是多么灵敏。人们把小果实固定在一个地方，于是它的小尾巴就如同湿度计上的指针，旋转着，指明空气的湿度。

■ 发自尼·芭芙洛娃

小鸊鷉

我沿着河岸走，看见水面上有一种既像野鸭，又不像野鸭的小飞禽。我想：这到底是什么动物呢？野鸭的嘴应该是扁扁的，它们的嘴却是尖尖的。

我迅速脱下衣服，跳下水去追它们。它们躲开我，游到了对岸。我追过去，眼看要逮住了，它们却又往回逃了。我又追过去，它们又逃开了。它们就这样引着我顺流而下。我累得筋疲力尽，差点儿爬不上岸，最终也没能逮住它们。

后来，我又见过它们好几次，不过，我没再下水追它们。原来它们不是小野鸭，而是鸊鷉的孩子们——小鸊鷉。

■ 发自森林记者　阿·库罗奇金

夏末的铃兰

（摘自少年自然科学家日记）

8月5日

在我们小河边的花圃里，种着铃兰。伟大的科学家林内给这种5月盛开的花朵，取了个拉丁文的名字，叫作“空谷百合”。在所有的花中，我最爱铃兰。我爱它那小铃铛似的花朵，细瓷般洁白素净；爱它那富于弹性的绿茎；爱它那清凉湿润的细长叶子；爱它那奇妙的清

香！总之，整朵花都是那么的清纯而富于朝气！

春天，一大清早我就过河去采铃兰花，每天带回一束养在水里。于是，屋子里整天都飘溢着铃兰花的幽香。在我们列宁格勒附近，铃兰在7月份开花。

现在，正逢夏末，我喜爱的花朵给我带来了出其不意的惊喜。

一天，我偶然发现，在它们宽大的、末端尖尖的叶子底下，长出了一种淡红色的小玩意儿。我跪下去，拨开叶子一看，只见里面长着一颗颗略带椭圆形的橘红色坚硬小果子。它们像花儿一样美丽，仿佛在请求我把它们做成耳环，送给我所有的女朋友呢。

■ 发自森林记者　维利卡

蔚蓝和翠绿

8月20日

今天，我一大早就起来了，往窗外一瞧，不由得惊叹起来——青草完全变成了蔚蓝色，湛蓝湛蓝的！小草被重重的露珠压弯了腰，浑身晶莹透亮。

要是你把白色和绿色这两种颜色掺在一起，就会看到蔚蓝色。是露珠抛洒在鲜绿色的青草上，把它染成了蔚蓝色。

几条绿色的小径，穿过蔚蓝色的草丛，从灌木丛一直通到板棚前。一袋袋的麦子存放在板棚里。一群灰山鹑，趁着人们还在熟睡，跑到村子里来偷吃麦子。瞧，它们不正在打麦场上嘛！淡蓝色的山鹑，胸脯上长着棕色的马蹄形斑块。它们的小嘴“笃笃笃”地啄着，忙得不亦乐乎！趁着人们还没起床，它们得抓紧吃。

再往远处，就在树林边上，还未收割的燕麦田里也是一片蔚蓝。一个猎人手里举着枪，在那里走来走去。我知道，他肯定是在守候琴鸡。琴鸡妈妈经常带着它的一窝小琴鸡走出树林，到麦田里来加强营养。每当琴鸡从蔚蓝色燕麦田里跑过时，麦田便变成了绿色，因为琴鸡边跑边碰落了露水。猎人始终没有开枪，显然，琴鸡妈妈带着它那一窝小琴鸡，及时撤回树林里去了。

■ 发自森林记者　维利卡

请爱护森林

如果有闪电落在枯树枝上，就会大祸临头；如果有人把一根未熄灭的火柴丢在树林里，或者没把篝火弄灭就走人，也会祸从天降。

跳跃的火苗，像条纤细的小蛇，从篝火里蹿出来，钻入苔藓和一堆堆干枯的针叶和阔叶里。突然，它从枯叶堆里跳出来，舔了一下灌木，又向一堆枯树枝跑去……

必须分秒必争——这是流动的林火呀！在它还是微火的时候，你一个人就可以扑灭它。赶快折一些带叶子的新鲜树枝，拼尽全力朝着火苗使劲扑打吧！别让它扩大，别让它转移！叫上你的同伴一起帮忙吧！

如果你的手头有把铁锹，哪怕是根结实的木棍，就请赶紧挖点儿土，把泥土和一块块的草皮盖在火上。

如果火苗已经从泥土底下钻出来，从一棵树蹿到另一棵树，那么这就是场森林大火了。赶快撒开腿跑去叫人吧！赶快敲响救火的警钟吧！

森林里的战争（续三）

我们的记者来到第3块采伐迹地。10年前，林业工人们曾经在那里砍伐过树木。现在这块地还在白杨和白桦的掌控之中。

胜利者们不放任何植物进入自己的领地。每年春天，野草都想从土里钻出来，但是它们很快就在多阴的阔叶帐篷下窒息了。枞树每隔两三年结一次种子，每次它都会派一支新的空降部队登陆采伐迹地。不过，那些枞树种子都没能钻出地面，它们都被小白桦和小白杨扼杀了。

年幼的小白桦和小白杨不是一天一天地长高，而是一个小时一个小时地长高。它们挤挤挨挨地耸立在采伐迹地上。有一天，它们终于觉得拥挤了，于是彼此之间开始打架。

每一棵小树都想在地上和地下多抢一点儿空间。每一棵小树都越长越宽，推挤着它们的邻居。采伐迹地上的树木你挤我，我推你，一场混战。

健壮的小树比瘦弱的小树长得快，因为它们的根更牢固、树枝也更长。健壮的小树长高之后，就把它的手（树枝）伸到旁边小树的头上，那些小树就被树荫遮住了，从此告别了阳光。

最后一批瘦弱的小树，被浓密的树荫害死了。这时，矮小的野草终于从土里钻了出来。不过，长高的小树已经不怕它们了。就让小草在脚底下慢慢地爬动吧！还可以取取暖呢。但是胜利者们自己的后代（种子），落在这个黑暗潮湿的地窖里，都给闷死了。

枞树很沉得住气，它们继续每隔两三年就派一支空降部队到这片草木杂生的采伐迹地上来。胜利者们甚至没有注意到这些小东西。在胜利者口中，它们简直不值一提，就让它们在地窖里慢慢爬吧！

小枞树终于从地底下露出了个头。在阴暗潮湿的地窖里，它们过得很艰难。不过，赖以生存的光线还是有的。它们长得瘦小纤弱。

可是这里也有好处，这里没有风来摇晃它们，把它们连根拔起。每当暴风雨来临的时候，白桦和白杨喘着粗气，被风吹得直弯腰，而小枞树躲在地窖里很安全。

这里非常暖和，有足够的食物。小枞树不会受到春季危险的早霜和冬季严寒的侵袭。地窖里的环境，跟赤裸裸的采伐迹地相比，大不一样。秋天，白桦和白杨的落叶在地上腐烂了，散发出热量，青草也散发出热气，只需要耐心忍受地窖里一年四季的阴暗。

小枞树不像小白桦和小白杨那样喜爱阳光。它们忍受着黑暗，不断地生长着。

我们的记者很怜惜它们。接着，他们又来到第四块采伐迹地。

我们在等待着他们的报道。

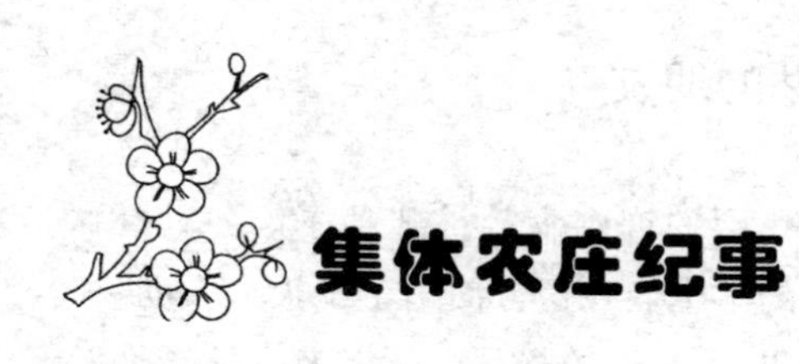

集体农庄纪事

可以收割庄稼啦。我们集体农庄的黑麦田和小麦田，好像一望无际的海洋。麦穗长得又高又壮，一排连着一排，每一棵麦穗里都藏着很多很多的麦粒。集体农庄庄员们干得真棒！这些麦粒很快将汇成一股股金灿灿的暖流，流进国家和集体农庄的粮仓。

亚麻也成熟了。集体农庄庄员们正在田里忙活。亚麻是用机器拔的，用机器拔麻可快了！女庄员们跟在拔麻机后面捆麻，把一排排倒下来的亚麻捆作一束束。再按 10 束一垛，把亚麻堆成垛。不久，亚麻田里就好像排列着一队队士兵。

山鹑只好带着一家老小，从秋播的黑麦田搬到春播的田里去了。

集体农庄庄员们在收割黑麦。一束束饱满结实的麦穗，在割麦机的钢锯下倒了下来。庄员们把麦子捆起来堆成垛。一垛垛麦垛竖在田里，仿佛运动会开幕式上站立的一排排运动员似的。

菜地里，胡萝卜、甜菜和其他蔬菜成熟了。集体农庄庄员们把蔬菜运到火车站，火车又把它们运进城。这些天，城里的居民都能吃到鲜嫩可口的黄瓜，喝到用甜菜做的红菜汤，尝到用胡萝卜做的馅饼。

集体农庄的孩子们到树林里采蘑菇和熟透了的树莓、越橘。这些天，哪里有榛子林，哪里就有一群群的孩子。休想把他们撵出林子，他们在那儿采榛子，把口袋装得鼓鼓囊囊的。

现在大人们可顾不上采榛子，他们必须割麦、打麻，用速耕犁耕完所有的田，耙好耕过的地——秋播马上就要开始了。

森林的朋友

在伟大的卫国战争①期间，我国的许多森林被毁掉了。各处林区正在积极重新造林。我国各中学的学生们在这方面给予了很大帮助。

要栽培一片新的松林，需要几百千克的松子。3 年来，孩子们一共收集了 7.5 吨松子。他们还帮助整地、照料苗木、守护森林，以防止火灾发生。

■ 发自森林记者　查列夫

大家都有活儿干

早晨，天刚蒙蒙亮，集体农庄庄员们就下地干活儿了。只要有大人的地方，就能见到孩子们。在刈草场，在农田里，在菜地里，孩子们都在给集体农庄庄员们帮忙。

瞧，孩子们扛着耙子走过来了。他们飞快地把干草耙到一块，然后装上大车，送到集体农庄的干草棚里。

杂草也总是让孩子们忙个别停。孩子们经常给亚麻田和马铃薯田清除香蒲、滨藜和木贼等杂草。

到了拔麻的季节，孩子们比拔麻机先来到亚麻地。

他们拔掉亚麻地四个角上的亚麻，好让拖着拔麻机的拖拉机更容易拐弯。

在收割黑麦的田里，孩子们也找到了活儿干。麦子收完后，他们把掉到地上的麦穗耙到一起，捡起来。

■ 发自普斯可夫斯基州斯拉夫可夫斯基区
“大地”集体农庄

---

① 即 1941—1945 年在苏联进行的反对德国法西斯侵略者的战争。——译者注

集体农庄新闻

（发自尼·米·芭芙洛娃）

来自麦田的消息传到了红星集体农场。麦子报告说："我们长势良好。麦粒已经成熟，很快就会脱落。你们不用再照顾我们，甚至不用来看我们了。现在我们自己就能干成一切。"

集体农庄庄员们微笑道："好像不是这么回事吧，不用来看你们！现在正是我们最忙的时候！"

联合收割机开向了农田。联合收割机是干活儿的能手，它会割麦、磨麦和扬麦。联合收割机开进麦田的时候，黑麦长得比人高；而当它离开麦田的时候，只剩下低低的麦茬儿。联合收割机为集体农庄庄员们准备好了干净的麦粒。庄员们晒干麦粒，把它们装进麻袋，然后上交给国家。

变黄了的马铃薯田

我们《森林报》的记者来到红旗集体农场。他注意到这个集体农场有两块马铃薯田。其中一块大一些，是深绿色的；另一块小一些，已经变黄了。第二块田里的马铃薯茎叶黄黄的，仿佛快要死了。

我们的记者决定弄清楚是怎么回事。后来他寄来了以下报道："昨天，一只公鸡跑到变黄的田里。它刨松土，唤来许多母鸡，请它们吃新鲜的马铃薯。一位女庄员正好经过，看见后笑了起来，对女伴说："你瞧！公鸡第一个来收我们早熟的马铃薯了。也许它知道我们明天就要开刨早熟的马铃薯了吧！"

由此可见，茎叶变黄了的马铃薯，是早熟的马铃薯。它已经成熟了，所以它的茎叶变黄了。而那块面积大的深绿色田里，种的是晚熟的马铃薯。

森林简讯

在集体农庄的树林里，第一只卷边乳菇从土里钻出来了。多么结实肥厚的一只卷边乳菇啊！

卷边乳菇的帽子上有个小坑，周边是湿乎乎的穗子。上面依附着许多松针。卷边乳菇周围的土略微隆起。假如把这块土挖开，就可以找到很多很多大卷边乳菇、小卷边乳菇、小小卷边乳菇和最最小的卷边乳菇！

寄自远方的一封信

鸟 岛

我们乘着船在喀拉海东部航行，周围是无边无际的海水。

忽然，桅顶监视员叫道：

“正前方，有一座倒立的山！”

“他到底看到了什么？”我心想，也爬上了桅杆。

我清楚地看见，我们的船正驶向一座岩石陡峭、倒挂在空中的岛屿。

一块块岩石上下颠倒地挂在空中，没有什么东西可依托！

“我的朋友，”我自言自语地说，“你的脑子是不是进水了？”

突然我想起来了。“啊！是折射！”于是情不自禁地笑了起来。折射是一种奇特的自然现象。

在北冰洋上，常常会出现折射现象。这种现象又叫作海市蜃楼。当船在海面行驶的时候，你突然看见远处的海岸，或者一艘船，倒挂在空中。这是它们在空中颠倒过来的影像，如同在照相机的取景器中看到的那样。

几小时后，我们的船抵达那座远方的小岛。小岛当然没有倒挂在

半空中，而是稳稳地矗立在水面，陡峭的岩石也都好端端地立在那儿。

船长测定了方位，查看了地图，说这座岛叫比安基岛，位于诺尔杰歇尔特群岛的海湾入口处。这座岛是为了纪念俄罗斯科学家瓦连京·利沃维奇·比安基而命名的，也就是我们《森林报》所纪念的那位科学家。所以我想，也许你们很想知道这座岛的模样和岛上的东西。

这座岛由许多杂乱的岩石堆成，既有巨大的圆石头，也有大石板。岩石上既不长灌木，也不长青草，只闪烁着一些淡黄色的和白色的小花。另外，在背风朝南的岩石上，长满了地衣和短短的苔藓。岛上还长着一种苔藓，很像我们那儿的平茸菇，柔软肥厚。在其他地方，我从未见过这种苔藓。在倾斜的海岸上，堆着一大堆漂来的木头，有圆木，有树干，也有木板。这些都是从海上漂来的，也许漂了几千千米呢！这些木头都干透了，只要弯起手指轻轻一叩，就会发出清脆的响声。

现在是7月底，可是这里的夏天才刚刚开始。不过，这并不妨碍那些大冰块、小冰山，在太阳底下闪着耀眼的光芒，悄悄地从岛旁漂过。这里的雾很浓，低低地垂在海面上，以至只见过往船只的桅杆，不见船身。况且，很少有船经过这里。岛上荒无人烟，所以这里的野兽儿不怕人。无论谁，只要身上带着盐，都可以往它们的尾巴上撒点儿盐，抓住它们。

比安基岛是座真正的鸟的乐园。这里没有鸟的集市，没有几万只鸟拥挤在一块岩石上做巢的情形。无数只鸟无拘无束地在岛上安排自己的住所。成千上万只野鸭、大雁、天鹅、潜鸟以及各种各样的鹬在这里做巢。海鸥、北极鸥和管鼻鹱在稍高一些的光秃秃的岩石上做巢。这里海鸥的品种众多，既有浑身雪白、翅膀黑黑的鸥，也有小巧玲珑、尾巴像剪刀般叉开的粉红色的鸥，还有高大凶残的北极鸥，这种鸥吃鸟蛋、小鸟和小兽。这里还有通体雪白的北极大猫头鹰。美丽的白翅膀、白胸脯的雪鹀唱着歌，像百灵鸟一样飞向高空；北极百灵鸟在地上边跑边唱，它们的脸上长着黑胡子，头上矗起一对黑色的小犄角。

这儿的野兽就更有趣了……

我带着早点，坐在海岬边的海岸上。我坐着，旅鼠在身旁窜来窜去。这是一种小巧的啮齿动物，浑身毛茸茸的，长着黑、灰、黄三色相间的花斑。

在岛上有很多北极狐。我在石堆中看见过一只，它正偷偷地靠近一窝还不会飞的小海鸥。忽然，大海鸥们发现了它，尖叫着、大喊着一起向它猛扑过去，吓得这个小偷夹起尾巴，撒腿就跑。

这里的鸟善于保护自己，不让自己的孩子受欺负。这样一来，野兽可就要挨饿了。

我开始往海上远眺。那里有许多鸟在游水。

我吹了声口哨。忽然，从岸边水底下钻出几颗光溜溜的圆脑袋，一双双乌黑的眼睛好奇地盯住我，也许在想，这是个什么样的怪物？他为什么吹口哨？

这是海豹，一种个头儿不大的海豹。

一只个头儿很大的海豹，从离岸稍远的地方冒了出来。一些个头儿更大、长着胡子的海象在更远的地方戏水。刹那间，所有的海豹和海象都钻进水里不见了，鸟儿大叫着飞向天空。原来，一只白熊从水里露出头，从岛旁游过。白熊是北极地区最强悍、最残暴的野兽。

我感到肚子饿了，想吃早点。我记得很清楚，把它放在了身后的一块石头上，可是现在却不见了，石头底下也没有。

我跳了起来。

一只北极狐从石头底下蹿了出来。

小偷，小偷！就是它悄悄走近，偷走了我的早点。它嘴里还叼着我用来包三明治的那张纸呢！

瞧，这里的鸟把一只正派的野兽逼到什么地步了！

■ 发自远航领航员　马尔丁诺夫

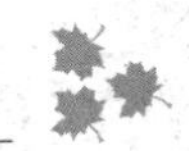

一箭射中目标！一语击中答案！

第五场比赛

1. 鸟什么时候长牙齿？
2. 通常哪种牛更容易吃得饱：有尾巴的牛还是没有尾巴的牛？
3. 人们为什么把这种蜘蛛（见右图）叫作“割草蛛”？
4. 猛禽和猛兽在一年中的哪个季节吃得最饱？
5. 哪种动物出生两次、死亡1次？
6. 哪些动物必须出生3次，才能长大？
7. 当人们形容某件事对人毫无影响时，为什么总是说“仿佛水从鹅背流下来”。
8. 为什么狗觉得热了，会吐舌头，马却不这么做呢？
9. 什么鸟的雏鸟不认识自己的妈妈？
10. 什么鸟的雏鸟，在树洞里发出像蛇一样的咝咝的叫声？
11. 如何根据白嘴鸦的嘴巴，区分小鸟和老鸟呢？
12. 哪种鱼会在孩子长大之前一直照顾它们？
13. 蜜蜂蛰人之后，它自己将会怎样？
14. 刚出生的小蝙蝠吃什么？
15. 中午时分，向日葵的花朝向何方？

16. 公牛在山上跑，母牛在山涧里跑；公牛大声叫，母牛直眨眼。（打两种自然现象）
17. 早晨，田是淡蓝色的；到了中午，就变成了绿色的。（打一植物）
18. 几个小老头，戴着红帽子；谁要走近它，就得把腰弯。（打一植物）
19. 坐在细棒上，穿着红衬衫；肚皮亮晶晶，装满小石头。（打一植物）
20. 灌木丛中嗞嗞叫，突然朝你脚上咬。（打一动物）
21. 夜里睡在地上，早晨无影无踪。（打一自然现象）
22. 谁住在森林里头，砍树不用斧头，盖房没有柱头？（打一动物）
23. 眼睛长在角上，房子驼在背上。（打一植物）
24. 花朵美若天仙，刺儿却尖利无比。（打一植物）

通 告

第四场测验

“锐眼”称号竞赛

猜一猜谁是爸爸，谁是妈妈，谁是孩子?

请帮助无家可归的小鸟

在这个小鸟出生的月份里，我们经常可以看到小鸟从巢里掉下来，或者失去了妈妈。它躺在地上，无助地把头往灌木丛或草丘里钻，想躲开你这个长着两条腿的庞然怪物。可是它的小脚还很软弱，还不会飞。它不知所措。你当然可以抓住它，把它拿在手里，仔细端详，暗暗想，小家伙，你是谁啊？属于哪一族的？你妈妈呢？

可它只会唧唧地叫，声音响亮，孤苦无依。显然，它是在叫它的妈妈。你很想把它送还给它的亲身父母，可问题是，谁是它的爸爸妈妈呢?

这时，你会张大嘴巴问“怎么办?”其实你应该闭上嘴巴，睁大眼睛。的确，要猜中它们是什么鸟，不是很容易，因为小鸟长得不太像爸爸妈妈，而且鸟的爸爸妈妈也常常长得彼此不相像。但是，你有一双雪亮的眼睛。你仔细看看，小鸟的脚和嘴长什么样，然后再去找那些长着相似的脚和嘴的老鸟——雌鸟和雄鸟。鸟爸爸和鸟妈妈的羽毛可能不一样，至于雏鸟，可能根本还没有长出羽毛，或者只长着绒毛，或者浑身光溜溜的。可是根据它的脚和嘴，你立刻能分辨出它的父母亲。这样一来，你就可以把这只丢失的流浪鸟送还给它的爸爸妈妈了。

卷尾琴鸡

因为琴鸡爸爸的尾部羽毛向两边卷起，所以被叫作卷尾琴鸡。不过，你可别只看尾巴，因为琴鸡妈妈的尾巴就不是这样的，而小琴鸡根本没有长出尾巴。

野　鸭

野鸭妈妈的嘴巴是扁平的，小鸭和野鸭爸爸的嘴巴也是这样的。野鸭的脚趾间长着蹼，你仔细瞧瞧，这是什么样的蹼，可别把野鸭和䴙䴘搞混了。

燕雀妈妈

跟其他鸣禽的雏鸟一样，小燕雀破壳而出的时候，才一点儿大，赤裸着身子，软弱无助。燕雀爸爸和燕雀妈妈的体形、身高和尾巴都很相似，只是羽毛有所不同。只要看看雏鸟的脚，就可以认出燕雀的雏鸟。

红脚隼妈妈

猛禽的嘴巴也很凶猛，长得像个钩子，脚爪锋利。雏鹰就是这样。

䴙䴘爸爸

图中画着雌䴙䴘。雄䴙䴘跟它长得很像。很容易辨认小䴙䴘，只要看看它的脚蹼和嘴就行。䴙䴘的脚蹼和野鸭的脚蹼完全不一样。

这里画着 5 种不同的雏鸟和它们的爸爸或妈妈，顺序被完全打乱。请拿出一张纸，按照以下顺序，重新画一遍。鸟爸爸在小鸟的左边，鸟妈妈在小鸟的右边。

森　林　报

第 6 期

成群结队月

（夏季第三月）

8 月 21 日 ~9 月 20 日

太阳转入室女宫

一年：一共12个月的太阳史诗

八月

八月是闪亮的月。夜里，流动的启明星无声地照亮树林。

草地在夏季里最后一次换上新装。现在，它变得五彩纷呈，花儿变成深颜色的——蓝色的、淡紫色的。太阳光开始减弱，应当收藏临别的阳光了。

蔬菜、水果这类较大的果实快要成熟了；树莓、越橘这类晚熟的浆果也快要成熟了；沼泽地上的蔓越橘和树上的山梨，也都快成熟了。

蘑菇长出来了，它们活像小老头，不喜欢火辣辣的太阳，躲在阴凉的地方，尽量不让太阳晒到自己。

树木已经不再长高长粗了。

森林里的新习俗

森林里的孩子们已经长大，钻出了鸟巢。

那些春天里成双作对、住在固定地盘上的鸟儿们，现在带着孩子们，在树林里过起了游牧生活。

森林里的居民们互相做客。

即使猛兽和猛禽，也不再严守着自己打食的地盘。野味到处都有，大家都有东西吃。

貂、黄鼠狼和白鼬在树林里闲逛。无论在哪里，它们都很容易搞到吃食，有的是笨头笨脑的小鸟、缺乏经验的小兔、麻痹大意的小老鼠。

鸣禽一群群地在灌木和乔木间漫游。群有群的习俗。习俗是这样的。

我为人人，人人为我

谁先看见敌人，必须尖叫一声，或者吹声口哨，警告大伙，让大伙赶快四处逃散。假如有只鸟遇到危险，大家一齐上阵，大喊大叫，吓退敌人。

上百双眼睛、上百双耳朵在警戒着敌人，上百张尖嘴巴准备打退敌人的进攻。加入鸟群的小鸟当然越多越好。

小鸟在鸟群里必须遵守如下规矩：一举一动都得模仿大鸟。大鸟们不急不慢地啄麦粒，小鸟也必须啄麦粒。大鸟们仰起头来一动不动，小鸟也必须仰起头来呆立不动。大鸟们逃跑，小鸟也必须跟着跑。

教练场

鹤和琴鸡都有一处真正的教练场地，供孩子们学习。

琴鸡的教练场在树林里。小琴鸡聚集在一起，看琴鸡爸爸干什么。琴鸡爸爸咕噜咕噜叫，小琴鸡也跟着咕噜咕噜叫。琴鸡爸爸“丘呋！丘呋”地叫，小琴鸡也细声细气地“丘呋！丘呋”地叫。

只是现在琴鸡爸爸不像春天时那么叫了。春天时，它好像在叫：“我要卖掉皮袄，我要买件外套！”现在好像在叫：“我要卖掉外套，我要买件皮袄！”

小鹤排着队飞到教练场上来，它们学习在飞行时如何保持正确的三角形队形。只有学会这样飞，在长途飞行时才能节省力气。

身体最棒的老鹤，飞在三角形队列的最前面。作为全队的先锋，它必须花很大的力气冲破气浪。等到它飞累了，就退到队尾，由另一只健壮的老鹤代替它当领队。

小鹤跟着排头兵飞，头对尾，尾对头，均匀地扇动着翅膀。谁的力气大些，就飞在前面，谁的力气小些，就跟在后面。三角形队列的尖头冲破一个个气浪，如同小船用船头破浪前进一般。

“咕尔，啰！咕尔，啰！”

这是在发布命令：“听口令，飞到了！”

鹤一只接着一只地落到地上。这里是田野当中的一块空地，小鹤在这儿练习跳舞和做体操：跳啊，转啊，富于韵律地做出各种灵巧的动作。它们还必须练习最困难的一项：先用嘴把一块小石子往上抛，再用嘴接住它。

它们在为长途飞行做准备……

蜘蛛飞行员

没有翅膀，怎么飞行？

必须想办法呀！瞧，蜘蛛摇身一变，成了气球飞行员。

小蜘蛛从肚子里抽出一根细蛛丝，挂到灌木上。微风吹得细蛛丝左右摇晃，却吹不断它。细蛛丝像蚕丝那么坚韧。

小蜘蛛站在地上。蜘蛛丝在树枝和地面之间飘荡。小蜘蛛站在地上，不停地抽丝。丝把身子缠住了，好像裹在蚕茧里似的，可是丝还在不断地抽出来。

蜘蛛丝越抽越长，风越刮越大。

小蜘蛛用脚爪抵住地面，牢牢地抓住地面。

1，2，3，小蜘蛛迎着风走上去，咬断挂在树枝上的那一端。

一阵风，把小蜘蛛推离了地面。

飞起来了！

赶紧把缠在身上的丝解开！

小气球上升了……在草地和灌木丛的上空高高飞翔。

飞行员从上往下看：降落在哪儿最合适呢？

下面是树林，是小河。继续往前飞！继续往前飞！

瞧，这是谁家的小院？一群苍蝇正萦绕在粪堆旁。停下来吧！降落！

飞行员把蜘蛛丝绕到自己身子底下，用小爪子把蜘蛛丝缠成一个小团儿。小气球越降越低……

预备——着陆！

蜘蛛丝的一头挂在草丛上，小蜘蛛着陆了！

可以在这里平静地过日子了。

可以看到许多小蜘蛛带着细丝在空中飞舞，这往往发生在秋天干燥晴朗的日子里。这时农民们就会说：“夏老婆子来了！”那是秋的银发在飘。

森林中的大事

一只山羊啃光了一片树林

这不是说笑话，一只山羊确确实实啃光了一片树林。

这只山羊是护林员买的。他把山羊带回树林里，拴在草地的一根树桩上。半夜，山羊挣脱绳子，逃走了。

周围全是树木。它会上哪里去呢？幸亏附近没有狼。

护林员找了 3 天，也没找到。第 4 天，它自己跑回来了，“咩，咩，咩”地叫着，好像说：“你好！我回来了！”

晚上，邻近的一个护林员跑来了。原来山羊把他那个地段上所有的树苗都吃光了，啃掉了整整一片树林！

树木小的时候，完全没有自卫能力，随便哪只牲口都能欺负它，把它连根拔出来吃掉。

山羊喜欢细小的松树苗。它们像小棕榈似的，模样俊极了——下面是细细的小红柄，上面是扇形的柔软的绿针叶。也许山羊觉得它们很美味吧！

显然，山羊不敢去碰大松树，大松树会把它刺得头破血流！

■ 发自森林记者　维利卡

抓强盗

黄篱莺成群结队，在林子里游荡。从一棵树飞到另一棵树，从一棵灌木飞到另一棵灌木。它们飞遍了每一棵树、每一棵灌木，上上下

下搜了个遍。树叶下、树皮上、树缝里，凡是有青虫、甲虫或蝴蝶飞蛾的地方，都钻进去瞧一瞧，把小虫拖出来吃掉。

“啾咿！啾咿！”一只小鸟惊慌地叫起来。所有的小鸟立刻提高了警惕，只见一只凶恶的貂隐藏在树根之间，一会儿露出乌黑的脊背，一会儿消失在伏地的枯树之间。它那细长的身子像条蛇似的扭动着，一双恶狠狠的小眼睛在黑暗中射出凶光。

“啾咿！啾咿！”小鸟的叫声从四面八方响起，篱莺们连忙全体撤离了大树。

天亮时还好办。只要一只鸟发现了敌人，大家就可以获救。夜晚，小鸟蜷曲着在树枝下睡觉。敌人可没睡觉！猫头鹰用柔软的翅膀拨开空气，悄无声息地飞过来，看清楚后就用爪子一抓！睡眼惺忪的小鸟吓得四处逃窜，可是总有两三只会被抓住，在强盗的铁爪中挣扎着。天黑的时候，可真糟糕！

这时，这群篱莺从一棵树飞到另一棵树，从一棵灌木飞到另一棵灌木，钻进了密林的深处。这些轻盈的鸟儿，穿过浓密的树林，飞进了最隐僻的角落。

一根粗大的树桩子，立在丛林中间。一簇模样丑陋的木耳，长在树桩上。一只篱莺飞到木耳跟前，想看看有没有蜗牛在上面爬。冷不丁，木耳的灰帽檐往上翻，一双圆溜溜的眼睛在下面一闪一闪的。

这时，篱莺才看清一张猫一般的圆脸，脸上有一张凶恶的弯嘴巴。篱莺大吃一惊，连忙往旁边一躲，尖叫起来：“啾咿！啾咿！”鸟群骚动起来，可是一只小鸟也没逃离。大家聚集在那根可怕的树桩子周围。

“猫头鹰！猫头鹰！猫头鹰！救命！救命！”

猫头鹰生气地吧嗒着嘴巴：“哼！竟然找上我啦！不让我睡个好觉！”

听见篱莺的警报，小鸟们从四面八方飞了过来。

抓强盗！

小不点儿黄头戴菊鸟，从高大的枞树上飞下来。机灵的山雀从灌木丛里跳出来，勇敢地投入战斗。它们在猫头鹰的眼前飞来飞去，盘旋着，讥讽地朝它大叫："来呀！来碰我们呀！来呀！来抓我们呀！尽管追过来抓我们呀！大白天里你倒试试看！你这个卑鄙无耻的夜行大盗！"

猫头鹰只能吧嗒着嘴巴，眨巴着眼睛。光天化日之下，它能怎么办呢？

鸟儿还在络绎不绝地飞来。篱莺和山雀的尖叫与喧嚣，引来了一大群勇敢强壮的林中老鸦——长着淡蓝色翅膀的松鸦。

猫头鹰吓得胆战心惊，扇动着翅膀，赶紧开溜。趁着还未受伤，赶快逃吧，要不然会被松鸦啄死的。

松鸦紧追不舍，追呀，追呀，一直把它赶出了森林。

今天夜里，篱莺可以安心睡一觉了。受过这样的惊吓之后，猫头鹰绝不敢很快回到老地方来了。

草 莓

在森林边，草莓变红了。鸟儿找到红色的草莓果，衔着飞走了。它们将把草莓的种子撒播到远方。可是有一部分草莓的后代依旧留在原地，和亲生母亲长在一起。

瞧，在这棵草莓旁，已经长出了匍匐的细茎——藤蔓。一棵小植株，长在藤蔓梢上，那是一簇丛生的小叶子和根的胚芽。这里又是一棵。在同一棵藤蔓上，长着 3 簇丛生的小叶子。第一棵小植株已经扎下了根；其余两棵的梢头还未长好。藤蔓从母本植株向四面八方延伸开去。必须在野草稀疏的地方找，才能找到带着上一年出生的子女的母本植株。比如说这一棵，中间是母本植株，孩子们围在它的周围，一共有 3 圈。每一圈有 5 棵。

草莓就这样一圈圈地扩展，占领土地。

■ 发自尼·芭芙洛娃

狗熊被吓死了

一天晚上，猎人很晚才走出森林，返回村庄。他走到燕麦田边，看见麦地里有个黑影在晃动。那是什么东西呀？难道是牲口闯到了不该去的地方？

仔细一看，我的天啊！原来是只大狗熊。它肚皮朝下趴在地上，两只前掌抱住一束麦穗，把麦穗压在身子底下吮吸着！它懒洋洋地趴着，满意得直哼哼。看来，它很喜欢喝燕麦浆。

猎人没带子弹，只带了一颗小霰弹（他原本是去打鸟的）。可他是个勇敢的年轻人。

他想，嘿！不管打得中打不中，先开它一枪再说。总不能让狗熊糟蹋集体农庄的麦地吧！不打伤它，它是不会挪地方的。

他装上霰弹，“啪”的一枪，枪声正好在大熊的耳朵边炸响。

这突如其来的响声把狗熊吓得一蹦三丈高。麦田边上有一丛灌木，狗熊像只飞鸟似的跃了过去。

狗熊摔了个大跟头，爬起来，头也不回地继续往森林里跑。

猎人看到狗熊胆子这么小，感到很好笑，然后就回家了。

第二天，他想，得去瞧一瞧。不知田里的燕麦给狗熊糟蹋了多少。他来到昨晚那个地方，只见熊粪的痕迹一直延伸到森林里，原来昨天狗熊吓得拉肚子了。

他顺着痕迹找过去，看见狗熊躺在那儿，已经死掉啦！

这么说，它竟然被意外的响声吓死了。狗熊还号称是森林里最强悍、最可怕的野兽呢！

食用蘑菇

雨后，蘑菇又长出来了。

长在松林里的白蘑菇是最好的蘑菇，学名叫美味牛肝菌。

白蘑菇长得肥硕厚实。它们的帽是深栗色的，散发出的香味特别好闻。

油菇长在林中道路两旁的低矮的草丛里。有时它直接就长在车辙里。它们小的时候像只小绒球，长得很漂亮。漂亮固然漂亮，可是黏糊糊的，总有点儿什么东西粘在上面，不是枯树叶，就是细草秆。

松乳菇长在松林中的草地上，火红火红的，隔老远就能看见。这种蘑菇可真多！大的几乎跟小碟子一般大，菇帽被虫子蛀得都是洞，颜色都变绿了。中等大小，比分币稍微大一点儿的蘑菇最好。这种蘑菇最厚实，它们的菇帽中间往下凹，边沿卷起。

枞树林里也有很多蘑菇。白蘑菇和松乳菇也长在枞树下，但是和松林里长的不一样。白蘑菇的菇帽是淡黄色的，柄更细长一些。松乳菇的颜色跟松林里长的完全不同，它们的菇帽上面不是棕红色，而是蓝绿色，而且有一圈一圈的纹理，仿佛树桩上的年轮。

在白桦树和白杨树下，各自长着蘑菇。因此，它们分别被称为白桦菇和白杨菇，学名分别叫作鳞皮牛肝菌和变形牛肝菌。白桦菇在离白桦树很远的地方也能生长，白杨菇却紧紧地靠着白杨树，只能生长在白杨树的根上。白杨菇长得很漂亮，亭亭玉立，端庄大方。它的菇帽和菇柄似雕如琢。

■ 发自尼·芭芙洛娃

毒蘑菇

雨后，也长出了不少毒蘑菇。食用菇主要是白色的。不过，毒菇也有白色的。你可得小心辨认！白色的毒菇是毒菇中最毒的一种。吃下一小块毒白菇（学名叫毒鹅膏），比让毒蛇咬一口更可怕。它可以叫人丧命。要是有人误吃了这种毒菇，便很难恢复健康。

幸亏毒鹅膏很容易辨认。它和一切食用菇的区别，就是它的柄仿佛是插在细颈的大花瓶里似的。据说，很可能会把毒鹅膏跟香菇混淆，因为它们的菇帽都是白的。不过，香菇的柄是普通样子的，谁也不会

认为它仿佛插在花瓶里。

毒鹅膏最像蛤蟆菌。有人甚至把它叫作白毒蝇菇。要是用铅笔把它画下来，人们会认不出是毒鹅膏还是蛤蟆菌。毒鹅膏跟蛤蟆菌一样，菇帽上有白色的碎片，菇柄上像带着一条小领子。

还有两种危险的毒菇，很容易把它们当作白蘑菇。这两种毒菇分别叫作胆菇和鬼菇。

它们不同于白蘑菇的特点是：它们的菇帽背后，不像白蘑菇那样是白色或淡黄色的，而是粉红色，甚至是红色的。另外，但把白蘑菇的菇帽掰碎，它还是白色的；但把胆菇和鬼菇的菇帽掰碎，它们一开始变成红色，然后变成黑色。

■ 发自尼·芭芙洛娃

“暴风雪”

昨天，在我们这儿的湖面上，暴风雪大作。轻盈的鹅毛大雪在空中飞舞，眼瞅着就要落到水面了，却又腾空跃起，盘旋着，从空中撒落下来。天气晴朗，骄阳似火，热气流在炙热的阳光下缓慢地流动，没有一丝风。可是湖面上却大雪飘飘！

今天早上，一片片干燥沉寂的雪花，落在湖面和湖岸上。

这种雪花可奇怪了，它在灼热的太阳下不会融化，在阳光下也不会闪闪发光。它温暖易碎。

我们走过去看，等走到岸边时才搞明白，这根本不是雪花，而是成千上万只长着翅膀的小昆虫——蜉蝣。

昨天它们从湖里飞了出来。它们在黑乎乎的湖底，已经住了整整3年。那时，它们是些模样丑陋的小幼虫，在湖底的淤泥里蠕动。

它们以淤泥和臭气熏天的水藻为食，从未见过太阳。

它们就这样过了3年，过了整整1000天。

昨天，这些幼虫爬上岸，脱掉身上丑陋的幼虫皮，展开轻盈的翅膀，释放出3条尾巴，即3条细长的线，飞到空中去了。

它们只被给予一天的生命，在空中旋转跳舞、寻欢作乐。因此，它们被叫作短命鬼。

整整一天，它们在阳光下跳舞，像轻盈的雪花在空中飞舞、旋转。雌蜉蝣降落到水面，在水里产下细小的卵。然后，当太阳西沉、黑夜降临的时候，蜉蝣的尸体洒满了湖岸和水面。

蜉蝣的卵将孵化成小幼虫。幼虫又将在黑暗的湖底度过整整 1000 天，然后展开翅膀飞到湖面上空，做一天快活的短命鬼。

白野鸭

一群野鸭降落在湖中央。

我在岸边看着它们，惊讶地发现，在这一群生着夏季羽毛的纯灰色雄野鸭和雌野鸭中，有一只浅颜色野鸭特别引人注目。它一直待在野鸭群的中间。

我拿起望远镜，把它全面仔细地研究了一番。它从头到尾都是奶白色的。当清晨明亮的太阳从乌云后钻出来时，它突然变得雪白耀眼，在那一群深灰色的同类中，显得特别扎眼。其他方面，它和别的野鸭并无两样。

在我 50 年的守猎生涯中，还是第一次看见这种得了白化病的野鸭。患这种病的鸟兽，血液里缺乏色素。它们天生就是通体雪白，或者颜色非常淡，一辈子都是这样。它们丧失了在自然界里具有救命意义的动物保护色，那种保护色可以使它们在居住的地方不那么显眼。

我当然很希望打到这只稀奇的野鸭。不知道是什么奇迹，让它免于死在猛禽的利爪下。不过，现在可打不到它，因为这群野鸭落在湖心休息，就是为了不让人走近前去开枪。我变得心神不安起来，只好等机会，等在岸边时遇到这只白野鸭了。

我没想到，这样的机会很快来临了。

一天，我正沿着狭窄水湾的岸边走，忽然几只野鸭从草丛里飞了出来，那只白野鸭也在其中。我连忙朝它射击。但是，在开枪的一瞬

间，一只灰野鸭用身体挡住了白野鸭。灰野鸭被我的霰弹打中，摔了下来。白野鸭却和别的野鸭一起逃走了。

这是个偶然吗？毫无疑问，是的！不过，那年夏天，我在湖中心和水湾里，还见过这只白野鸭好几次。它总是由几只灰野鸭陪伴着，仿佛在它们的护送之下似的。自然，普通灰野鸭会不由自主地把猎人的霰弹吸引到自己身上，而白野鸭在它们的保护下安然无恙地飞走了。

至少我始终没能打到它。

这件事发生在皮洛斯湖上。皮洛斯湖位于诺甫戈罗德州和加里宁州的交界处。

■ 发自维·比安基

绿色的朋友

应该种哪几种树

你知道最好用哪几种树来造新的树林吗？

我们知道，为了造林已选好16种乔木和14种灌木，这些树木在我国各地都可以栽种。

最主要的树木有栎树、杨树、枵树、桦树、榆树、槭树、松树、落叶松、桉树、苹果树、梨树、柳树、花楸树、洋槐、锦鸡儿、蔷薇和醋栗等。

孩子们应该对此有所了解，并且必须牢记，为了开辟苗圃，需要采集哪些植物的种子。

■ 发自森林记者　彼·拉甫诺夫
谢·拉利昂诺夫

机器栽树

必须种很多很多树，光靠双手可来不及。

机器来帮忙了。人类发明制造了各种复杂巧妙的种树机。这些机器不但能播树木种子，还能栽种苗木，甚至栽种大树。有专门栽种森林带的机器，有在峡谷边上造林用的机器，有挖池塘的机器，有整地的机器，甚至还有照料苗木的机器。

新　湖

在你们列宁格勒，有许多河流、湖泊和池塘，所以夏天不太热。可是在我们克里米边疆区，池塘很少，根本没有湖。只有一条小河流经这里；一到夏天，这条小河也干涸了，我们只要稍微卷起点儿裤腿，就可以赤脚走过河。

以前，我们集体农庄的果园和菜地，经常遭受旱灾。

现在，果园和菜地再也不会缺水了。我们这个区的集体农庄庄员们新挖了一个水库——一个非常非常大的湖，蓄水量为500万立方米。

这个湖的水足够用来浇灌我们500公顷的菜地，还可以养鱼、养水禽！

■ 第聂伯罗彼得洛夫州　克里米边疆区少先队员

瓦·普龙钦科

列·卡巴特敏科

我们要帮助造林

我国人民现在正忙于伟大的和平建设。在伏尔加河、第聂伯河和阿姆河上，正在建造前所未有的水电站；用运河把伏尔加河和顿河连接起来；到处都在造可以保护农田免受沙漠恶风袭击的森林带。苏联全国人民都在参加共产主义建设。我们少先队员和小学生，也想帮助大人们从事这项有意义的事业。每一位少先队员都记得，他曾在同伴们面前宣过誓，要做祖国的一名名副其实的好公民。也就是说，我们的责任就是要竭尽全力，亲手建设共产主义。

数十万棵小栎树、小槭树和小梣树在伏尔加河沿岸立起来了，从草原的这一头一直排到草原的那一头。现在树苗还小，还没长结实，每一棵树苗都面临着许多敌人——害虫、小啮齿动物和干燥的热风。

我校的共青团员和少先队员们决定帮助大人们保护小树，不让它们受到敌人的侵袭。

我们知道，一只椋鸟一天可以消灭200克的蝗虫。要是这种鸟住在森林带附近的话，就会给森林带来很大的好处。我们和乌斯契·库尔郡、普里斯坦等地的少先队员们一起，制作了350个椋鸟房，挂在小树上。

金花鼠和其他啮齿动物给小树带来很大的危害。我们要和农村的小朋友们一起消灭金花鼠——往鼠洞里灌水，用捕鼠机抓它们。我们要制作一批专门捕捉金花鼠用的捕鼠机。

我们州的集体农庄将补种护田林带中未成活的小树。所以，他们需要大量的种子和树苗。今年夏天，我们将收集1000千克种子。乌斯契·库尔郡和普里斯坦各学校将开辟苗圃，为护田林带培育栎树、槭树以及其他树苗。我们将和农村的小朋友们一起组织少先队员巡逻队，保护林带，不让它们遭受践踏、损坏和发生火灾。

当然，所有这些都是我们少先队员应该做的微不足道的事情。不过，如果苏联全国的少先队员和小学生都照我们的样子做，我们就可以给祖国带来很大的益处。

■ 萨拉托夫城第63中（男子7年制中学）全体同学

森林里的战争（续四）

以下是我们记者在第四块采伐迹地采访到的新闻。这片森林是大约30年前被砍光的。

瘦弱的小白桦和小白杨，都死在了健壮的姐姐们的辣手之下。这时，在丛林的下面一层只剩下枞树还活着。

当枞树在阴影里悄悄生长的时候，高大强壮的白桦和白杨树继续在上面大饱口福、大打出手。历史又重演了，只要哪棵树长得比旁边的树高一些，成了胜利者，就残酷无情地扼杀失败者。

失败者干枯了，倒下了。这样，阳光透过树叶帐篷顶上新出现的窟窿，如瀑布般飞泻而下，射入地窖，径直落到小枞树的头上。

小枞树吓了一跳，病了。得过上一段日子，它们才能习惯阳光呢！

它们渐渐恢复了健康，掉换了身上的针叶。这时，它们开始飞快地长高，敌人甚至来不及补好头上的破帐篷。

这些幸运的枞树，最先长到跟高大的白桦、白杨一般高。其他结实多刺的枞树紧随其后，也把长矛似的树梢伸到上头来了。漫不经心的胜利者白杨和白桦这时才发现，它们让多么可怕的敌人住进了自家的地窖里。

我们的记者亲眼见证了这场仇敌之间惨烈的肉搏战。

刮起了阵阵强劲的秋风。秋风让挤成一团的树木焦躁不安。阔叶树扑向枞树，用长手臂（树枝）拼命地鞭打敌人。

连平时抖抖索索、说话轻声轻气的胆小鬼白杨，也盲目地挥舞起树枝，想跟黑黝黝的枞树干一仗，扭断它们的针叶树枝。不过白杨是个很差劲的战士。它们毫无弹性，手臂也不粗壮。结实的枞树根本不怕它们。

白桦就是另外一回事了。它们体格健壮，力大无穷，柔韧性又好。即使风不大，它们那富于弹性的、弹簧似的手臂，也会摆动起来。要是白桦摇晃身子，那附近的树都得小心，因为它的“拥抱”太吓人了！

白桦和枞树展开了贴身战。白桦用柔韧的树枝鞭打枞树，抽断一簇簇的针叶。只要白桦一扭住枞树的针叶树枝，枞树的针叶就干枯了；只要白桦缠绕住枞树干，枞树的树稍就枯萎了。枞树能击退白杨，却抵挡不住白桦。枞树本身很坚硬，虽然不容易折断，却很难弯曲，它们无法用僵硬的针叶树枝缠绕住别的树。

我们的记者没有看到森林里战争的最终结果。他们必须在这里住上很多年，才能看到战果，所以，他们前去寻找森林里那些战争已经结束了的地方。

我们将在下一期的《森林报》上报道，他们在何处找到了这样的地方。

帮助振兴森林

我们少先队员参加了造林活动。我们收集各种林木种子，上交给集体农庄和护田造林站。我们在校园的附属地块上，开辟了一个小苗木圃，种植了橡树、枫树、山楂子、白桦和榆树。我们自己采集了这些树的种子。

■ 发自少先队员 嘉·斯米尔诺娃
尼·阿尔卡吉耶娃

园 林 周

在我国各个城市和农村，决定每年举办一次园林周。在中部和北部各州，10 月初举办；在南部各州，11 月初举办。

在筹备庆祝十月革命 30 周年的活动时，举办了第一届园林周。当时，新开辟了数千个集体农庄花园。在国营农场、农业机器站、学校、

医院等机关的院子里，在公路和街道两旁，在集体农庄庄员、工人和职员的住房附近，新种了几百万棵果树。瞧，少年林业家和少年园艺家为了迎接这个伟大的节日，献给国家了一份多么好的礼物啊！

在今年的园林周前，国营苗木场早就准备好了几千万棵苹果树和梨树的树苗，以及大量浆果和观赏性植物的苗木。现在正是开辟新花园的大好时机。

■ 发自列宁格勒塔斯社

集体农庄纪事

在集体农庄里，庄稼收割已进入尾声。现在是农活最忙的时候。每个集体农庄都争先恐后地把自己收割下来的第一批最好的粮食交给国家。

庄员们割完黑麦割小麦，割完小麦割大麦，割完大麦割燕麦。等割完燕麦，就要收割荞麦了。一辆辆大车满载着集体农庄新收获的粮食，从集体农庄驶往火车站。

拖拉机还在田里轰鸣。秋播作物已经种完，现在正在耕地，为明年的春播做准备。

夏季的浆果已经落幕了，可是果园里的苹果、梨和李子才刚刚成熟。树林里蘑菇遍地。在长满苔藓的沼泽地上，蔓越橘红了。农村的孩子们在用棒子打落一串串沉甸甸、红艳艳的花楸果。

带着妻儿老小的田公鸡（山鹑）可倒了霉。最初它们从秋播庄稼地搬到了春播庄稼地；现在又必须飞呀，跑呀，从这块春播庄稼地搬到另一块春播庄稼地里去。

山鹑躲藏在马铃薯地里。谁也不会去那里打扰它们。

不过，现在集体农庄庄员们又到马铃薯地里来挖马铃薯了。出动了马铃薯收割机。孩子们点起篝火，搭起小灶，就在地里烤马铃薯吃。每个人的脸都给烟熏得漆黑一团，看起来怪吓人的。

灰山鹑从马铃薯地里跑出来，飞走了。现在它们的孩子已经长大，足以成为猎人们的猎物了。

必须找个藏身觅食的地方。可是，到哪里才安全呢？田里的庄稼都割完了。哦，对了，秋播的黑麦已经长得相当高了。有地方觅食了，

有地方逃避猎人的火眼金睛了。

锐眼人的报告

8月26日，我赶着一辆大车运干草。半道上，忽然看到一只大猫头鹰落在一堆干树枝上，它的两只眼睛一直盯着树枝堆。我停住车，感到很奇怪：猫头鹰离我这么近，为什么不飞走呢？我跳下车，走近几步，捡起一根树枝，朝猫头鹰扔去。猫头鹰飞走了。它刚一飞走，几十只小鸟就从干树枝堆底下飞了出来。原来它们藏在那儿，躲过了天敌猫头鹰。

■ 发自森林记者　列·波里苏夫

集体农庄新闻

战斗策略

敌人杂草埋伏在只剩下干巴巴麦茬儿的田里。杂草的种子伏在地上，细长的根茎藏在地下。它们在等待春天的到来。春天，等地一翻耕完、马铃薯一种上，杂草就疯长起来，开始阻碍马铃薯的生长。

集体农庄庄员们决定欺骗一下杂草。他们把浅耕机开进田里。浅耕机把杂草种子埋到土里，把杂草根茎切成一节节。

天气暖和，土又松软，杂草以为春天来了。于是它们开始生长。种子发芽了，根茎也发芽了，田地变得绿油油的。

集体农庄庄员们高兴坏了——杂草上当了。等杂草长出来以后，在晚秋再把地耕一遍，把杂草翻个底朝天。这样一来，到了冬天它们非冻死不可。杂草呀杂草，你们再也不能摧残我们的马铃薯了！

虚惊一场

林中的鸟兽非常担忧——一批人来到森林边缘，往地上铺干的植物茎。啊！也许，这是一种新式的捕兽器！林中居民将被杀死！

但这不过是一场虚惊，人们来到这里，完全是出于好意。他们是集体农庄庄员。他们往地上铺上一层薄薄的亚麻，一行行排列得很整齐。亚麻在这里受到雨水和露水的滋润。过后，就很容易取出亚麻茎里的纤维了。

兴旺的家庭

在五一集体农庄，母猪杜什卡生下了26只小猪。在2月里刚刚祝贺过它生了12头小猪。好一个“猪丁兴旺”的家庭！猪娃娃真多！

公　愤

在黄瓜田里激起了公愤，大家七嘴八舌：“为什么集体农庄庄员们隔一天来一趟，带走了绿色的小年轻?”“小黄瓜还没长大呢。”“就让它们安安静静地成长吧。”

可是庄员们只留下少数黄瓜当种子，把其余的绿色黄瓜都摘走了。绿黄瓜鲜嫩多汁，美味可口，一旦成熟，就不能吃了。

帽子的式样

在林中空地上，在树林的道路两旁，长出了松乳菇和油菇。松林里的松乳菇最漂亮——矮胖结实，颜色鲜红，帽子上镶着一圈圈的花纹。

孩子们说，松乳菇从人这儿偷学了帽子的式样——它们的帽子的

确很像草帽。

油菇就不是这么回事了。它们的帽子跟人的帽子完全不同。不要说男人，就是年轻姑娘，即使为了赶时髦，也不会去戴油菇这种黏糊糊的帽子，实在太难受了！

扑了个空

一群蜻蜓飞到光明集体农庄的养蜂场里，想抓蜜蜂吃，结果大失所望。它们感到很奇怪——养蜂场里连一只蜜蜂也没有。原来没有人预先告诉蜻蜓，从7月中旬起，蜜蜂把家搬到了林中盛开帚石楠的花丛里。

它们将在那里酿造黄澄澄的帚石楠蜂蜜。等帚石楠花谢了，再把家搬回来。

■ 发自尼·芭芙洛娃

一箭射中目标！一语击中答案！

第六场比赛

1. 一条鱼儿在水里游，它的重量是多少？
2. 蜘蛛埋伏在一旁，怎么知道猎物落网了？
3. 哪几种野兽会飞？
4. 如果白天看到了猫头鹰，小鸟们会怎么做？
5. 剪刀随身带，像个裁缝；猪鬃不离手，像个鞋匠。（打一动物）
6. 蜘蛛什么时候飞？怎样飞？
7. 哪一种昆虫（成虫）没有嘴巴？
8. 为什么雨燕和家燕在晴天飞得很高，在潮湿的天气里却飞得很低？
9. 为什么家鸡在下雨前用嘴梳理羽毛？
10. 如何通过观察蚂蚁穴就知道天快要下雨了？
11. 蜻蜓以什么为食？
12. 哪一种可怕的野兽爱吃树莓？
13. 夏天什么地方是观察鸟脚印的最佳处？
14. 我们这里最大的啄木鸟是什么颜色的？
15. “鬼喷烟”是怎么回事？
16. 小小身体，分作三处：躯体在院子里，头在餐桌上，脚还在田里。（打一农作物）

17. 穿着它的皮，丢了它的肉，吃下它的头。（打一农作物）
18. 身穿黑衣，脾气暴躁，碰它它就咬；换上红袄，立刻变乖，惹它也不动。（打一动物）
19. 一个庄稼汉，身穿金蓑衣，腰束金丝带；躺在地上起不来，等着人来抬。（打一农作物）
20. 我在远方，默默地跟你讲话。（打一自然现象）
21. 没人惊吓它，它却直打战。（打一植物）
22. 哪种草，盲人也能认出它？
23. 什么东西长得像庄稼，却不能拿来吃？
24. 瞪大眼睛蹲着，但不会讲话；生在水里，长在岸上。（打一动物）

通 告

寻鸟启示

椋鸟到哪儿去了？白天，偶尔还能在田野和草地上见到它们。可是一到晚上，它们到哪儿去了呢？小椋鸟刚一学会飞，就丢下巢飞走了，再也没回来。

■ 森林报编辑部

代问读者好

我们来自北冰洋沿岸和各个岛屿，海狮、海象、格陵兰海豹、白熊和鲸托我们向读者朋友问好。

我们还接受委托，转达读者朋友对非洲狮子、鳄鱼、河马、斑马、鸵鸟、长颈鹿和鲨鱼的问候。

■ 飞自北方的过客：沙锥、野鸭和海鸥

第五场测验

“锐眼”称号竞赛

谁的影子

请指出图1至图4中，哪一只是雨燕？哪一只是家燕？

图1　图2　图3　图4

假如你坐在一片开阔的地方——田野、山冈或者河边的陡坡上，太阳高高地挂在空中。不时有猛禽从你头顶上空飞过，它们的影子在你面前的地面、沙滩或者水面上慢慢浮过，或飞快掠过。

如果你的眼睛够尖、够老练，你不用抬头，只要看一看在地面上掠过的猛禽的全影或侧影，就可以辨别出是哪一种猛禽。

这是一个飞速掠过的淡淡的影子。翅膀窄窄的像把镰刀，尾巴长长的，尾巴尖圆圆的（见图5）。请问这是只什么鸟？

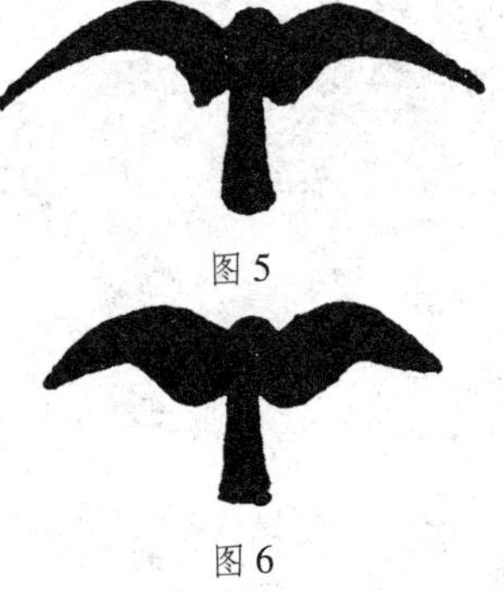

图5

图6

从影子上看，这只鸟的大小和图5的差不多，只是更宽一些，翅膀厚厚的，尾巴直直的（见图6）。请问这是只什么鸟？

这只鸟的影子更大，翅膀更宽，尾巴像扇子，尾巴尖圆圆的（见图7）。请问这是只什么鸟？

图 7

这只鸟的影子也很大，翅膀弯曲得厉害，尾巴尖上有个凹陷的缺口（见图 8）。请问这是只什么鸟？

图 8

比上一只鸟的影子还要大，翅膀呈三角形，翅膀尖上好像被剪去了一块，尾巴尖呈直角形（见图 9）。请问这是只什么鸟？

这只鸟的影子非常大，翅膀硕大，翅膀尖像张开的五指，头和尾巴都很短小（见图 10）。请问这是只什么鸟？

图 9

图 10

请说一说，这里画着哪几种蘑菇。

森　林　报

第 7 期

告别故乡月

（秋季第一月）

9 月 21 日 ~10 月 20 日

太阳转入天秤宫

一年：一共 12 个月的太阳史诗

九月

九月终日愁眉苦脸爱哭泣。天空开始经常皱眉头，风在吼叫。秋季第一月开始了。

秋天跟春天一样，有一份自己的工作时间表，不过，与春天不同的是，秋天的工作从空中开始。树叶在头顶上慢慢变黄、变红、变褐。一旦树叶得不到充足的阳光，就会立刻开始枯萎，很快失去翠绿的色彩。在叶柄长在树枝上的地方，会形成一个衰老的带状物。即使在平静无风的日子里，树叶也会突然飘落。这儿落下一片黄色的桦树叶，那儿落下一片红色的白杨树叶，在空中轻轻飘荡着，静静地从地面滑过。

当你清晨醒来的时候，第一次看见了青草上的白霜，你在日记里写道："秋天开始了！"第一次降霜，总在黎明前。所以从这一天起，更准确地说，从这一夜起，从枝头飘落的枯叶越来越多，直到最后，刮起清扫树叶的西风，脱去森林全套华丽的夏装。

雨燕不见了踪影。家燕和其他在我们这儿过夏的候鸟，都在集结成群，夜里悄悄地踏上遥远的旅程。空中越来越空旷，水越来越凉，人们已经不想到河里去游泳了……

可是，突然，好像是对火红夏日的纪念，温暖干燥、晴朗无风的日子又回来了。细长的蜘蛛丝在宁静的空中飘荡，泛着银光……幼小的、新播下的农作物在田里欢快地闪耀。

"夏老婆子来了！"农民们微笑着说，兴奋地欣赏着生机勃勃的秋

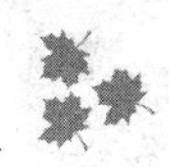

播作物。

森林里的居民们在为漫长的冬季做准备。未来的生命都安全地躲藏起来，把自己暖和地包裹起来。对这些生命的关怀照料中止了，一直要等到明年春天。

只有兔妈妈们怎么也不甘寂寞，不愿承认夏天已经过去，又生下了小兔子！这一批小兔子被称为“落叶兔”。这时细柄的食用菇长出来了。夏季结束了。

候鸟离乡月到了。

又像春天时那样，发自森林的电报纷纷飞向编辑部。新闻时时有，大事天天见。又像候鸟返乡月时那样，鸟儿开始大迁移，只不过这一回是从北往南飞。

秋天就这样开始了。

森林中的大事

发自森林的第四封电报

那些身穿艳丽五彩华服的鸣禽都不见了。因为它们是半夜起飞的，我们没看见它们上路时的情况。

许多鸟儿更喜欢在夜间飞行，因为这样安全些。在黑暗中，游隼、老鹰和其他猛禽不会攻击它们。这些猛禽都从森林里飞了出来，正在半路上恭候着！在漆黑的深夜，候鸟也能找到飞往南方的航路。

野鸭、潜鸭、大雁和鹬等水禽一群群地出现在海上长途飞行航线上。这些长着翅膀的旅客在春天休息过的地方休息。

森林里的树叶在变黄。兔妈妈又生下6只小兔子。这是今年最后一窝小兔了。人们把它们叫作“落叶兔”。

不知道是谁，每天夜里在海湾里的淤泥岸上，画了一些小十字。这些小十字和小点子布满淤泥岸。我们在小海湾的岸边搭了一个小棚子，想偷偷看个明白是谁在那儿淘气。

■ 发自本报特约记者

离 别 歌

白桦树上的叶子，已经所剩无几。早已被主人们丢弃的小房子椋鸟巢，在光秃秃的树干上，孤零零地晃荡着。

不知怎么回事，忽然飞来两只椋鸟。雌椋鸟钻进巢里，紧张地忙碌起来。雄椋鸟栖在枝头，待了一会儿，向四处张望……然后唱起歌来！唱得挺轻的，仿佛是唱给自己听的。

雄椋鸟唱完了歌。雌椋鸟从巢里飞出来，急忙向鸟群飞去。雄椋鸟紧跟着飞了过去。到时候了，到时候了，不是今天，就是明天，它们就要出远门了。

它们是来跟这座小巢道别的。今年夏天，它们在这里孵出了小鸟。

它们不会忘记这座小巢，明年春天还要回来居住。

透明的早晨

（摘自少年自然科学家日记）

9月15日，秋老虎的天气。我像平时一样，一大早来到花园里。

我走到外面，只见天空高远纯净。空气有点儿凉飕飕的，银色的细蜘蛛网遍布在乔木、灌木和青草间。珍珠般的小露珠挂在纤细的蜘蛛丝上。每顶蜘蛛网当中，有一只小蜘蛛。

在两棵小枞树的树枝间，一只小蜘蛛织了一张银色的网。这网被露水映衬着，如同玻璃做的一般，好像一碰就会叮当碎掉。蜘蛛缩成个细小的球，呆立不动。苍蝇还没飞出来，所以它正好睡觉。也许它已经被冻僵、冻死了吧？

我用小手指小心翼翼地碰了一下小蜘蛛。

小蜘蛛没有反抗，仿佛死了一般，像一颗小石子似的滚落到地上。但是它刚一掉到地上的草里，就立刻跳起来逃走了，并躲了起来。

好一个伪装者！

不知它还回不回到这张网上来？它还找得到这张网吗？还是将另织一张新网？为了织一张蜘蛛网，它得花费多少精力呀！又得跑前跑后、打结子、绕圈子，要花费多少心血呀！

小露珠在纤细的小草梢上颤动，仿佛细长睫毛上晶莹的泪珠。它们闪烁着，散发着喜气。路旁最后几朵小野菊花，低垂着花瓣做的裙子，等待着阳光的眷顾。

空气微冷、纯净，如同易碎的玻璃。无论是色彩斑斓的树叶，还是被露水和蜘蛛网映成银色的小草，或是夏天从未见过的湛蓝湛蓝的小河，都是如此的漂亮、华丽，令人心旷神怡。我所能找到的最丑陋的物件，是一棵湿漉漉的蒲公英和一只毛茸茸的灰蛾。蒲公英已经残缺不全，绒毛粘在一起。灰蛾的脑袋被鸟儿啄得千疮百孔。而夏天的时候，蒲公英的头发是多么蓬松啊，头上还戴过成千上万顶小降落伞呢！灰蛾也曾经是毛蓬蓬的，脑袋光滑干燥！

我怜惜地把灰蛾放在蒲公英上，把它们久久地握在手里。太阳已升到森林上空，正好可以照到它们。灰蛾和蒲公英都是冰冷冷、湿漉漉的，气若游丝。后来它们慢慢地苏醒过来。蒲公英头上粘在一起的灰色小降落伞晒干了，变得白乎乎、轻飘飘的，并且竖了起来；灰蛾的翅膀恢复了活力，变成了毛蓬蓬的青烟色。这两个可怜巴巴、身体残疾的丑八怪也变得漂亮起来了。

一只黑琴鸡在森林附近低声嘟囔。

我朝灌木丛走去，想从灌木丛后偷偷走近它，看它在秋天怎样悄悄地喃喃自语和“契勿，契勿”地叫唤，回忆起春天那些游戏。

可我刚走到灌木丛前，黑琴鸡就“扑”的一声，紧挨着我的脚飞了起来，声音响得使我打了个寒战。

原来它就在我身旁。我还以为它离得很远呢！

这时，从远处传来一阵鹤鸣声，像吹喇叭似的。一群鹤在森林上空飞过。

它们正在离开我们……

■ 发自森林记者　维利卡

水上旅行

濒临死亡的小草在地上直哼哼。

著名的飞毛腿长脚秧鸡，已踏上了遥远的旅途。

矶凫和潜鸭出现在海上长途航线上。它们很少用翅膀飞行，经常潜进水里捉鱼。它们就这么游着，游着，游过湖泊和港湾。

它们甚至不用像野鸭那样，必须先在水面上微微欠起身子，然后再猛地钻进水里。它们的身子极其灵巧，只要把头一低，再用桨一般的脚蹼使劲一划，就钻到深水里去了。矶凫和潜鸭在水底自由自在，来去自如。没有一种猛禽能够在水下追到它们。它们游得快极了，甚至能赶上鱼。

但是，比起飞得快的猛禽来，它们的飞行本领可就差远了。它们何必冒险飞到空中去呢？只要是可以游水的地方，它们都用游泳来做长途旅行。

林中巨人的鏖战

傍晚，太阳就要落山了。从森林里传来短暂、喑哑的吼叫声。林中巨人——长着犄角的大公麋鹿从密林里走了出来。它们用发自肺腑的喑哑的吼声向对手挑战。

斗士们在林中空地上相遇。它们用蹄子刨着地，令人生畏地摇晃着沉重的犄角。它们的双眼布满血丝，低下长着大犄角的头，相互猛扑。犄角噼里啪啦地相撞，钩在一起。它们用巨大身躯的全部重量猛撞对方，竭力想扭断对方的脖子。

它们分开来、又冲上去，一会儿把身子弯到地，一会儿又用后腿立起来，用犄角相互猛撞。

笨重的犄角相撞的咚咚声在森林里轰鸣。难怪人们把公麋鹿叫作犁角兽——它们的犄角像犁似的又大又宽。

战败的公麋鹿，有的慌忙逃离战场；有的受到可怕的大犄角的致命撞击，扭断了脖子，血淋淋地倒在地上。获胜的公麋鹿，用锋利的蹄子践踏着它。

于是，雄壮的吼声又响彻森林，犁角兽吹起胜利的号角。

一只没有犄角的母麋鹿在森林深处等候它。获胜的公麋鹿成了这一带的主人。它不容许任何一只公麋鹿踏入它的领地。它甚至不能容忍年轻的小麋鹿，把它们也撵走了。

它那雷鸣般嘶哑的吼声，一直传到很远的地方。

最后一批浆果

沼泽地上，蔓越橘成熟了。它们长在泥炭的草墩上，浆果直接长在苔藓上。隔老远就可以看见浆果，可是看不见它们长在什么东西上面。只有凑到近处，才能看见，在毯子般的苔藓上，蔓延着像纤维一样细的茎。茎两旁生着坚硬的亮晶晶的小叶子。

这就是一整棵小灌木。

■ 发自尼·芭芙洛娃

上 路 啦

每天夜里，都有一批长着翅膀的旅客出发上路。跟春天时大不相同，它们不慌不忙地静悄悄地飞着，停歇的时间很长。看得出，它们不愿意离开家乡。

候鸟飞走的次序跟飞来时正好相反：色彩艳丽的、五彩缤纷的鸟先飞走；春天第一批飞来的燕雀、百灵和鸥最后飞走。有许多鸟让年轻的先飞。燕雀是雌的比雄的先飞。体格健壮、耐受力强的鸟，逗留得久一些。

大多数鸟直接往南飞，飞向法国、意大利和西班牙，飞向地中海和非洲。有些鸟往东飞，经过乌拉尔，途经西伯利亚，飞往印度；有的甚至飞往美国。数千千米的路程，在它们的脚下一闪而过。

等待助手

乔木、灌木和青草，都在忙于安排后代。

一对对翅果从槭树枝上挂下来。翅果已经开裂，在等待风把它们吹落、传播开去。

草儿也在等待风。在高高的长茎上，一串串蓬松的、真丝般的灰色茸毛从干燥的头状花里露出来；香蒲的茎，长得比沼泽地里的草还要高，它的顶梢穿上了褐色的小皮袄；山柳菊的毛茸茸的小球，准备好在晴朗的日子里被微风脱去外套。

还有许多别的草，小果实上生着或长或短，或普通或羽毛状的细毛。

在收割完庄稼的田里，在路旁和沟渠旁，植物们等待的已不是风，而是四条腿的动物和两条腿的人。这些植物里面有牛蒡，它那带刺的干燥花盘里，装满了带棱角的种子；有带着黑色三角形果实的金盏花，它最爱戳路人的袜子；有带钩刺的猪秧秧，它的小圆果实喜欢牢牢钩住人的衣服，只能用纤维布才能把它揩掉。

■ 发自尼·芭芙洛娃

秋天的蘑菇

现在森林里光秃秃、湿漉漉的，散发着烂树叶的味道，一片凄凉!唯一能给人带来快乐的，是一种蜜环菌，让人看了心情愉快。它们有的一堆堆地长在树墩上，有的爬上了树干，有的分布在地上，仿佛离群索居。看着让人高兴，采起来也痛快。即使光采菇帽，专挑好的采，几分钟就可以采满一小篮。

小蜜环菌长得挺好看。菇帽绷得紧紧的，像小孩头上戴的无边帽，下面围着一条白色的小围巾。几天后，帽子边会往上翘，变成一顶名副其实的帽子；围巾将变成领子。

整个菇帽上长着烟丝般的鱼鳞片。它是什么颜色的?很难说准确，总之是一种叫人很愉悦、宁静的浅褐色。小蜜环菌的菇帽下的菇褶是白色的，老蜜环菌的是淡黄的。

你可曾发现，当老菇帽渐渐遮住小菇帽的时候，小菇帽上仿佛扑了一层粉。难道它们发霉了？可是，你马上会想起，这就是孢子呀！是的，这是老菇帽撒下来的孢子。

假如你想吃蜜环菌，一定得了解它们的特征。市场上常常把毒菇当作蜜环菌。毒菇与蜜环菌长得很像，也长在树墩上。不过，毒菇的菇帽下没有“领子”，菇帽上没有鳞片，菇帽的颜色是鲜艳的黄色或粉红色，帽褶是黄色或浅绿色。毒菇的孢子是发黑的。

■ 发自尼·芭芙洛娃

发自森林的第五封电报

我们在观察，究竟是谁在海湾沿岸的淤泥地上画了小十字和小点子。

原来是滨鹬。

布满淤泥的小海湾是滨鹬的小饭店。它们在这儿歇歇脚，吃点儿东西。它们迈着长腿在柔软的淤泥上走来走去，留下许多三趾分得很开的脚趾印。它们把长嘴插到淤泥里，从里面拖出小虫当早饭，这时就留下了小点子。

我们抓到一只鹳。整个夏天它都待在我家房顶上。我们把一个很轻的铝制金属环套在它脚上，环上刻着一行字：Moskwa，Omitolog. Komitet A. NO. 195（莫斯科，鸟类学研究委员会，A 组第 195 号）。然后，我们放掉了这只鹳，让它带着环飞走了。要是有人在它过冬的地方抓住它，我们就可以从报上得知，我们地区的鹳在什么地方过冬。

森林里的树叶已经染成了五颜六色，开始往下掉。

■ 发自本报特约记者

城市新闻

勇猛的袭击

在列宁格勒的伊萨基耶夫斯基广场上，光天化日之下，一出勇猛袭击的好戏在行人的眼皮子底下上演了。

广场上，一群鸽子飞了起来。这时，一只老鹰从伊萨基耶夫斯基大教堂的圆屋顶上冲下来，向最边上的鸽子猛扑过去。只见一堆羽毛在空中飞舞。

行人看见那群惊慌失措的鸽子，四散到一幢大房子的屋檐下。老鹰用脚爪钩住啄死的鸽子，吃力地朝大教堂的圆屋顶飞去。

我们的城市上空，是鹰迁移的必经之路。这些长着翅膀的猛禽，喜欢在教堂的圆屋顶和钟楼上搭建“强盗巢”，因为可以方便快捷地从这里搜寻猎物。

夜的惊恐

在市郊，几乎每夜都是惊恐不安。

人们只要听见院子里的喧闹声，就会从床上跳起来，把头探出窗外。怎么啦？发生了什么事？

在楼下，在院子里，家禽大声地扑腾着翅膀，鹅不停地叫，鸭子嘎嘎地吵。难道黄鼠狼来吃它们了？或者狐狸钻进了院子？

可是，在石砌的围墙里，在房子的铁门里面，哪来的狐狸和黄鼠狼？

主人们巡视了院子，检查了家禽栏。一切正常，什么也没看见。谁也不可能钻进带有坚固门锁和门闩的院子里来。也许只不过是家禽做了个恶梦吧！瞧，它们现在不是已经安静下来了嘛。

人们爬上床，安心睡觉。

可是过了一个小时，家禽又咕咕咕、嘎嘎嘎地吵了起来，惊恐喧闹，乱作一团。怎么回事？又出了什么事？

请打开窗户，屏息静听吧！在黑沉沉的天空上，星星闪着金光，寂静无声。

可是，似乎有一道不可捉摸的黑影，在上空掠过，一个接一个，遮住了天上的金色星星，响起一阵轻轻的、断断续续的啸声。一种模糊不清的声音，从高高的夜空中传来。

家鸭和家鹅立刻醒了过来。这些鸟儿好像早已忘却了自由，此刻却由于莫名的冲动，不停地扇动着翅膀。它们踮起脚尖，伸长脖子，悲苦地叫呀叫。

它们那些自由的野姊妹们，从黑暗的高空用召唤回应着它们。一群又一群长着翅膀的旅行家，正从石头房子、铁房顶上空飞过。野鸭的翅膀发出“扑扑”的声音。大雁和雪雁轻轻地你呼我应：“咯！咯！咯！上路吧！上路吧！远离寒冷！远离饥饿！上路吧！上路吧！”

候鸟清脆的咯咯声消失在远处。而那些早已忘记飞翔的家鸭和家鹅，却还在石头院子的深处辗转反侧。

发自森林的第六封电报

寒冷的早霜降临了。

有些灌木的叶子，如同被刀削过了一般。树叶雨点似的纷纷飘落。

蝴蝶、苍蝇和甲虫都躲了起来。

候鸟中的鸣禽，急匆匆地飞过一片片丛林和小树林。它们已经感到了饥饿。

只有鸫鸟不抱怨缺少吃的。它们成群结队地扑向一片片熟透的山梨。

寒风在光秃秃的树林里呼啸。树木都在沉睡中。森林里再也听不见鸟儿的歌唱了。

■ 发自本报特约记者

山　鼠

我们挑选马铃薯的时候，突然有样东西从牲畜栏的底下沙沙地往外钻。后来一只狗跑了过来，在附近蹲下，开始用鼻子闻。可那小兽还在沙沙地钻。狗开始刨坑，一边刨，一边汪汪地叫，因为那小兽正朝着它这个方向钻。狗先挖了个小坑，可以看见小兽的头顶。接着，狗又挖了一个大坑，把小兽拖了出来。小兽不停地咬它。狗把小兽扔了出去，大声吠起来。小兽像小猫那么大，灰蓝色的毛，夹杂着黄、黑、白三色。我们把这种小动物叫作山鼠。

忘记了采蘑菇

9 月的一天，我和几个同学一起到森林里采蘑菇。我在那里吓跑了四只灰色的榛鸡。它们的脖子短短的。

接着，我看见一条已经干了的死蛇挂在树墩上。树墩里有个小洞，从里面传出咝咝的叫声。我心想，这一定是个蛇洞，慌忙逃离了这个可怕的地方。

后来，在沼泽地的边缘，我看见了从未见过的景象：7 只像绵羊似的鹤从沼泽地上飞起。以前我只在学校的图画书上见过鹤。

同学们每人都采了满满一篮蘑菇，可我一直在树林里跑来跑去。只见鸟儿飞来飞去，到处响起鸟儿的啼啭声。

在回家的路上，我们看见一只灰兔跑过，不过它的脖子是白色的，后脚也是白色的。

经过那棵有蛇洞的树墩时，我从旁边绕了过去。我们还看见许多大雁，它们正从我们的村庄飞过，咯咯地大声叫着。

■ 发自森林记者　别兹美内依

喜　鹊

春天，几个农村孩子捣毁了一个喜鹊巢。我从他们那里买来一只小喜鹊。只过了一天一夜，它就被驯服了。第二天，它已经敢从我手里吃东西、喝水了。我们管它叫“女巫师”。它听惯了这个绰号，我们一叫，它就答应。

喜鹊的翅膀长齐了以后，老喜欢飞到门上去，站在门上面。在门对面的厨房里，摆着一张带活动抽屉的桌子。抽屉里总放着一些食物。有时候，我们刚拉开抽屉，喜鹊就从门上飞下来，钻进抽屉里，飞快地啄着那里面的东西。把它拖出来的时候，它还叽叽喳喳地叫着不肯出来。

我去提水的时候，只要喊一声：“‘女巫师’，跟我走！”它就落到我的肩上，跟我走了。

我们吃茶点的时候，喜鹊总是第一个忙碌起来：抓糖，抓面包，有时候还把爪子伸进滚烫的牛奶里。

但是最可笑的，是我到菜园里给胡萝卜地除草的时候。

“女巫师”先蹲在菜垅上看我怎么干，然后也开始拔菜垅上的草，照我的样子把绿茎拔起来，放到一堆。它是在帮我除草呢！

不过，它弄不清应该拔什么，总是把杂草和胡萝卜一起拔出来。真是个好助手啊！

■ 发自森林记者　薇拉·米赫耶娃

躲起来……

天变冷了，天真冷！

美丽的夏天过去了……

血液冻得快要凝住了，懒得动弹，总想打瞌睡。

长着尾巴的蝾螈，整个夏天都住在池塘里，一次也没出来过。现在它爬上岸，慢慢地爬到树林里。它找到一个腐烂的树墩，钻到树皮下，在里面缩成一团。

青蛙恰恰相反，它们从岸上跳进池塘，沉到池底，深深地钻进淤泥里。蛇和蜥蜴躲到树根底下，把身子藏在暖和的苔藓里。鱼儿成群结队地挤到河流的深处、水底的深坑里。

蝴蝶、苍蝇、蚊虫和甲虫都钻到树皮和墙壁的裂口和细缝里，藏了起来。蚂蚁堵住了全部的大门，堵住了高城里100个城门的出入口。它们钻进高城的最深处，在那里挤作一团，彼此紧紧地挨在一起，一动也不动地睡着了。

忍饥挨饿的时候到了！忍饥挨饿的时候到了！

属于热血动物的飞禽走兽倒不太怕冷，只要有东西吃就可以。每当它们吃下东西，就好比体内生起了一盆火。可是，饥饿总是伴随着寒冷一道降临。

蝴蝶、苍蝇和蚊虫都藏起来了。蝙蝠也没东西可吃了。它们躲在树洞、石穴、岩缝里和阁楼的屋顶下面，用后脚爪钩住一样东西，头朝下倒挂着。它们用翅膀遮住身体，好像披了一件风衣，就这样入睡了。

青蛙、癞蛤蟆、蜥蜴、蛇和蜗牛全部躲了起来。刺猬躲进树根下的草巢里。獾也很少出洞了。

候鸟飞往越冬地

从天上看秋天

要是能从天上看看我们一望无际的祖国，该多么令人兴奋！秋天，乘着热气球升到高空，升到比岿然不动的森林还要高，升到比飘浮的白云还要高，离地面大约 30 千米吧！即使升到那么高，还是看不到我国国土的尽头。当然，假如天气晴朗，没有云层遮蔽大地，就可以望得非常远。

从那么高的地方望去，会觉得我们整个国土在移动，有什么东西在森林、草原、山丘和海洋的上空移动……

原来是鸟儿。数不尽的鸟群。

我们的候鸟，飞离故土，飞往越冬地去了。

当然，也有些鸟留了下来，像麻雀、鸽子、慈鸟、灰雀、黄雀、山雀、啄木鸟和许多其他小鸟，都不飞走。除了鹌鹑以外，所有的野雉也不飞走。还有老鹰和大猫头鹰也留了下来。但即使是这些猛禽，冬天在我们这儿也没什么可干的。大多数鸟在冬天都离开了我们这里。候鸟从夏末就开始飞离，春天来临时最后飞来的那批鸟最先飞走。这样的飞离持续整整一秋，直到河水封冻为止。最后飞离我们的是春天

最先飞来的那一批：白嘴鸦、百灵鸟、椋鸟、野鸭和鸥……

什么鸟往什么地方飞

你们可能会以为鸟儿都从同温层飞往越冬地，即所有的鸟群都从北往南飞吧？根本不是这么回事。

各种不同的鸟，在不同的时间飞走，大多数鸟在夜间飞行，因为这样更安全。而且，并非所有的鸟都从北方飞到南方过冬。秋天，有些鸟则从东方飞到西方；有些鸟恰恰相反，从西方飞到东方。我们这里有一些鸟，径直飞到北方去过冬！

我们的特派记者，有的给我们拍来无线电报，有的利用无线电广播向我们播报：什么鸟往什么地方飞，长着翅膀的旅行家们在旅途中身体如何。

从西往东飞

“切依！切依！切依！”红色的朱雀在鸟群里这样交谈。早在8月份，它们就从波罗的海边、列宁格勒州和诺甫戈罗德州开始旅行。它们不慌不忙地飞着，到处都有食物，足够吃的，急什么呢？又不是赶回故乡去筑巢和养育后代。

我们看见它们飞过伏尔加河，飞过不高的乌拉尔山脉。现在看见它们在西伯利亚西部的巴拉巴草原上。它们不停地往东飞，朝着太阳升起的方向飞。它们从一片丛林飞到另一片丛林，巴拉巴草原上的桦树林到处皆是。

它们尽可能夜间飞行，白天则休息、吃东西。虽然它们成群结队地飞，每一只小鸟都留意四周，生怕遭遇不测，可是不幸还是会发生，还是保全不了自己，总有一两只会被老鹰捉去。在西伯利亚，雀鹰、燕隼和灰背隼这类猛禽应有尽有。它们飞得特别快，速度惊人！当小鸟从一片丛林飞往另一片丛林的时候，不知有多少只要被猛禽捉去！

夜里飞行则会安全些，猫头鹰的数量相对少一些。

朱雀在西伯利亚转弯，它们要飞越阿尔泰山脉和蒙古沙漠，飞到炎热的印度去过冬。在艰难的旅途中，还有多少只小鸟要枉送性命啊！

铝环Φ197357号的简史

一位俄罗斯青年科学家把一只轻巧的小金属环，套在了一只纤细的小北极燕鸥的脚上。环的编号是Φ197357。这件事发生在北极圈外白海边的干达拉克沙禁猎区，时间是1955年7月5日。

同年7月底，小鸟刚一学会飞，北极燕鸥就集合成群，开始冬季旅行了。起初，它们往北飞，飞到白海海口；接着，沿着科拉半岛北岸往西飞；然后，又沿着挪威、英国、葡萄牙和非洲海岸线往南飞。它们绕过好望角，往东方飞，从大西洋飞往印度洋。

1956年5月16日，在大洋洲西岸的福利曼特尔城附近，一位澳大利亚科学家抓住了这只脚戴Φ197357号金属环的小北极燕鸥。从干达拉克沙禁猎区到这里的直线距离，长达24000千米。

燕鸥的标本和脚上的金属环一起，被陈列在澳大利亚彼尔特城动物园的博物馆里。

从东往西飞

在奥涅加湖上，每年夏天都要孵化出一大群黑压压的野鸭和白云般的鸥。等秋天降临时，这些野鸭和白鸥就要往西，往日落的方向飞了。一群针尾鸭和鸥动身前往了越冬地。让我们乘飞机跟着它们吧！

你们听见刺耳的呼啸声了吗？紧接着，是水的泼溅声、翅膀的扑腾声、野鸭无所顾忌的嘎嘎声、鸥的喊叫声……

这些针尾鸭和鸥，本来打算在林中小湖上歇歇脚，谁知遇上了一只迁徙的游隼。仿佛牧人的长鞭带着啸声刺破空气，游隼在野鸭的背上疾驰而过。它那最后一个脚趾头的爪，像小弯刀的刀尖一样锋利，

猛地刺向野鸭。顿时一只野鸭的长脖子像根木棍似的垂下来，它还没来得及掉入湖中，动作敏捷的游隼蓦地一个转身，在水面上及时地抓住了它，用钢铁般的嘴朝野鸭后脑勺致命一啄，就拿去当午餐了。

这只游隼是这群野鸭的噩梦。它从奥涅加湖和它们一同启程，和它们一起飞过了列宁格勒、芬兰湾、拉脱维亚……它肚子饱的时候，就蹲在岩石或树上，冷冷地看着鸥在水面上飞翔，野鸭在水上翻跟头，看着它们从水面上飞起，成群结队地继续往西飞，往太阳像只黄球跌入波罗的海的灰色海水里的方向飞。但是，只要游隼感到饿了，它立刻追上野鸭群，抓一只野鸭当饭吃。

它就这样跟着野鸭群，沿着波罗的海岸、北海岸、德国海岸飞行，一直飞到了不列颠群岛。只有到了不列颠海岸附近，这只长着翅膀的恶狼才可能不再继续纠缠它们。野鸭和鸥留在这里过冬。要是游隼愿意的话，它可以跟着别的野鸭群往南飞，飞向法国、意大利，然后越过地中海飞往炎热的非洲。

往北，往北——飞向长夜漫漫的地区

绒鸭给我们提供做冬大衣用的又轻又暖的鸭绒。在白海的干达拉克沙禁猎区，绒鸭平静地孵出了小鸟。这里保护绒鸭的工作已经开展了多年。为了弄清楚绒鸭从禁猎区飞到什么地方过冬，有多少只绒鸭回到禁猎区、回到自己的老巢来，也为了弄清楚这些神奇的鸟儿的其他生活细节，大学生和科学家们把带着编码的很轻的金属环套到绒鸭的脚上。

现在已经搞明白，绒鸭从禁猎区差不多一直往北飞，飞往长夜漫漫的北方，飞往北冰洋，那里居住着格陵兰海豹，还有白鲸在大声叹息，音调悠长。

白海很快将被厚厚的冰层覆盖，冬天绒鸭在这里无食可觅。在那里，在北方，水面一年四季不结冰，海豹和大白鲸在那里抓鱼吃。

绒鸭从岩石和水藻上啄软体动物或水中小贝壳吃。这些北方的鸟儿，只要能吃饱就成。尽管严寒逼人，周围是无边的汪洋和无尽的黑暗，它们一点儿也不害怕。它们的鸭绒冬衣丝毫不透寒气，是世界上最暖和的绒毛！何况空中不时还会出现神奇的北极光，有巨大的月亮和明亮的星星。那里的太阳一连几个月不从海里露面，但这又有什么关系呢？反正北极的绒鸭觉得挺舒服，它们一行吃得饱饱的，在那儿悠然自得地度过漫长的北极冬夜。

候鸟迁徙之谜

为什么有的鸟径直往南飞，有的鸟往北飞，有的鸟往西飞，有的鸟往东飞？

为什么许多鸟要等到结冰、下雪、没有东西可吃的时候，才离开我们；而有的鸟（例如雨燕）却按照日历在固定的日期离开我们，即使周围的食物很充足？

最主要的问题是：为什么它们知道，秋天该往哪儿飞，该在哪儿过冬，沿着什么线路飞？

事实是，例如，一只小鸟在这里，在莫斯科或列宁格勒附近，从蛋里孵了出来，可它却飞到南非洲或者印度过冬。我们这儿有一种小游隼飞得很快，它从西伯利亚一直飞到天边，飞到澳大利亚去。在澳大利亚住一段时间，又飞回西伯利亚，飞到我们这儿过春天。

森林里的战争（续完）

我们的特派记者找到这么一块地方，在那里，林木种族间的鏖战已经结束。那个地方，就是我们的记者在旅行刚开始时到过的枞树国。

以下是他们采访到的关于这场残酷战争的结果。

大批的枞树死于跟白桦、白杨的肉搏战，不过最终还是枞树胜利了。

白桦和白杨的寿命比枞树短。年老体弱的白桦和白杨不能再像敌人那样迅速地生长。枞树长得比它们高了，把可怕的毛烘烘的大手掌伸到它们头上，于是喜爱阳光的阔叶树开始枯萎。

枞树却一直在长大、长高，它们的树荫越来越密。树下的地窖越来越深，越来越暗。在地窖里，贪婪的苔藓、地衣、小蠹虫和木蠹蛾在等待着战败者；在那里，缓慢的死亡在等待着战败者。

一年又一年过去了。

离人们砍光原来那片阴森森的老枞树林，已经过去了100年。抢夺那块空地的战斗也持续了100年。现在，在老地方，又矗立着同样一片阴沉沉的老枞树林。

老枞树林里，既听不见鸟儿歌唱，也看不见快乐的小野兽落户。各种各样偶然出现的绿色小植物，都逐渐枯萎，很快便死在阴沉沉的枞树国。

冬天来了。每年冬天，林木种族都要休战一段时间。树木入睡了。它们睡得比洞里的狗熊还香，睡得仿佛死去了。树液在树干里停止了流动，它们不吃，也不再生长，只是昏沉沉地呼吸着。

仔细听听，寂静无声。

定睛瞧瞧，这是个布满战士尸体的战场。

我们的记者得知，今年冬天，这片巨大的、阴沉沉的枞树林将被砍掉。按计划，将在这里采伐木材。

明年，一片新的荒漠——采伐迹地将在这里出现。林木种族将开始新的战斗。

但是，这次我们将不再允许枞树获胜。我们将干预这场可怕的、连绵不绝的战争，把这里从未见过的新林木种族，移植到砍伐迹地上来。我们将关注它们的成长。要是有必要的话，我们将在树篷顶上砍几扇天窗，让明媚的阳光照射进来。

那时，鸟儿一年四季都将在这里给我们吟唱欢快的歌曲。

和平树

不久前，我校的全体同学，号召莫斯科州拉缅斯基区的低年级同学，每人在植树周种一棵和平树。少年米丘林工作者们和成年的园艺家们，都答应帮助他们栽培和平树。小朋友们读书、成长，和平树将在校园里和他们一道成长！

■ 莫斯科州 茹科夫斯基市第四小学全体学生

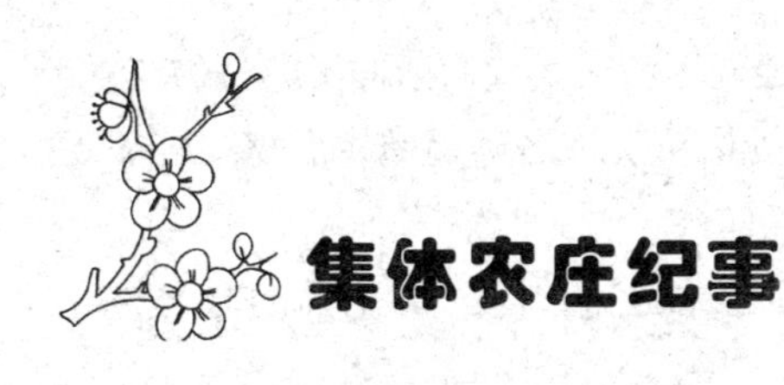

集体农庄纪事

田野里空荡荡的。丰收的庄稼已收割完毕。集体农庄庄员们和市民们已经吃上了新粮做的馅儿饼和面包。

亚麻铺满了田边的宽谷和斜坡。它们经历了风吹、日晒和雨淋。现在该把它们收拢来，搬到打谷场上，揉碎亚麻茎，把麻拔下来。

孩子们已经开学一个月了。现在田里已看不见他们的身影。集体农庄庄员们独自掘完了马铃薯，打算把马铃薯运到车站去，或者在干燥的沙丘上挖个坑，储存马铃薯。

菜地里也变得空荡荡的。庄员们从菜垅上运走了最后一批包得很紧的卷心菜。

秋播的庄稼地里绿油油的。这是庄员们继上次丰收后，为祖国准备的新收成。这次的收成比上次的还要好。公田鸡和母田鸡，也就是灰山鹑，已经不是一家家分散地待在秋麦田里，而是聚成很大的一群群，每群有一百来只呢。

打山鹑的季节就要结束了。

征服峡谷的人

一些峡谷出现在旷野里。峡谷越变越大，进犯到集体农庄的农田里来了。庄员们为此很着急，我们少先队员也和大人们一起着急。在一次少先队队会上，我们专门讨论：怎样更好地和峡谷做斗争，怎样阻止峡谷扩大。

我们明白，必须种些树把峡谷围起来。树根擎住土壤，就可以加固峡谷的边缘和斜坡。

会议是春天时开的，现在已经到了秋天。我们开辟了专门的苗圃，培育起大批树苗：大约一千棵白杨树苗、许多藤蔓灌木和槐树苗。现在我们已经在移栽这些树苗了。

几年后，乔木和灌木就可以征服峡谷的斜坡。峡谷本身也将被我们永久地征服。

■ 少先队大队委员会主席　柯里亚·阿加法罗夫

采集种子

在9月份，很多乔木和灌木都结了种子和果实。这时候应该尽可能多地采集种子，把它们种在苗圃里，或者用来绿化运河和新池塘。

绝大多数的乔木和灌木种子，最好在它们完全成熟之前，或者在它们刚刚成熟的时候，在最短的时间内采完。特别是尖叶槭树、橡树和西伯利亚落叶松的种子，采起来一刻也不能耽搁。

9月份开始采集下列树木种子：苹果树、野梨树、西伯利亚苹果树、红接骨木树、皂荚树、雪球花树、马栗树、欧洲板栗树、榛树、狭叶胡秃子树、沙棘树、丁香树、乌荆子树和野蔷薇。同时，也采集克里米亚和高加索常见的山茱萸树的种子。

我们的想法

现在，我们全国人民都在从事一项伟大的美好事业——植树造林。

春天时，我们庆贺“植树节”。这一天，变成了真正的造林日。我们在集体农庄池塘四周栽上了树苗，免得太阳把池塘水晒干。为了加固陡峭的河岸，我们在河岸上栽了树苗。我们还把学校的运动场绿化了。这些树苗都成活了，在夏天里长高了许多。

现在，我们产生了这样一个想法。

冬天，大雪掩埋了田里所有的道路。每年冬天，都不得不砍掉一

大片枞树林，用枞树挡住村道，免得它们被雪掩埋；有的地方，还得树立路标，免得行人在暴风雪中迷路，陷在雪堆里。

我们想，为什么每年要砍掉那么多小枞树呢？还不如在道路两旁栽上活的小枞树，这样就可以一劳永逸了。让小枞树自己快快生长、保护道路不被大雪掩埋，并且成为路标吧！

我们说干就干。

我们在森林边挖出许多小枞树，用筐子运到道路两旁。

我们常常给小枞树浇水，这些小树在新居里开始快乐地成长。

■ 发自森林记者　万尼亚·扎米亚其

集体农庄新闻

（发自尼·米·芭芙洛娃）

精挑细选母鸡

昨天，在突击队员集体农庄的养禽场里，挑选了最佳母鸡。先用木板小心翼翼地把母鸡赶到一个角落里，然后抓住它们，交给专家一只一只地鉴别。

瞧，专家的手里抓着一只长嘴、身材细高的母鸡，小小的鸡冠颜色暗淡，两只眼睛似睁非睁，显得傻乎乎的，仿佛在问：“干吗打扰我呀？”

专家放回了这只母鸡，说：“我们不需要这样的母鸡。”

后来，专家的手里抓着一只短嘴大眼睛的小母鸡。它的头很宽，鲜红的鸡冠子歪在一边，两只眼睛闪着亮光。母鸡一边拼命挣扎，一边乱叫：“放开我！放开我！别赶我，别抓我，别干扰我！你自己不吃蚯蚓，还不让别人挖！”

“这只挺好！”专家说，“这只会给我们下蛋的。”

原来母鸡也要活泼乐观、精力旺盛，才能下好多蛋。

乔迁之喜与改名之喜

小鲤鱼们搬了新家改了名。春天的时候，它们的妈妈在小池塘里产下卵。从卵里孵出70万条鱼苗。这个池塘里没有其他住户，就住着这一大家子：70万个兄弟姊妹。可是一周半之后，它们就觉得拥挤了，因此搬到了夏季的大池塘里住。鱼苗在池塘里长大了，快到秋天的时候就不叫鱼苗，而叫鲤鱼了。

现在，小鲤鱼正打算搬到冬季的池塘里住。过了冬天，它们就满一周岁了。

星期天

小学生们帮助朝霞集体农庄挖掘肉质直根植物：甜菜、冬油菜、芜菁、胡萝卜和香芹菜。孩子们发现，芜菁比脑袋瓜最大的小学生瓦吉克的头还要大。可是，最让他们惊讶的是一根硕大的饲用胡萝卜。

坎娜把一根胡萝卜竖在她的脚旁，这根胡萝卜竟跟她的膝盖一般高！胡萝卜的上半截，像巴掌那么宽。

“在古代，人们一定用这种根打仗，”坎娜说，“用芜菁代替手榴弹打敌人。当战斗进行到肉搏战的时候，‘嘭！’就用这种大胡萝卜猛敲敌人的脑袋壳！”

“在古代，人们根本培育不出如此硕大的根。”瓦吉克反驳道。

“请君入瓮”

红十月集体农庄的养蜂员这么说。

那天，因为天冷，蜜蜂都待在蜂房里。这是黄蜂强盗们等待已久

的良机。它们飞到养蜂场里，想偷蜂房里的蜂蜜。可是，没等它们飞到蜂房，就闻到香甜的蜂蜜味，看到养蜂场上摆着好几个装着蜂蜜水的瓶子。这时，黄蜂改变了到蜂房里偷蜂蜜的想法。大概它们觉得从瓶子里偷蜂蜜比较文明，而且不像从蜂房里偷那么危险。

它们钻进瓶子里试一试，结果就上了当，溺死在蜂蜜水里了。

■ 发自尼·芭芙洛娃

祖国各地播报

无线电呼叫

请注意！请注意！

这里是列宁格勒《森林报》编辑部。

今天，9月22日，是秋分日。我们继续用无线电播报祖国各地的情况。

冻原带和原始森林、草原和海洋，请注意！

请你们讲讲，现在你们那里秋天的情形。

喂！喂！这里是雅马尔半岛冻原带

我们这儿一切都结束了，再也听不见岩石上鸟儿的叫声和啸声，夏天那里曾经是热闹的鸟市。小巧玲珑的鸣禽飞离了我们，雁、野鸭、鸥和乌鸦也都飞走了。一片寂静，偶尔传来一阵令人惊悚的骨头相撞的声音，那是雄鹿在用角相撞。

清晨的严寒，早在8月份就开始了。现在水面都被冰封了。捕鱼的帆船和机动船，早就开走了。轮船晚走了几天，结果给封住了。现在笨重的破冰船正在坚硬的冰原上，艰难地为它们开辟航道。

白天越来越短。长夜漫漫，黑暗寒冷。白色的苍蝇在空中飞舞着。

这里是乌拉尔原始森林

我们正忙着迎送客人，迎来送往。我们在迎接从北方、从冻原带飞到我们这里来的鸣禽、野鸭和雁。它们只是路过我们这里，逗留的时间不长：今天飞来一群鸟，歇歇脚，吃点儿东西；假如明天你再去看，它们已经不见了。半夜里，它们从容不迫地往远方飞去了。

我们正在送走在本地度夏的鸟儿。我们这儿的大部分候鸟，已经踏上了遥远的秋天旅程，去追寻那远离的阳光，到温暖的地方去过冬。

风从白桦树、白杨树和花楸树上扯下枯黄发红的叶子。落叶松变得金灿灿的，柔软的针叶变粗糙了；每天晚上，一些来自原始森林的长着胡子的、身材魁梧的雄松鸡，飞到落叶松的树枝上。它们通体乌黑，蹲在色彩柔和的金黄色针叶间，啃着树叶，填饱肚子。榛鸡在黑黝黝的枞树上尖声呼啸。出现了许多红胸脯的雄灰雀和淡灰色的雌灰雀、深红色的松雀、红脑袋的朱顶雀和角百灵。这些鸟也是从北方飞来的，但是它们不再往南飞了。它们觉得待在这里挺舒服的。

田野荒芜了，在晴朗的日子里，细长的蜘蛛丝被微风吹拂着，在田野的上空飞舞。偶尔能见到最后一批盛开着的三色堇。在桃叶卫矛的灌木丛上，许多美丽的小果实颜色鲜红，如同中国的小灯笼。

我们就要掘完马铃薯了，正在菜地里收割最后一批蔬菜——卷心菜。我们给地窖装满了过冬的蔬菜。我们还去原始森林采集杉松的坚果。

小野兽们也没有落在我们的后面。金花鼠是一种地上小鼠，长着细细的小尾巴，背上有5道显眼的黑条纹。它把杉松的坚果拖到树墩下的鼠洞里，还从菜地里偷葵花籽，把仓库装得满满的。棕红色的松鼠，在树枝上晒蘑菇。它们正在换上淡蓝色的皮袄。森林中的长尾鼠、短尾野鼠和水老鼠，都在用各种各样的谷粒装满地窖。林中长着花斑的乌鸦——核桃鸦也在搬运坚果，藏到树洞里、树根底下，以备不时之需。

熊给自己物色好一块地方做熊洞，它正在用脚爪扯下枞树皮做垫子。

为过冬做准备，大家都在辛勤地劳动。

这里是沙漠

我们这里正在过节，这里又像春天一样，一片生机勃勃。

难熬的酷热过去了，雨不停地下。空气清新透明，远方的景物清晰可见。草又变绿了。以前躲避夏天毒辣阳光的动物，又出来了。

甲虫、蚂蚁和蜘蛛都从地下钻了出来。细爪子的金花鼠钻出了深洞；跳鼠拖着一根超长尾巴，像小袋鼠似的蹦蹦跳跳。从夏眠中醒来的巨蟒，又在追捕它们了。猫头鹰、草原狐（鞑靼狐）和沙漠猫不知打哪儿冒了出来。体态匀称的黑尾羚羊和弯鼻羚羊这类快腿羚羊飞奔着。鸟儿飞来了。

又跟春天时一样，这里不再像沙漠。这里满目绿色，这里生机盎然。

我们继续在沙漠里旅行。

成百上千公顷的土地，将要铺上防护林带。森林将保护田野，不让田野受到沙漠热风的侵袭，最终还要征服沙漠。

这里是山峰，这里是世界屋脊

我们这里的帕米尔山高耸入云，人们把它叫作世界屋脊。有的山峰高达 7000 多米，直插云霄。

在我们这里，夏天和冬天同时出现——山下是夏天，山上是冬天。

可是现在秋天到了。冬天开始从山顶往下降，从云端里往下降，把生命从山顶往下赶。

野山羊，即山里的野羊，率先离开夏天的居住地——寒冷的悬崖峭壁。现在它们在那里没有东西可吃了，那里所有的植物都被雪埋住，

冻死了。

山上的绵羊也开始离开牧场，撤下山来。

夏天高山草场上常见的肥硕的土拨鼠，现在都销声匿迹了。它们钻到地下去了。它们储足了过冬的口粮，吃得白白胖胖的，躲进地洞里，用干草堵住洞口。

公鹿和母鹿也沿着山坡下山了。野猪在胡桃树、阿月浑子树和野杏树丛里闲逛。

一些夏天从未见过的鸟，突然出现在下面的溪谷和深谷里。它们是角百灵、烟灰色的草地鹀、红背鸲以及神秘的蓝鸟——山鸫。

现在，鸟儿成群结队地从遥远的北方，飞到我们这温暖的地方来，这里各种食物应有尽有。

现在我们山下经常下雨。随着连绵不断的秋雨，眼看着冬天一步步从山顶往山脚逼进——山上已经下雪啦！

田里正在采棉花，果园里在采琳琅满目的水果，山坡上在采胡桃。

山口已积满厚厚的白雪，无法通行了。

这里是乌克兰草原

在被太阳烤焦的平坦草原上，有许多活泼的小球在飞奔跳跃。它们飞到人们跟前，把人围住，跳到人的脚上，但是人们一点儿也不觉得痛，因为它们分量很轻啊。原来它们根本不是小球，而是一团团圆圆的、翘起来的枯草茎。现在它们飞过土丘和石头，飞到小山后面不见了。

这是风把成熟的风卷球连根拔起，把它们像车轮似的推着，转遍了草原，它们也就趁此一路撒播种子。

很快，热风将无法在草原上游荡。我国人民建造的森林带，已经站起来保卫农田。这些护田林带将拯救庄稼，不让它们被旱灾摧毁。开辟了灌溉渠，清水流自伏尔加河至顿河的列宁通航运河。

现在我们这里正是打猎的好季节。各种各样本地的或者路过的沼泽野禽和水禽，聚集在草原湖泊上的芦苇丛中。一群群肥嘟嘟的小鹌鹑挤在小屋旁以及没有割过草的地方。草原上的兔子多极了，都是些带棕红色斑点的大灰兔，我们这儿没有雪兔。狐狸和狼也非常多！你想用枪打，就用枪打；你想放猎狗去捉，就放猎狗去捉。

在城里的市场上，西瓜、香瓜、苹果、梨和李子堆得像小山那么高。

喂！喂！这里是大海洋

我们穿越北冰洋的冰原带，经过亚洲和美洲之间的海峡，进入了太平洋，或者更准确地说，进入了大海洋。先是在白令海峡，后来在鄂霍次克海，我们经常遇到鲸。

真没想到，世界上竟有这么神奇的野兽！只要想想它们的身高、体重和体力，就让人惊叹不已。

我们看到一条鲸，一条露脊鲸或鲱鲸，被人拖到一艘大轮船（捕鲸船）的甲板上。它身长 21 米，相当于 6 头大象头尾相接地连在一起那么长；它的嘴巴容得下一艘带着划桨人的木船。

光是它的一颗心脏，就重达 148 千克，抵得上两位成年男子的体重。它的总重量为 55000 千克，也就是 55 吨重！

假如做一架巨大的天平，把这条鲸放到一个天平盘里，为了使两个天平盘等重，另一个天平盘里得站上大约 1000 个男女老少。即使站上这么多人，也不一定够。况且这条鲸还不是最大的，有一种蓝鲸，身长 33 米，重达 100 多吨……

鲸力大无穷。假如它被带绳索的大鱼叉叉住，能把绳索另一头系着的鱼船拖着走一天一夜；更糟糕的是，假如它钻进水里，轮船也会被它一起拖进水里。

这是从前发生的事情，现在是另外一回事了。我们很难相信，横躺在我们面前的这个庞然大物，力大无比的一座“肉山”，几乎一瞬间就被捕鲸人杀死了。

不久前，捕鲸人还从小船上投短标枪——带索的大鱼叉叉鲸。水手站在船头，把鱼叉投到鲸身上去。后来，捕鲸人开始从轮船上，用装着索鱼叉的特制炮弹打鲸。这只鲸也是被这样的鱼叉击中的，只是杀死它的不是铁叉，而是电流。原来，在带索的鱼叉上，装着两根拉自轮船发电机的电线。在带索鱼叉像针一样刺进动物庞大身躯的一刹那，两根电线连接起来，产生了短暂的短路。于是强大的电流就把鲸击倒了。

这个庞然大物颤动了一下，两分钟后就死了。

我们在白令岛附近，看见海熊；在铜岛附近，看见大海獭，它们正带着小海獭玩耍。以前，它们几乎被日本强盗和沙皇强盗赶尽杀绝，后来由于受到政府法律的严格保护，海獭的数量才大大增加。

我们在堪察加半岛的岸边，看见了跟海象一般大的大海驴。可是我们看过鲸之后，就觉得这些野兽太小了。

现在正逢秋天，鲸都离开我们，游到热带的温暖水域去了。它们将在那里产下小鲸。明年，鲸妈妈将带着小鲸，游到我们这里来，游到太平洋和北冰洋的水域里来。这些吃奶的小鲸，块头比两头牛还大呢。

在我们这里，是不准猎杀小鲸的。

我们和全国各地的无线电联播，就到此结束。

下一次播报，也就是最后一次播报，将于12月22日举行。

打靶场

一箭射中目标！一语击中答案！

第七场比赛

1. 根据日历，秋天从哪一天开始？
2. 秋天落叶时，哪一种野兽还生小兽？
3. 秋天，哪些树的树叶变红？
4. 秋天，是不是我们这里所有的候鸟都要往南飞？
5. 为什么我们把老麋鹿称作“犁角兽”？
6. 在森林里和草场上，为了防备哪种野兽，集体农庄庄员们把干草垛围起来？

7. 什么鸟，春天的时候喃喃自语“我要卖掉皮大衣，买件外套”，秋天时又叫“我要卖掉外套，买件皮大衣”？
8. 这里画着两种不同鸟儿留在泥地上的脚印。其中一种住在树上，另一种住在地上。如何根据脚印分辨哪种鸟住在什么地方？
9. 什么时候射鸟更有把握？当鸟儿俯冲过来的时候（也就是当鸟儿径直飞向射手的时候），还是当鸟儿逃走的时候（也就是当鸟儿飞离射手的时候）？

10. 假如乌鸦在森林上空呱呱叫着盘旋，这意味着什么？
11. 为什么优秀的猎人从不射杀雌琴鸡和雌松鸡？
12. 这里画着的前脚骨骼属于哪种野兽？
13. 秋天蝴蝶往哪里躲？
14. 太阳下山以后，猎人侦察野鸭时，脸朝哪个方向？
15. 人们什么时候会咒骂鸟：“飞到国外去找死啊？”
16. 出个谜语请你猜：今年把它埋土里，明年万棵钻出来。
17. 马驹跑海外，披着黑貂皮，缚着白肚袋。（打一动物）
18. 挂着的时候是绿色，飞着的时候是黄色，掉下来时变黑色。（打一动物）
19. 身子细又长，摔在草丛起不来。（打一动物）
20. 有个灰家伙，牙齿尖又长；东跑跑，西跑跑，专找牛犊和小孩。（打一动物）
21. 有个小偷儿，身穿灰衣裳；专在田里跳，只捡五谷与杂粮。（打一动物）
22. 一个小老头，戴着棕色帽；站在松林里，立在显眼处。（打一植物体）
23. 带皮的时候没人要，去皮之后人人要。（打两物）
24. 自己不要，也不许乌鸦拿。（打一物）

通告

快来收养流浪兔吧

现在，还可以用手抓住森林和田野里的小兔子。小兔子的腿很短，跑不快。必须用牛奶喂它们，外加新鲜的包心菜叶和其他蔬菜。

预　警

由你收养的长着长耳朵的小家伙，是不会让你感到苦闷的。兔子是著名的击鼓手。白天，小兔子静静地待在笼子里；晚上，它用脚爪抓笼栏，像打鼓似的，立刻把你惊醒了。要知道，兔子夜里是不睡觉的啊！

请造个小窝棚

请在河岸上、湖岸上或者海岸上造个小窝棚吧。清晨和黄昏，你可以钻进小窝棚，静静地坐在里面。在候鸟迁移的季节，你可以观察到许多有趣的景象：野鸭钻出水面，蹲在岸边，离你那么近，都可以看清它身上的每一根羽毛；滨鹬转圈子；潜鸟潜入水中，在周围游来游去；鹭鸶飞来，栖在窝棚旁。夏天这些鸟在我们这里是看不见的。

喜欢捕鸟的人，请到森林里，到果园里去吧！

请把收拾好的捕鸟器挂到树上吧！把空地打扫干净，安装好捕鸟套和捕鸟网。现在正是捕捉鸣禽的好时光。

第六场测验

“锐眼”称号竞赛

谁来过这里?

图 1

这是个农村的池塘，里面没有养家鸭。如何才能知道，夜里，人们睡觉的时候，有没有野鸭来过这里?

图 2

林间小路的水洼边，留下了一些小十字、小斑点。哪种动物来过这里?

图 3

林中的两棵白杨，都被动物啃过，但是啃的方式不一样。它们被什么动物啃过? 谁来过这里?

图 4

有一只动物吃掉了一只刺猬，从腹部吃起，只剩下一张皮。谁吃了刺猬?

森　林　报

第 8 期

储粮过冬月

（秋季第二月）

10 月 21 日 ~11 月 20 日

太阳转入天蝎宫

一年：一共 12 个月的太阳史诗

十月

十月落叶缤纷，泥泞不堪，冬伏开始了。

专摘树叶的西风，从树上扯下了最后一批枯叶。阴雨绵绵。一只湿漉漉的乌鸦，百无聊赖地蹲在篱笆上。它也快出发了。在我们这里歇夏的灰色乌鸦，已经悄悄地飞往南方了；同时，一批生在北方的灰色乌鸦悄悄地飞了过来。原来乌鸦也是候鸟。在那遥远的北方，乌鸦也跟我们这里的白嘴鸦一样，春天最先飞来，秋天最后飞走。

秋，干完了第一桩活——给森林脱衣裳；现在开始干第二桩——使水变冷，越变越冷。早晨，水洼越来越频繁地被松脆的薄冰覆盖。和空中一样，水中的生命越来越少。夏天曾经在水上盛开的花朵，早已把种子丢入水底，把长花梗缩回水下。鱼儿游到深坑里过冬，因为深坑里的水不结冰。软绵绵的长尾蝾螈，整个夏天都住在池塘里，现在从水里钻出来，爬上陆地，在树根下找了个有苔藓的地方过冬。死水都被冰封住了。

陆地上的冷血动物都快冻僵了。昆虫、老鼠、蜘蛛和蜈蚣，不知道躲到哪里去了。蛇爬到干燥的坑里，盘作一团，静止不动了。蛤蟆钻进烂泥里，蜥蜴躲到树墩的残留树皮下，睡着了……野兽们有的穿上了暖和的皮袄，有的把洞里的小储藏室装满冬粮，有的建造巢穴。大家都在准备着……

在秋季的阴雨天里，室外常常会有 7 种天气：播种天、落叶天、破坏天、泥泞天、怒吼天、大雨天，还有扫叶天。

森林中的大事

准备过冬

天还不算太冷，但是不能疏忽。一转眼的工夫，大地和水就会被冰封起来。到时候上哪儿去找吃的？上哪儿去找藏身地？

森林里的每一种动物，都在按照各自的方式准备过冬。

该飞走的，早就展开翅膀，飞到别处去躲避寒冷与饥饿了；留下来的，都在忙着往仓库里搬东西，储备冬粮。

短尾野鼠特别起劲儿地搬运食物。许多野鼠直接在干草垛里或粮食垛下挖个洞过冬，每天夜里往洞里偷运粮食。

每个鼠洞，都有五六条小道，每条小道通往一个洞口。地底下还有一间卧室和几间仓库。

冬天，野鼠要等到天气最冷的时候才冬眠，所以它们来得及储存大批粮食。有些野鼠洞里，已经收集了四五千克精选的谷粒。

这些小啮齿动物专门在庄稼地里偷粮食，因此我们得保护庄稼不受它们的侵害。

过冬的小植物

树木和多年生的草本植物，已经准备好过冬。一年生的草本植物播下了种子。但并非所有的一年生草类都以种子的形态过冬，有的已经发了芽。很多一年生草类，在翻耕过的菜地里生长起来。在光秃秃的黑土地上，可以看到荠菜一簇簇锯齿状的小叶子，和荨麻相仿的、毛茸茸的紫红色野芝麻小叶子，以及小巧的香母草、三色堇和犁头菜，当然还有可恶的紫缕。

这些小植物都准备在雪下过冬，活到明年秋天。

谁来得及干什么

一棵枝杈伸展得很远、夹杂着红褐色斑点的椴树，在雪地上分外显眼。不是树叶发红，而是坚果上像小舌头似的小翅膀变红了。椴树大大小小的树枝上，长满了这种翅膀似的小坚果。

不单单椴树如此打扮。瞧，这棵高大的树是白蜡树，树上挂着很多干果。这些细长的果子很像豆荚，一簇簇密密地挂在树上。

但是最美的，还是花楸树。在花楸树上，至今还保留着一串串鲜艳夺目、沉甸甸的果实。可以看到小蘖上也长着果子。

桃叶卫矛的神奇果实，依旧引人注目，像极了带黄色雄蕊的玫瑰花。

还有一些乔木，没来得及在入冬以前安顿好后代。

白桦树枝上不时可见干枯的葇荑花，葇荑花里藏着翅果。

赤杨的黑色小球果还没有变空。不过，白桦和赤杨都及时地为春天准备好了礼物——葇荑花序。春天一到，这些葇荑花序只要伸直身子，张开鳞片，就开花了。

榛子树也有葇荑花序，暗红色的粗葇荑花序，每根树枝上长两对。不过，在榛子树上早已见不到榛子。榛子树把事情办得井井有条，既跟后代告了别，也为来年春天做好了准备。

■ 发自尼·芭芙洛娃

储藏蔬菜

夏天，短耳朵水鼠住在小河边的别墅里。在那里的地下，它建了一间住房。有一条通道从房间里斜着通下去，一直通到水里。

现在，水鼠在远离水面的一个多草墩的草场上，给自己建造了一间温暖舒适的冬季住房。有好几条100来步长或更长的通道，通到这间房间里来。

卧室建在一个最大的草墩下，里面铺着暖和柔软的干草。

有几条专门的通道，把储藏室和卧室连起来。

在储藏室里，按严格的顺序，分门别类地摆放着五谷、豌豆、蚕豆、葱头和马铃薯等，这些都是水鼠从田里和菜地里偷来和拖来的。

松鼠的干燥室

松鼠在树上有好几个圆巢，它把其中一个当作仓库，里面储存着它从林中收集来的小坚果和球果。

另外，松鼠还采了一些蘑菇——油菇和白桦菇。它把蘑菇插在断松树枝上晒干。到冬天，它将在树枝上闲逛，吃点儿干蘑菇提提精神。

活体储藏室

姬蜂给幼虫找到一间奇特的储藏室。姬蜂长着一对飞得很快的翅膀，在往上卷曲的触角下，有一双机敏的眼睛。它纤细的腰身，把胸部和腹部分成两截。在其腹部的末端处，长着一根像针一样细长笔直的刺。

夏天，姬蜂找到一条肥壮的蝴蝶幼虫。它扑上去，骑到幼虫身上，把尖刺戳进幼虫的皮肤里，在幼虫身上戳了一个小洞，在小洞里产了一只卵。

姬蜂飞走了。蝴蝶幼虫很快忘记了惊慌，又吃起树叶来。秋天到了，蝴蝶幼虫结了茧，变成了蛹。

这时，姬蜂的幼虫也在蛹里的卵中孵出来了。在这坚固的茧里面，它感到安全暖和。而蝴蝶幼虫的蛹，也就成了姬蜂幼虫的美食，够它吃一年的。

夏天再次降临，茧打开了，可是飞出来的不是蝴蝶，而是一只身子细长、黑红黄3色相间的姬蜂。姬蜂是我们的朋友，因为它杀死了幼小的害虫。

自己就是储藏室

有许多野兽，并不造专门的储藏室。它们自己就是储藏室。

只要在秋天的几个月里大吃大喝，吃得肥头大耳，长出厚厚的脂肪，储藏室就建成了。

要知道，脂肪就是储藏的食物，在皮下积成厚厚的一层。等到野兽没东西可吃的时候，脂肪就像食物透过肠壁一样，渗透到血液里。血液把养料输送到全身。

在整个冬天酣睡的熊、獾和蝙蝠，以及其他大小不等的野兽，都是这样做的。它们把肚子吃得饱饱的，然后呼呼大睡。

脂肪还可以给它们保暖，不让寒气渗透到身体里面去。

贼偷贼

森林里的长耳猫头鹰是多么阴险狡诈和爱偷东西呀！可是竟然有那么一个贼，偷到它身上去了。

长耳猫头鹰长得很像雕鸮，只是个头儿小一些。嘴巴像个钩子，头上的羽毛戳立着，眼睛又大又圆。不管夜有多黑，它的眼睛看得见一切，耳朵听得见一切。

老鼠刚在枯叶堆里窸窸窣窣一响，长耳猫头鹰已经飞到了。只听“笃”的一声，老鼠被它抓到了半空中。小兔从林中空地上跑过，这个夜强盗飞到它的头顶。只听“笃”的一声，兔子已经死在它的利爪下了。

长耳猫头鹰把死老鼠拖回到树洞里。它自己不吃，也不给别人吃，它要留到冬天最饿的时候才吃呢！

它白天待在树洞里，守卫着储藏品，夜里飞出去打猎。它常常跑回到树洞看一看东西少没少。

长耳猫头鹰忽然发现，它的储藏品好像变少了。这位主人眼睛很尖，它虽然不会数数，可是会用眼睛估算。

天黑了。长耳猫头鹰肚子饿了，飞出去打猎。它回来时一看，老鼠一只也没有了，只见有只和老鼠一样大的灰色小野兽，在树洞里蠕动。

它想抓住那只小野兽的脚，可是小野兽早已窜进下面的一条裂缝，从地上逃掉了。它的嘴里还叼着一只小老鼠。

长耳猫头鹰追过去，几乎要追上了，可是后来仔细看了看，谁是小偷，它就害怕了，不再去抢夺小老鼠了。原来这小偷是残暴的小野兽——伶鼬。

伶鼬专以抢劫为生。它个儿虽小，却勇敢灵活，敢于和长耳猫头鹰争胜负。如果长耳猫头鹰被它一口咬住胸部，就别想逃脱。

夏天回来了吗?

天气一会儿冷得寒风刺骨；一会儿又出了太阳，变得暖和宁静。这时你会觉得，夏天突然回来了。

草丛下面露出了黄澄澄的蒲公英和樱草花。蝴蝶在空中飞舞；蚊子成群结队，像一根轻飘飘的烟柱似的，在空中盘旋。不知从哪儿飞来一只小鸟——一只小巧玲珑的鹪鹩。它翘着尾巴唱起了歌，歌声清脆美妙!

迟飞的柳莺的温柔歌声，从高大的枞树上传来。歌声轻柔忧郁，如泣如诉，仿佛雨点敲在水面上：“巧，琴，卡！巧，琴，卡!”

这时，你会忘记冬天就要到了。

惊扰

池塘，连同池塘里的住户，整个被冰盖牢了。可是冰突然又融化了。集体农庄庄员们决定清理一下池底。他们从池底挖出一堆淤泥，然后离开了。

太阳一直晒着。泥堆散发着水蒸气。忽然，一团淤泥蠕动起来：一小团泥离开了泥堆，就地滚动起来。这是怎么回事？

一条小尾巴从泥团里伸出来，在地上抽搐着。抽搐着，抽搐着，突然“扑通”一声，跳回池塘，跳回水里去了！第二个、第三个小泥团，也紧跟着跳下去了。

可是另一些小腿从泥团里伸出来后，却从池塘边跳开了。真奇怪！

不，这不是小泥团，而是沾满淤泥的活鲫鱼和活青蛙。

它们原本在池底冬眠。集体农庄庄员们把它们和淤泥一起扔了出来。太阳晒热了淤泥堆，于是鲫鱼和青蛙都苏醒过来。它们刚一清醒，就跳动起来：鲫鱼跳回池塘；青蛙想找个更安静的地方，以免睡眼蒙眬地再被人扔出来。

现在，几十只青蛙不约而同地朝一个方向跳去：在打麦场和大路的后面，有另外一个更大、更深的池塘。青蛙已经跳到大路上了。

可是，在这秋天，太阳的爱抚是靠不住的。

黑云把太阳遮住了。乌云下刮起了寒冷的北风。赤身裸体的小旅行家们冷得发抖。青蛙拼尽全力又跳了几下，一头栽倒了。脚冻麻了，血冻凝固了，一下子就冻僵了。

青蛙再也跳不动了。

所有的青蛙都冻死了。

所有的青蛙，头都朝着一个方向，朝着大路后面的大池塘。那个大池塘里有很多暖和的救命淤泥。

红胸脯的小鸟

夏天，有一天，我在森林里走，忽然听见茂密的草丛里有东西在跑。起初我打了个哆嗦。后来我开始仔细地查看四周，只见一只小鸟在草丛里迷了路。这只小鸟个头儿不大，通体灰色，只有胸脯是红色的。我捉住它，把它带回了家。我高兴得蹦蹦跳跳。

在家里，我给它喂了点儿面包屑。它吃过后，高兴起来。我给它做了个笼子，又给它捉小虫。整个秋天它都住在我家里。

有一次，我出去玩，没关紧鸟笼，我家的猫吞吃了这只小鸟。

我很喜欢这只小鸟，我哭了，可是毫无补救的办法！

■ 发自森林记者　奥斯丹宁

捉 松 鼠

松鼠有一件烦心事，就是夏天要采集好冬粮，留到冬天吃。我亲眼看见一只松鼠，从枞树上摘下一个球果，拖到树洞里去。我在这棵树上画了记号。后来，我们砍倒了这棵树，把松鼠掏了出来，结果发现树洞里有很多球果。我们把松鼠带回家，养在笼子里。一个小男孩把手指头伸进笼子里，松鼠一口就把那个手指头咬穿了。瞧，它有多厉害！我们给它拿来许多枞树球果。它很喜欢吃枞树球果，可是最爱吃的还是榛子和胡桃。

■ 发自森林记者　斯米尔诺夫

我的小鸭

我妈妈把 3 只鸭蛋放在一只母火鸡身下。

到第四周的时候，有好几只小火鸡和 3 只小鸭孵了出来。在它们长结实之前，我们一直把它们养在暖和的地方。后来，有一天，我们第一次让母火鸡带着小火鸡到外面去。

在我家附近，有一条水渠。小鸭摇摇晃晃地走进水渠里，马上游起水来。母火鸡跑过来，着急地转来转去，叫道："喔！喔！"它看见小鸭在水里游得很自如，对它毫不理睬，这才放心地带着小火鸡走了。

小鸭子游了一会儿，很快就冷得不行，便从水里爬出来，唧唧地叫着，浑身发抖，却无处取暖。

我把它们放在手心里，用手帕盖起来，带进屋子里。它们立刻安静下来了。它们就这样住在我家里。

一大清早，我把3只小鸭从家里放出去，它们马上跳进水里。它们一觉得冷，就立刻往家里跑。因为翅膀还没长齐，它们飞不上台阶，只能一个劲儿叫唤。有人把它们捉上台阶，它们就朝着我的床跑过来，站在床旁边，伸长脖子，又叫了起来。这时，我正在睡觉。妈妈把它们捉到床上，它们就钻进我的被窝，也睡着了。

临近秋天的时候，它们已经长大，我也被送到城里去上学。我的小鸭子一直想念我，老是叫唤。我听到这个消息后，哭了很多次。

■ 发自森林记者　维拉·米谢耶娃

核桃鸦之谜

在我们森林里，有一种乌鸦，个头比普通的灰色乌鸦小一点儿，浑身长满花斑。我们管它叫核桃鸦，西伯利亚人叫它星鸦。

核桃鸦收集坚果，藏到树洞里和树根下，作为冬天的存粮。

冬天，核桃鸦从一个地方搬到另一个地方，从一座森林飞到另一座森林，享用着储存的冬粮。

它们享用的是自己的储藏物吗？奇妙之处就在这里。每只核桃鸦享用的，都不是它自己储藏的坚果，而是它们的同类储藏的。它们飞到一片从未到过的小树林，马上开始寻找别的核桃鸦储藏的坚果。它们查看所有的树洞，在树洞里找坚果。

藏在树洞里的当然好找。可是在冬天，核桃鸦为何能找到别的核

桃鸦藏在树根下和灌木丛下的坚果呢？要知道，大地被白雪整个覆盖起来了呀！可是核桃鸦飞到灌木丛边，刨开灌木丛下面的雪，总是能精确地找到别的核桃鸦藏在下面的坚果。附近有几千棵乔木和灌木，它怎么知道就是在这一棵树下藏着坚果呢？它凭什么特征找到的呢？

对此我们还一无所知。

我们得想出一些巧妙的试验，来搞明白究竟是什么指引着核桃鸦，在白茫茫的大雪下面，找到别的核桃鸦的储藏物的。

好可怕……

树叶凋落了，森林变得稀稀疏疏。

一只小雪兔躺在森林里的灌木丛下，身子紧贴着地面，只有两只眼睛不停地朝四处张望。它感到很害怕。周围老是扑簌簌地响……是老鹰在树枝间扑腾翅膀吗？是狐狸的脚爪把落叶踩得沙沙响吗？这只小兔正在换白色的毛，浑身斑斑点点的。希望能等到下头一场雪！四周亮堂堂的，森林里变得五彩斑斓，大地上到处飘落着黄色、红色和棕色的树叶。

要不就是突然来了个猎人？

跳起来逃跑吗？往哪儿跑呀？枯叶像铁片似的在脚下轰响。就连自己也会被自己的脚步声吓疯呢！

小雪兔躺在灌木丛下，把身子藏在苔藓里，紧贴着白桦树墩，一动也不敢动地藏着，只有两只眼睛在东张西望。

好可怕呀……

“女妖的扫帚”

现在，树木光秃秃的，可以看见树上那些在夏天看不见的东西。瞧，远方有一棵白桦树，上面似乎布满了白嘴鸦的巢。可是走近一看，那根本不是鸟巢，而是一团团向四面八方生长的细黑树枝。人们把它们叫作“女妖的扫帚”。

请回想一下有关女妖或巫婆的童话故事吧！巫婆乘着飞臼在空中一边飞，一边用扫帚扫掉踪迹。女妖骑着扫帚从烟囱里飞出来。无论是巫婆还是女妖，都离不开扫帚。所以她们往不同的树上撒上粉尘，好叫那些树的树枝上，长出像扫帚似的丑陋的细树枝。快乐的讲童话故事的人，就是这么说的。

那么，科学是怎么说的呢?

科学的说法吗?实际的情况吗?事实上，这一团团树枝是由一种病形成的。这种病又是由一种特殊的扁虱，或者特殊的菌类引起的。榛子树上的扁虱细小轻盈，风可以随意地带着它满森林跑。扁虱落到一根树枝上，钻进芽里住下来。充当生长芽的是一根现成的嫩枝——带着叶胚的茎。扁虱并不去打扰芽，只喝芽的汁液。不过，由于咬伤和分泌物，芽得病了。等到出芽的时候，嫩芽以神奇的速度快速生长，比普通的生长速度快6倍。

病芽发育成短短的嫩枝，嫩枝又立刻生出侧枝。扁虱的后代们爬到侧枝上，使那些侧枝又生出侧枝。就这样，不断地长出新的侧枝。于是在原来只有一个芽的地方，长出一团怪模怪样的“女妖的扫帚”。

当菌（寄生菌的孢子）进入到芽里，并且在里面生长发育的时候，也会产生同样的情况。

白桦、赤杨、山毛榉、千金榆、槭树、松树、枞树、冷杉和其他各种乔木、灌木上，都可能长出“女妖的扫帚”。

有生命的纪念碑

现在正是热火朝天种树的时候。

在这项快乐而有益的事业中，孩子们也不输给成年人。他们尽量不伤害树根，小心翼翼地把冬眠中的小树挖出来，移植到新的地方去。春天，小树从冬眠里一醒来，就开始长高，给人们带来欢乐和好处。每一个栽种过和照料过小树（哪怕只种一棵小树）的孩子，都是在人

生的旅途中为自己建造了一座神奇的绿色纪念碑，一座永久的有生命的纪念碑。

孩子们想出了一个好主意。他们在花园、菜园和学校的附属地块，搭建了一些有生命的栅栏。他们栽下密密的灌木和小树，不仅可以阻挡尘土和白雪，而且还将引来许多小鸟，鸟儿将在这里找到可靠的藏身处。夏天，鹡鸰、知更鸟、黄莺和其他亲密的鸣禽朋友，将在这些有生命的栅栏里筑巢、孵小鸟，而且将积极保护花园和菜园，使这里不受凶狠的青虫和其他害虫的侵犯。它们还将唱起欢乐的歌曲，让我们一饱耳福。

有些少先队员夏天去过克里木，从那里带回一种有趣的灌木：列娃的种子。春天，可以用这些种子造出有生命力的高级栅栏。需要在栅栏上挂个牌子："切勿手摸！"这种灌木的战斗力很强，不会放任何人穿过它那排列紧凑的队列。它会像刺猬一样刺人，像猫一样抓人，像荨麻一样灼人。等着瞧吧，看哪些鸟会选中这个严厉的卫兵当守护神。

候鸟飞往越冬地（续完）

不那么简单！

这似乎很简单：既然长着翅膀，那么想飞哪儿就飞哪儿！这里天冷了，吃不饱肚子了，那就展开翅膀，往南飞一段，飞到暖和点儿的地方去。要是那里的天气也冷起来了，那就再飞远一点儿。只要飞到气候舒适、食物丰富的地方，就可以留下来过冬。

实际情况并非如此！不知道为什么，我们这里的朱雀一直飞到印度去；西伯利亚的游隼虽然途经印度和几十个适于过冬的炎热国家，却一直飞到澳大利亚去。

也就是说，并非由于饥饿与寒冷这样一个简单的原因，还有鸟类的一种不知从何而来的、比较复杂的、无法摆脱与克制的感觉，才促使它们飞越高山和大海，飞到遥远的远方去。然而……

众所周知，在远古时代，我国大部分地区曾经屡次遭受冰川袭击。沉重的、死一般沉寂的冰川以排山倒海之势，慢慢地淹没了我国的大片平原，之后又慢慢地退却了（整个过程持续了几百年）；后来又流过来了，一路上淹埋了所有的生物。

鸟类靠翅膀保住了性命。第一批飞走的鸟，占据了冰河边的地区；下一批飞得远一些；再下一批飞得更远一些，好比玩跳背游戏①。等到冰川退却的时候，被冰川赶离家乡的鸟儿，又急匆匆地飞回故乡。只是这一回，跳背游戏的顺序倒过来了：飞得不远的，最先回来；飞得远一些的，稍后回来；飞得最远的，最后回来。这种跳背游戏玩得慢极了，几千年才跳完一次！在这漫长的时间段里，鸟类很可能养成了一种习惯：秋天，当天气将冷的时候，飞离筑巢地；春天，跟着太阳一起飞回来。这样一种习惯，真可谓渗透在血与肉中，被长期保留下来，所以，候鸟每年从北往南飞。这一设想也得到了下列事实的佐证：凡是在地球上没有出现过冰川的地方，也就没有大批的候鸟。

其他原因

但是，秋天，鸟类不仅往南飞，往温暖的地方飞，而且也往别的地方飞，甚至往北飞，往最冷的地方飞。

有些鸟离开我们，只是因为大地被深雪覆盖，水冻成了坚硬的冰，它们没有东西可吃。只要大地上一出现化冻的迹象，白嘴鸦、椋鸟和百灵鸟就立刻飞回来了！只要江河湖泊上一出现冰雪消融的迹象，鸥鸟和野鸭也立刻飞回来了！

---

① 一种参加者轮流从前面弯腰站立者身上跳过去的游戏。——译者注

绒鸭绝对不能留在干达拉克沙禁猎区过冬，因为冬天白海将被厚厚的冰层覆盖。它们不得不飞往北方，因为那里有墨西哥湾暖流流过，那里的海水整个冬天不结冰。

假如在冬天，从莫斯科往南走，那么很快地，刚到乌克兰，就能看到白嘴鸦、百灵鸟和椋鸟。这些鸟只不过飞到比定居鸟稍远一些的地方过冬。山雀、灰雀和黄雀被认为是本地的定居鸟。要知道，许多定居鸟并不总待在一个地方，它们也会搬迁。只有城里的麻雀、慈鸟和鸽子，以及森林中、田野里的野鸡，一年到头住在同一个地方。其余的鸟，有的飞到近一些的地方，有的飞到远一些的地方。那怎么来判断哪一种鸟是真正的候鸟，哪一种鸟只不过是在搬家而已呢?

现在来谈谈朱雀吧！很难把这种红色的金丝雀，还有黄鸟说成是定居鸟。朱雀飞到印度，黄雀飞到非洲去过冬。它们成为候鸟的原因，似乎跟大多数候鸟不一样，并非由于冰河的侵袭和退却，而是另有他故。

请看看雌朱雀，它长得很像一只普通的麻雀，但是头部和胸部鲜红鲜红的，令人惊叹。黄鸟更令人惊艳：它浑身上下都是纯金色的，两只翅膀黑黑的。你不由自主地会想："这些鸟的服装是多么明艳华丽啊……它们是我们北方的异乡鸟吗？它们是来自遥远的热带国度的小客人吗?"

有道理，非常有道理！黄雀是典型的非洲鸟，朱雀是印度鸟。也许事情的经过是这样的：这些鸟发生了数量过剩现象，因此年轻的鸟不得不为自己寻找新的居住地以养育后代。于是，它们开始往鸟类不太多的北方移飞。夏天，北方并不冷，即使刚出生的光溜溜的雏鸟，都不会得感冒。等到天气冷起来，没有东西吃了，它们就飞回去，飞回故乡去。在故乡，这时雏鸟也孵出来了，大家和和美美地住在一起。它们是不会赶走同类的！到了春天，再飞到北方去。就这样，过了几千几万年，飞去又飞回，飞去又飞回……

于是这些鸟养成了迁徙的习惯。黄鸟往北飞，经过地中海飞往欧洲；朱雀从印度往北飞，飞越阿尔泰山脉和西伯利亚，然后往西飞，穿过乌拉尔一直往前飞。

还有一种说法，认为迁徙习惯的形成，是由于某种鸟逐渐占领了新的筑巢地。比如朱雀，简直可以说，最近几十年来，我们亲眼看着这种鸟越来越向西迁徙，一直迁移到了波罗的海岸边，但冬天还是依旧飞回印度故乡。

这些关于迁徙习惯产生的假设，解答了我们的一些疑问。不过，关于迁移的问题，还存在着许多不解之谜。

一只小布谷鸟的简史

这只小布谷鸟诞生在一个红胸鸲的家里。红胸鸲的家在列宁格勒附近，在泽列诺高尔斯克的一座花园里。

请不要问，它怎么会单独出现在老枞树树根旁的舒适的巢里。也不要问，它给红胸鸲养父母增添了多少麻烦、牵挂和不安。它们费了好大的劲儿才把这只块头比它们大 3 倍的贪吃鬼喂饱。一天，花园的管理员走到巢旁，掏出已经长出羽毛的小布谷鸟，仔细看了看，又放了回去。红胸鸲夫妻俩吓得半死。在小布谷鸟的左翅膀上，可以明显地看到一小块白羽斑。

小红胸鸲夫妻终于把养子喂大了。可是小布谷鸟飞离巢后，还是一看见它们，就张开红黄色的大嘴，声音嘶哑地要东西吃。

10 月初，花园里的大多数树木都只剩下了光秃秃的树枝，只有一棵橡树和两棵老槭树还没有脱下色彩艳丽的衣裳。这时，小布谷鸟不见了。而那些成年的布谷鸟，早在一个月前，就离开这里的森林了。

这只小布谷鸟和我们这里其他的布谷鸟一样，在南非度过了这一年的冬天。夏天飞到我们这儿来的布谷鸟都是在那里出生的。

而今年夏天，也就是前几天，管理员看见一只雌布谷鸟落在老枞树上。管理员担心它破坏红胸鸲的巢，就用气枪把它打死了。

在这只布谷鸟的左翅膀上，有块很明显的白斑。

揭穿了好几个谜，但秘密依旧是秘密

我们关于候鸟迁徙的起因的假设，也许是正确的，但是如何解答下列问题呢？

1. 候鸟如何认识几千千米长的迁徙线路？

以前，人们认为，在每一队秋季迁徙的鸟群里，至少有一只年长的鸟带领着全体年轻的鸟，沿着它所牢记的线路，从筑巢地飞往过冬地。现在却确切地证实了，在今年夏天刚从我们这里孵出的鸟群里，没有一只年长的鸟。有些鸟，年轻的鸟比年长的鸟先飞走；有些鸟，年长的鸟比年轻的鸟先飞走。不过，不管怎样，年轻的鸟都能在规定的日期毫不出错地抵达越冬地。

这可真是奇怪至极。鸟的脑袋瓜只有一丁点儿大。就算年长的鸟的脑子能记住几千几百千米长的行程，可是雏鸟才出生两三个月，还没见过世面，它怎么能独立地认识这条线路呢？这真叫人百思不得其解！

就以泽列诺高尔斯克花园里的那只小布谷鸟为例吧！它如何能找到布谷鸟在南非的越冬地？所有的老布谷鸟，都几乎比它早飞走一个月。没有鸟给小布谷鸟指路。布谷鸟从不成群结队，甚至在迁徙的时候，也是单独飞行。况且小布谷鸟是红胸鸲养大的，而红胸鸲则飞到高加索过冬。那么，小布谷鸟是如何飞到南非，飞到北方的布谷鸟世世代代过冬的地方去的呢？而且飞去以后，又如何回到红胸鸲把它从蛋里孵出来、养育大的鸟巢里来呢？

2. 年轻的鸟怎么会知道自己应该飞到哪里过冬？

亲爱的《森林报》读者们，你们得好好思考一下鸟类的这一秘密。也许，这个秘密还得留给你们的下一代去研究呢！

为了解决这个问题，首先必须放弃像“本能”这类难懂的词语。必须想出千千万万个巧妙的试验，彻底弄明白鸟类的大脑和人类的大脑的区别在哪里。

给风打风数

分数	风的名称	秒速和时速	这风能干些什么事
7	疾风	秒速 = 13.9 ~ 17.1 米 时速 = 50 ~ 61 千米	逆风行走费劲，有轻度的大浪，浪峰上的水沫被吹得四下里飞溅。
8	大风	秒速 = 17.2 ~ 20.7 米 时速 = 62 ~ 74 千米	刮断小树枝，逆风行走困难。有中度的大浪，渔船进港避风。
9	烈风	秒速 = 20.7 ~ 24.4 米 时速 = 75 ~ 88 千米	对建筑物可造成小损伤，屋顶的瓦片可能被吹掉。
10	狂风	秒速 = 24.5 ~ 28.4 米 时速 = 89 ~ 102 千米	破坏性很大。
11	暴风	（和信鸽的速度一样）	
12	飓风	秒速 = 36.7 ~ 36.9 米 （和隼鹰的速度一样）	破坏性极大。

很幸运，在我们国家，暴风和飓风是极难得有的——隔好多年才有一次。

集体农庄纪事

拖拉机停止了轰鸣。在集体农庄里，亚麻的分捡工作即将结束，最后几辆载着亚麻的货车，正向车站驶去。

现在，集体农庄庄员们在考虑新收成的问题。专业选种站为全国的集体农庄培育了黑麦和小麦的优良新品种，庄员们就是在考虑这件事。田里的农活少了，家里的活就增多了。集体农庄庄员们现在非常关注家畜。

集体农庄的牛羊，被赶进了畜栏，马也被赶进了马厩。

田野变空了。一群群灰色的山鹑，走到靠近人的居住点。它们在谷仓周围过夜，有时甚至还飞到村庄里来。

打山鹑的季节过去了。有枪的庄员们现在开始打野兔了。

■ 发自尼·芭芙洛娃

集体农庄新闻

（发自尼·米·芭芙洛娃）

昨　天

胜利集体农庄养鸡场的电灯亮了。现在白天短了，所以集体农庄庄员们决定每晚用灯光照亮养鸡场，让鸡们有更多的时间散步和进食。

鸡们欣喜若狂。灯一亮，它们就马上在炉灶灰里扑腾跳跃。一只最活泼好斗的公鸡，斜歪着脑袋用左眼瞧瞧电灯，说："咯！咯！噢，如果你挂得再低一些的话，我一定用嘴狠狠咬你一口！"

又美味，又有营养

干草粉是所有饲料中最优秀的调味品。干草粉由最高档的干草制成。

吃奶的小猪，如果你们想快快长大，请吃干草粉吧！下蛋的母鸡，如果你们想天天下蛋，"咯咯哒！咯咯哒"地炫耀新下的蛋，请吃干草粉吧！

新生活集体农庄的报道

园林队在忙着修整苹果树，必须把它们收拾干净，穿上新衣服。除了灰绿色的胸饰——苔藓以外，它们什么也没穿。集体农庄庄员们从苹果树上摘下了胸饰，因为里面藏着害虫。庄员们在树干和接近地面的树枝上涂上石灰，以免苹果树再生虫，也免得苹果树被太阳灼伤和被寒气侵袭。现在苹果树穿上了白衣裳，显得非常漂亮。难怪园林队长开玩笑道："我们有意识地在节日前夕把苹果树打扮得漂漂亮亮。我还要带上这些'美人儿'去参加节日游行呢！"

适合百岁老人采的蘑菇

有位百岁的老奶奶阿库丽娜，住在黎明集体农庄。我们《森林报》的记者去采访她的时候，她出去了。不一会儿，老奶奶带着满满一口袋蜜环菌回来了。她说："我已经找不到那些单独生长的蘑菇了，它们躲起来了。我的眼睛老花啦！可是我采回来的这种蘑菇，只要见到一个，就能采到上百个。它们还有一种往树墩上爬的习惯，好让自己更引人注目。我很喜欢这种蘑菇。它叫作蜜环菌。这种蘑菇最适合

老奶奶采!”

冬前播种

在劳动者集体农庄，蔬菜队正在菜地里播种莴苣、葱、胡萝卜和香芹菜。种子撒在冰凉的泥土里，如果相信队长的孙女儿的话，那么应该认为，种子对此十分不满。小姑娘说，她听见种子在大声发牢骚：“不管你们种不种，反正天这么冷，我们是不会发芽的！要是你们乐意，你们自己发芽去吧!”

不过，正是因为秋天种子已经不发芽了，蔬菜队队员们才这么晚播下它们。

可是，一到春天，它们将会很早发芽，很快成熟。能早一点儿收割莴苣、葱、胡萝卜和香芹菜，真是件令人愉快的事。

■ 发自尼·芭芙洛娃

集体农庄的植树周

在俄罗斯苏维埃联邦的各州各区，都开始了植树周。苗圃里准备好了大量的树苗。在俄罗斯联邦的各集体农庄里，将开辟面积达好几千公顷的新果园和浆果园。集体农庄庄员们和职工们，将在农庄的附属地块儿上，栽种几百万棵苹果树、梨树和其他果树。

■ 发自列宁格勒塔斯社

城市新闻

在动物园里

飞禽走兽从夏天的露天住所，搬到冬天的住房里来了。它们的笼子里供热充足，所以，没有一只野兽打算长久地冬眠。

园里的鸟儿没有飞到笼子外面去。在一天之内，它们就从寒冷的国度迁徙到了暖和的地方。

没有螺旋桨的飞机

最近几天，总有一些奇怪的小飞机，在城市上空飞过。

行人站在路中间，抬起头，惊奇地注视着这些飞行中队慢慢绕圈子。他们互相问道：

"您看见了吗?"

"看见了，看见了。"

"真奇怪，怎么没有听到螺旋桨的声音?"

"也许是飞得太高了吧? 您看，它们显得多么小啊!"

"就是飞低了，您也听不见螺旋桨的声音。"

"为什么?"

"因为它们根本没有螺旋桨。"

"怎么会没有螺旋桨! 这是什么样的新系统? 是什么飞机?"

"雕!"

"开玩笑! 列宁格勒哪儿来的雕!"

“有的，它们叫金雕。它们现在正在移飞，往南飞。”

“原来如此！噢，现在我也看清楚了。是鸟在盘旋。如果您不说，我真的以为是飞机呢，它们太像飞机了！哪怕挥动一下翅膀也好……”

快去看野鸭

最近几个星期以来，在涅瓦河的斯密特中尉桥附近，在彼得罗巴甫洛夫斯克要塞周围以及其他地方，经常可以看到许多形状奇特、五彩缤纷的野鸭。

有跟乌鸦一样乌黑的鸥海番鸭，有嘴巴弯弯、翅膀上带白斑的斑脸海番鸭，有尾巴像火柴棒似的五彩长尾鸭，还有黑白相间的鹊鸭。

它们一点儿也不害怕都市的喧闹。

甚至当黑色的牵引船用铁制船头劈开破浪，一直向它们冲去的时候，它们也不害怕。它们潜入水中，再次露出水面时，已离开原地几十米远。

这些潜水的野鸭，都是海上飞行航线上的旅客。它们每年拜访列宁格勒两次：春天一次，秋天一次。

当拉多牙湖中的冰流到涅瓦河里的时候，它们就无影无踪了。

鳗鱼踏上最后的旅程

秋天降临大地。秋天也来到了水底。

水变冷了。

老鳗鱼开始踏上最后的旅程。

它们从涅瓦河出发，途经芬兰湾、波罗的海和北海，游到大西洋的深水里去。

它们再也没能回到生活了一辈子的涅瓦河来。它们将全体葬身在几千米深的大洋里。

但是临死之前，它们将产下鱼子。在海洋深处，并不像人们想象得那么冷：那里的水温有7℃。在那里，鱼子将很快变成像玻璃一样透明的小鳗鱼。几十亿条小鳗鱼将成群结队地开始长途旅行，3年后，它们将游进涅瓦河口。

它们将在涅瓦河里长大，长成大鳗鱼。

一箭射中目标！一语击中答案！

第八场比赛

1. 兔子奔跑时，往山上跑容易，还是往山下跑容易？
2. 落叶向我们揭示鸟的什么秘密？
3. 哪种森林动物在树上给自己晾蘑菇？
4. 哪种野兽夏天住在水里，冬天住在地下？
5. 鸟儿给自己准备过冬的食物吗？
6. 蚂蚁如何准备过冬？
7. 鸟骨头里面有什么？
8. 秋天，猎人最好穿什么颜色的衣服？
9. 鸟儿什么时候不容易受到伤害：夏天，还是秋天？
10. 这里画着谁的可怕的脑袋？
11. 可以把蜘蛛称为昆虫吗？
12. 冬天，青蛙躲到了哪里？
13. 这里画着三种不同的鸟的脚：一种住在树上，一种住在地上，还有一种住在水上。你能分辨它们吗？

14. 哪种野兽的脚掌往外翻？

15. 这是森林中长耳猫头鹰的头。请用铅笔尖指出它的耳朵。
16. 掉啊掉，掉到水里了；自己不下沉，水也没弄混。（打一物）
17. 什么走啊走，总也走不到；什么捞啊捞，捞也捞不完。
18. 一岁的草，就比院墙高。（打一植物）
19. 跑啊跑，总也跑不到；飞啊飞，老是飞不到。（打一物）
20. 乌鸦长到三岁后，会怎么样？（脑筋急转弯）
21. 跳进池塘洗个澡，出水之后挺干燥。（打两种动物）
22. 穿它的皮，扔它的骨，吃它的头。（打一植物）
23. 不是国王，头上戴着王冠；不是骑士，靴子上扎着马刺；自己早上起得早，也不许他人睡懒觉。（打一动物）
24. 长着尾巴不是兽，长着羽翎不是鸟。（打一动物）

通 告

第七场测验

“锐眼”称号竞赛

谁干的好事？

图 1

1. 哪种动物在这里动过枞树球果，又把它们扔到了地上？
2. 哪种动物在树墩上把球果啃得只剩下了核？
3. 哪种动物把林子里的榛子凿了个小洞，把里面的核仁吃掉了？
4. 哪种动物把蘑菇搬到树上，挂在树枝上？

图 2

在图 2 这棵老桦树的树皮上，有些形状相同的小洞绕了树干一圈。这是哪个动物干的？为什么这么做？

哪种动物处理过图 3 的牛蒡了？

图 3

图 4

在幽暗的森林里，哪种动物用大脚爪抓破树干，扯下枞树皮，占为己有？它用枞树皮干什么？

哪种动物在图 5 这儿干的好事：损坏这么多树木，啃掉这么多树皮，咬断这么多树枝？

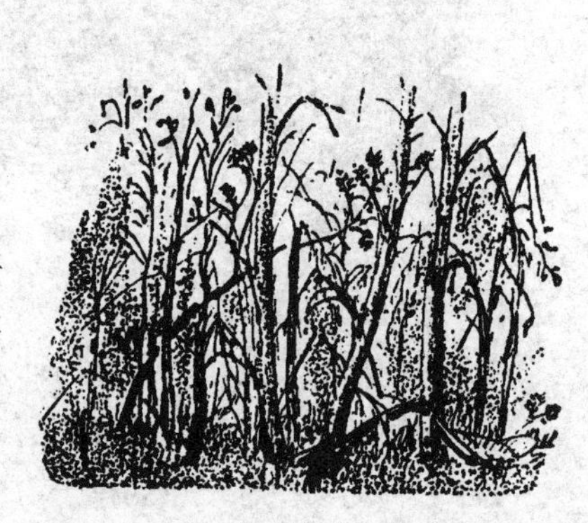

图 5

你行我也行

只要学会寻找和挖掘田鼠洞的方法，就可以把啮齿动物从田里偷走的粮食夺回来。

本期《森林报》已经报道过，这些有害的小兽从我们田里偷走了许多优质粮，搬到它们的粮仓里。

请别惊扰我们

我们给自己建好了温暖的冬季住房，准备一直睡到春天。

我们不来打扰你们，也请你们让我们睡个安稳觉吧！

——熊、獾、蝙蝠

森　林　报

第 9 期

冬客来临月

（秋季第三月）

11 月 21 日 ~12 月 20 日

太阳转入人马宫

一年：一共 12 个月的太阳史诗

十一月

十一月是冬天的前奏。十一月是九月的孙子，十月的儿子，十二月的亲兄弟。十一月大地上布满钉子；十二月大地上铺了桥。十一月骑着带花斑的马出行，一会儿下雪，一会儿泥泞；一会儿泥泞，一会儿下雪。十一月的铁匠铺虽不大，铸造的铁链却已锁住了全俄罗斯，池塘与湖泊已经被冰封住了。

秋天开始干第三桩活儿：脱尽森林的衣裳，给水带上镣铐，用雪做被子把大地罩起来。在森林里你会觉得很难受，黑黝黝、光秃秃的树木被雨水打得湿透了。河上的冰闪着亮光，但是如果你在冰面上东奔西跑，脚下就会“咔嚓”一声，你也就掉进了冰水里。所有被大雪覆盖的秋耕田，都停止了生长。

但是，现在还不是冬天，只不过是冬天的前奏。阴天过后，还会出个大晴天。所有的生物看到太阳时，是多么兴高采烈啊！看吧，这边，黑色的蚊子从树根下钻出，飞上了天空；那边，金黄色的蒲公英、款冬花在脚下盛开，这些还都是春天的花呢！雪融化了……不过树木已经沉沉地入睡了，要不知不觉地一直睡到明年春天。

现在，该开始伐木了。

不可理解的行为

今天，我刨开雪，检查了我的一年生草本植物。这是一些只能活过一个春天、一个夏天和一个秋天的草。

可是，今年秋天我发现，它们并没有全部死掉。即使现在已经12月份了，可许多草还泛着绿色。雀稗还活着，它是乡村里长在房前屋后的一种小草。它的小茎纵横交错地铺在地上（人们常常毫不怜惜地用它来擦脚），长着长长的小叶子，开着不太明显的粉红色小花。

低矮刺人的荨麻也活着。夏天，人们无法容忍它，当你给田垅除草的时候，手会被它刺出水疱来。可是现在，在12月份，你看见它也会觉得很高兴。

蓝堇也活着。你还记得蓝堇吗？这是一种美丽的小植物，小叶子稍稍分开，细长的小花呈粉红色，花尖呈暗色。你会常常在菜地里看见它。

这些一年生的草本植物，都还活着。可是，我知道，一到春天，它们就都枯萎了。那么它们现在何必艰难地在雪下活着呢？该如何解释这种行为呢？我不知道，还得去打听打听。

■ 发自尼·芭芙洛娃

森林里从来都不是一片死寂的

冰冷的寒风在森林里作威作福。光秃秃的白桦树、白杨树和赤杨树摇摇晃晃，吱吱作响。最后一批候鸟急匆匆地飞离故乡。

在我们这里度夏的鸟还没有完全飞走，冬客就已经临门了。

鸟儿各有各的爱好和习惯，有的飞到高加索、外高加索、意大利、埃及和印度去过冬；有的鸟儿宁愿留在列宁格勒州过冬。冬天，在我们这里，它们住得暖和、吃得饱。

飞 花

赤杨的黑色树枝孤零零地兀立在那里。树枝上没有一片树叶，大地上没有一棵青草。倦怠的太阳勉强从灰色的乌云后露出点儿脸。

可是，突然，在阳光的照耀下，许多快乐的五彩缤纷的花儿在黑色的赤杨枝上飞舞起来。花儿奇大无比，有白色的，有红色的，有绿色的，有金黄色的。有的落在赤杨树枝上，有的落在桦树枝上，鸟儿身上鲜艳夺目的斑点把白色的桦树皮映衬得五光十色；有的落在地上，有的在空中扇动着艳丽的翅膀。

它们用一种双管芦笛似的声音互相呼应着，从地面飞向树枝，从一棵树飞向另一棵树，从一片小树林飞进另一片小树林。它们是谁？从哪儿来？

从北方飞来的鸟

这是我们冬天的客人，从遥远的北方飞来的小鸣禽。其中有红胸脯红脑袋的朱顶雀；有烟灰色的凤头太平鸟，翅膀上长着5道像5根小手指头似的红羽毛；有深红色的松雀；有绿色的雌交嘴鸟和红色的雄交嘴鸟。还有金绿色的黄雀，黄羽毛的小金翅雀，肥嘟嘟、胸部丰满鲜红的灰雀。我们本地的黄雀、金翅鸟和灰雀，早就飞到较暖的南方去了。上面讲到的这些，都是在北方筑巢的鸟。北方现在寒冷刺骨，所以它们觉得我们这儿还挺暖和的。

黄雀和朱顶雀吃赤杨子和白桦子。太平鸟和灰雀吃花楸果和其他

浆果。交嘴鸟吃松子和枞树子。它们的肚子都填得饱饱的。

从东方飞来的鸟

低矮的柳树上，突然开出了茂盛的白玫瑰花。这些白玫瑰在灌木丛间飞舞，在树枝上盘旋，有力的黑色细脚爪飞速移动。花瓣似的小白翅膀，在空中颤动。空中回荡着轻柔悦耳的啾啾声。

这是山雀，白山雀。

它们不是来自北方，而是来自东方，从风雪交加的严寒的西伯利亚，穿越乌拉尔高山，飞到我们这儿来。那里早已是冬天，深雪早已把低矮的河柳埋起来了。

该冬眠了

大片的乌云挡住了太阳。空中落下了湿漉漉的灰色雪花。

一只肥硕的獾子，气哼哼地一瘸一拐地朝洞口走去。它很不满意——森林里既潮湿又泥泞。该钻到地底深处，钻到干燥、整洁的沙土洞里去了。该躺下来冬眠了。

羽毛蓬松的林中小乌鸦北噪鸦在树丛里打起了架。湿漉漉的咖啡色羽毛闪着光。它们大声聒噪着。

一只老乌鸦在树顶低沉地叫了一声。原来它看见远处有一具动物的尸体。它飞了过去，蓝黑色的翅膀闪着漆亮的光。

林中沉寂无声。灰色的雪花沉甸甸地飘洒在发黑的树木和褐色的大地上。地上的落叶渐渐腐烂。

雪越下越大，变成了鹅毛大雪。大雪覆盖了黑色的树枝，也覆盖了大地……

我们列宁格勒州的伏尔霍夫河、斯维尔河和涅瓦河受到严寒的侵袭，相继封冻了。最后，芬兰湾也结冰了。

最后的飞行

（选自少年自然科学家日记）

11 月的最后几天，风把雪刮成一堆一堆的。突然，天气变暖和了。可是，雪依旧没有融化。

清晨，我在散步时看见，黑色的小蚊子在雪地上到处飞舞，在灌木丛里或者树木间的大路上随处可见。它们虚弱无助地飞着，从下面升起来，好像被风推着飞了一个弧形（虽然不见一丝风），然后侧着身子落在雪地上。

午后，雪开始融化，渐渐地从树上往下掉。你一抬头，雪水就会滴进你的眼睛，或者湿冷的雪尘会洒在你的脸上。这时，不计其数的黑色小蝇子不知从哪儿飞了出来。夏天我从未见过这种小蚊子和小蝇子。小蝇子无比快乐地飞舞着，只是飞得很低，紧挨着雪地。

到傍晚，天气又变冷了，小蝇子和小蚊子不知躲到哪里去了。

■ 发自森林记者　维利卡

貂追松鼠

许多松鼠迁移到我们这儿的森林里来了。

在它们居住的北方，松果不够吃了。那里的收成不好。

松鼠四散在松树上。它们用后爪抓住树枝，用前爪捧着松果啃。

一只松鼠捧着的松果，从脚爪滑落到雪地上了。松鼠很可惜这只掉了的松果，气呼呼地叫着，从一根树枝蹦到另一根树枝，跳到下面去了。

它在地上蹿着蹦着，蹦着蹿着，后脚一撑，前腿一托，向前跳去。

它看见，一团黑乎乎的毛皮和一双机敏的小眼睛从枯枝堆里露出来……松鼠吓得把松果都忘了。它慌忙往眼前的树上蹿，顺着树干往上爬。一只貂从枯枝里跳出来，跟在后面追了上来，也飞快地顺着树

干往上爬。松鼠已经爬到了树梢上。

貂沿着树枝爬上来。松鼠一跳，跳到了另一棵树上。

貂把蛇一般细长的身子缩成一团，背脊弓成弧形，也纵身一跳。松鼠顺着树干飞跑。貂紧跟在后面，也顺着树干飞跑。松鼠的动作很灵敏，可是貂的动作更灵敏。

松鼠跑到树顶，没办法再往上跑了，周围也没有别的树。

貂眼看要追上它了……

松鼠从一根树枝跳上另一根树枝，然后向下一蹦。貂紧追不舍。

松鼠在树梢上跳，貂在粗一些的树干上追。松鼠跳呀跳，跳呀跳，跳到了最后一根树枝上。

下面是地，上面是貂。

没有选择的余地了：它一蹦蹦到地上，赶紧朝另一棵树跑。

不过，在地上，松鼠根本不是貂的对手。貂三蹦两跳就追上了松鼠，把它扑倒在地。于是松鼠就一命呜呼了……

兔子的花招

一天夜里，一只灰兔偷偷钻进了果园。小苹果树的皮甜极了，快到天亮的时候，它已经啃坏了两棵小苹果树。灰兔丝毫不理会落在头上的雪，只是不停地啃着嚼着，嚼着啃着。

村里的公鸡叫了3遍。狗也狂吠起来。

这时，兔子才如梦方醒：应该趁人们还没起来，跑回森林里去。周围白茫茫的，隔老远就可以看见它那身棕红色的皮毛。它真羡慕雪兔，现在雪兔浑身雪白。

这夜新下的雪很柔软，可以印上脚印。灰兔一路跑着，在雪地上留下脚印。长长的后腿留下的是伸直的脚跟印；短短的前腿留下的是小圆点。在这温暖的新雪上，每一个脚印、每一个爪痕，都看得一清二楚。

灰兔穿过田野，往森林里跑，在身后留下一串串脚印。灰兔刚刚美美地吃过一顿，现在它多想躲在灌木丛下打个盹儿啊。可不幸的是，无论它往哪儿躲，脚印都会出卖它。

于是灰兔只好耍花招了——弄乱脚印。

村子里的人醒来了。主人走到果园一看：我的老天爷！两棵最好的小苹果树都被剥光了皮！他往雪地上看了看，明白了一切——小树下有兔子的脚印。他举起拳头威胁道："走着瞧吧！你必须用你的皮来赔偿损失。"

他回到屋里，往枪里装好弹药，带上枪踏着雪出发了。

瞧，灰兔就是在这儿跳过栅栏，然后往田野里跑。一进森林，脚印就围着灌木打转转了。你这一招可救不了你！我会搞明白的！

瞧，这是第一个圈套：灰兔绕灌木跑了一圈，然后穿过自己的脚印。

瞧，这是第二个圈套。

园主人跟着脚印追踪，把两个圈套都解开了。他随时准备着开枪。

他站住了。这是怎么一回事呀？脚印中断了，周围全是干净的白雪。即使兔子跳过去，也应该看得出来啊！

园主人弯下腰仔细查看脚印。哈哈！原来这是一个新的花招：兔子顺着自己的脚印跑回去了。它每一步都准确无误地踩在原来的脚印上。乍一看，还真分辨不出"双重"脚印呢。

园主人顺着脚印往回走。他走着，走着，又走到田野里来了。也就是说，他看走了眼；也就是说，还有一个花招没有识破。

他回转身，又顺着"双重"脚印走去。哈哈，原来如此！"双重"脚印很快就中断了，再往前，脚印又是单层的了。这么说，奥妙就在这里：兔子就是在这儿跳到旁边去的。

果真如此。兔子顺着脚印的方向，一直穿过灌木，然后又跳向一旁。现在脚印又均匀起来了，突然又中断了。又是一行新的"双重脚印"越过灌木丛，接着，就是跳着走了。

现在看看路两旁……又往旁边跳了一次。兔子准是躺在灌木丛下。兔子布下了迷魂阵，但是骗不了人！

兔子确实就躺在附近。不过，不是像猎人所猜测的那样躺在灌木下，而是躺在一大堆枯树枝下。

灰兔在睡梦中听见沙沙的脚步声。声音越来越近，越来越近……

它抬起头，看见两只穿着毡靴的脚在走路。黑色的枪杆垂到了地上。

灰兔悄悄地从藏身地钻出来，如离弦之箭窜到枯树枝堆后面去了。只见短短的小白尾巴在灌木丛里一闪，兔子就无影无踪啦。

园主人双手空空地回了家。

不速之客——隐身鸟

又有一个夜强盗闯进了我们的森林。很难看见它，因为夜里漆黑一片，白天又不能把它跟雪区分开。它是北极区域的居民，因此它的皮毛跟北方经年不化的白雪一个颜色。我说的是北极的雪地猫头鹰。

它的个头儿，几乎跟普通猫头鹰一般高，只是力气稍差一些。它捕食大小不一的飞鸟、老鼠、松鼠和兔子。

在它的故乡冻原带，天寒地冻，小野兽几乎全躲到兽洞里去了，鸟儿也都飞走了。

饥饿迫使雪地猫头鹰出来旅行，暂居在我们这儿。它打算明年春天再回家。

啄木鸟的劳动车间

在我们的菜园子后面，长着许多老白杨树和老白桦树，还有一棵很老很老的枞树。枞树上挂着几个球果。一只五彩啄木鸟，飞来采这些球果。啄木鸟落在树枝上，用长嘴啄下一个球果，顺着树干往上跳。它把球果塞进树缝里，开始用嘴啄。它把球果里的子都啄出来后，就把球果往地上一扔，接着采第二个球果。它把第二个球果照旧塞进那条树缝里，把第三个球果也照旧塞进那条树缝里，就这样一直忙碌到天黑。

■ 发自森林报记者　勒·库波列尔

请教熊

为了躲避刺骨的寒风，熊喜欢把冬季熊窝设在地势低的地方，甚至设在沼泽地上，设在茂密的小枞树林里。但是，令人惊讶的是，如果这年冬天不冷，经常有冰雪消融的天气，那所有的熊一定会睡在小丘上、小山冈上等地势高的地方。好几代猎人查验过这件事。

道理显而易见——熊害怕冰雪消融的天气。的确，假如冬天有一股融化的雪水流到熊的肚皮底下，天气又忽然变冷，冰水就会把熊毛蓬蓬的“皮外套”冻成铁板，那可怎么办呢？那就顾不上睡觉了，只得跳起来满森林里乱窜，哪怕稍微暖和点儿也好！

假如能不睡觉，而是不停地活动，就会把身上储存的热量消耗殆尽，也就是说，必须靠吃东西来增强体力。但是冬天，熊在森林里没有东西可吃。因此，如果它预见到这年冬天暖和，它就会给自己选个高一些的地方做窝，免得在冰雪消融的天气里，被融化的雪水浸湿。我们很容易明白这个道理。

可是，熊究竟根据什么样的特异功能预知，这年冬天是暖和还是寒冷呢？为什么早在秋天，它就能准确无误地为自己在沼泽地上，或者丘冈上，选择一个合适的地方做窝呢？我们还不知道这一点。

请你钻到熊洞里去，请教一下熊吧！

按照严格的计划

古时候，俄罗斯人说：“森林是魔鬼，在森林里干活，死亡近在咫尺。”

在古代，伐木工人（樵夫）干活很危险。只有斧头做武器的人们，攻击绿色的朋友，就像攻击凶猛的敌人。要知道，直到 18 世纪，

我们才有了锯子。

一个人必须有勇士般的体力，才能从早到晚用斧头砍树；必须有钢铁般的强健体魄，才能在严寒与暴风雪降临的时候，白天只穿一件衬衫干活，夜里只盖件外套，睡在没有烟囱的小屋里，或者简陋的小草棚里。

春天，森林里的活就更难干了。

必须把冬天伐倒的树木运到河边去，等河水开冻后，把沉重的圆木推到水里，请河妈妈把木材运走。大家知道河水的流向。

河水把木材带到哪里，哪里就应该感谢它……沿着河岸建起了一座座城市。

在现代又怎么样呢？

现在，“伐木工人”这几个字的含义早就彻底改变了。我们不再需要用斧头来砍倒大树和削去树枝，而是由机器替我们干这些活。连森林里的道路，都由机器来开垦、铺平，然后沿着这条路把木材运出去。

瞧，森林里的履带式拖拉机威力无穷！

这个沉重的钢铁怪物，服从创造它的人的指挥，冲进无路可走的密林，像割草一样，放倒百年大树。它毫不费力地把老树连根拔起，放在两旁，然后扒开躺倒的树，铲平地面，道路就平整如新了。

载有移动发电站的汽车，沿着这条道路开过去。工人们手里拿着电锯，走到大树前。包着橡皮的电线像蛇似的跟在后面。电锯锋利的钢齿，像刀子切黄油一样，轻而易举地锯入坚硬的木头。只不过半分钟，也就是30秒的时间，电锯就把直径达半米的粗树干啃断了。这棵巨树已有100岁了！

在锯倒附近100米以内的树之后，汽车又把发电站运到前面去。在它原来的地方，开来一辆强大的运树机。运树机一把抓起几十棵尚未削去树枝的大树，拉到木材运输大道上去了。

巨大的运树牵引机，沿着运输大道，把木材运往窄轨铁路。在窄轨铁路上，司机把长长一列载有几千立方米木材的敞车，开到铁路车站或河岸边的木材场。在木材场，人们把木材加工成圆木、木板和纸浆木料。

在现代，用机器采伐的木材，被运到最遥远草原上的村庄、城市和工厂，被运到一切需要木材的地方。

大家都清楚，在这样强大的技术支持下，只能够按照非常严格的全国性计划来砍伐木材，不然的话，我们这个最富裕的林业大国，会突然变成一片荒漠。借助于现代技术，可以轻而易举地消灭森林，但森林的成长还是跟以前一样缓慢，要经过漫长的几十年才能成林。

在森林被砍伐的地方，我们立刻栽上珍稀的树苗，造上新林。

集体农庄纪事

我们集体农庄庄员们，今年活干得真棒。我们州的许多集体农庄，每公顷收获1500千克粮食，已经成了稀松平常的事。每公顷收获2000千克粮食，也不是稀奇事了。一些优秀生产队的粮食产量惊人，这些先进工作者们有权利获得社会主义劳动英雄的光荣称号。

政府很尊重光荣的田间劳动者们的忘我劳动，用社会主义劳动英雄的光荣称号，用各种勋章和奖章来表彰集体农庄庄员们取得的成就。

冬天来了。

集体农庄农田里的活都干完了。

妇女们在牛栏里劳动，男人们运送牲畜吃的饲料。家有猎狗的人出去打灰鼠。另外有许多人去砍伐木材。

灰山鹑群越来越靠近农家小院了。

孩子们上学去了。白天，他们布下捕鸟网，在小山上滑雪，或者滑小雪橇；晚上预习功课、看书。

我们比它们有智慧

下了一场鹅毛大雪。我们发现，老鼠在雪下面挖了一条地道，一直通到苗圃的小树前。可是，我们比它们有智慧，我们把每棵小树四周的雪，踩得结结实实。这样，老鼠就不能钻到小树跟前来了。那些钻到雪外面的老鼠，不一会儿就冻死了。

害人精小兔也常常跑到果园里来。我们也想出了保护果园的办法：用稻草和多刺的枞树枝把所有的小树包裹起来。

■ 发自吉玛·布罗多夫

集体农庄新闻

（发自尼·米·芭芙洛娃）

挂在细蛛丝上的房子

可以在这种小房子里过冬吗？小房子挂在细蛛丝上，风一吹，直摇晃。虽然房子墙的厚度比不过一张纸，房间里却没有取暖设备。

请设想一下，在这种小房子里是可以过冬的！我们看见过不少这种设备简陋的小房子。它们低垂在苹果树枝的蜘蛛网上，用枯树叶做成。集体农庄庄员们把它们取下来烧毁。原来在小房子里住着一些心怀鬼胎的坏蛋——苹果粉蝶的幼虫。要是它们留下来过冬，到了春天，准会咬坏苹果树的芽和花。

森林里有坏蛋，森林里也有救星。

昨天夜里，光明之路集体农庄发生了一桩盗窃未遂案。将近半夜的时候，一只大兔子钻进了果园。它企图啃食小苹果树的皮，可是那些苹果树干，像枞树干一样多刺。这个兔贼尝试了很多次都失败了，只好离开光明之路集体农庄的果园，消失在附近的森林里。

集体农庄庄员们预料到会有林中强盗来侵犯果园，所以砍下许多枞树枝，预先把苹果树干包裹起来了。

黑棕色的狐狸

一个养兽场建造在市郊的红旗集体农庄里。昨天，一批黑棕色的狐狸运到了。人们纷纷跑出来欢迎这批集体农庄的新居民。连刚会走路的学龄前儿童，也都过来了。

狐狸用怀疑的眼光，胆怯地打量着欢迎的人群。只有一只狐狸，

忽然从容不迫地打了个呵欠。

“妈妈!”一个白头巾上戴着一顶便帽的小孩子叫道，“千万别把这只狐狸围在脖子上。它会咬人啊!”

在温室里

在劳动者集体农庄，大伙正在挑选小葱和小芹菜根。

生产队队长的孙女问道：“爷爷！这是在给牲口准备饲料吗?”

生产队队长笑了起来：“不是的，孙女，你没猜中。我们现在要把这些小葱和芹菜种在温室里。”

“种在温室里干什么？让它们长高、长大吗?”

“不是的，孙女。想让它们经常提供绿色蔬菜给我们吃。让我们在冬天也能往马铃薯上撒葱花，在汤里能吃到绿油油的芹菜。”

不需要盖厚被子

上个礼拜天，一个外号叫米克的九年级学生，来到曙光集体农庄。在马林果树旁，他遇见了生产队队长费多谢其。

“老爷爷！您这里的马林果不会冻坏吧?”米克问，仿佛是个大行家。

“不会。”费多谢其回答，“它可以在雪底下安全过冬。”

“在雪底下过冬？老爷爷，您没有发疯吧?”米克接着说，“要知道，马林果树长得比我还高。难道您估计会下这么厚的雪?”

“我估计会下普通的雪。”老爷爷回答，“大学问家，请你告诉我：你冬天盖的被子的厚度比你的身高‘高’还是‘矮’?”

“这跟我的身高有关系吗?”米克笑了起来，“我是躺着盖被子的。老爷爷，您清楚吗？我是躺着盖被子的!”

“我的马林果树也是躺着盖雪被的。只不过，大学问家，你是自己躺到床上，而马林果树是由我这个老爷爷把它们弯到地上。我让一棵棵马林果树稍稍弯下腰，把它们绑起来，这样它们就躺在地上了。”

“老爷爷，您比我想象中的要聪明。”米克说。

“可惜，没有我想象中的聪明，只不过平平而已。”费多谢其回答。

■ 发自尼·芭芙洛娃

助 手

现在，在集体农庄的谷仓里，每天可以碰到孩子们。他们有的帮助挑选预备用于春播的种子，有的在菜窖里干活，精选最好的马铃薯留作种子。

男孩子们也在马厩和铁工厂里帮忙。

许多孩子经常在牛棚、猪圈、养兔场和家禽棚里，担任助手。

我们既在学校里上学，也有工夫在家里帮忙干农活。

■ 发自大队委员会主席　尼古拉·利华诺夫

城市新闻

华西里岛区的乌鸦和慈鸟大聚会

涅瓦河结冰了。现在每天下午 4 点，华西里岛区的乌鸦和寒鸦都飞到下游斯密特中尉桥（第 8 条街对面）的冰上。

在激烈的争论之后，鸟儿们分成好几群，回到华西里岛上的花园里过夜。每一群鸟都住在自己喜爱的花园里。

侦 察 员

城市果园和公墓里的灌木和乔木需要受到保护，但是人类对付不了它们的敌人。这些敌人细小狡诈，不容易被发现。园丁们看不住它们，必须找专门的侦察员帮忙。

在公墓和大果园里，人们可以看见这支侦察员的队伍在干活。

领头的是“帽子”上带着红帽圈的五彩啄木鸟。它的嘴像一支长枪。它用嘴啄透树皮，断断续续地大声发出指令：“叽克！叽克！”

各种山雀跟着它飞来，有头戴尖顶高帽的凤头山雀，也有厚帽子上仿佛插着根短钉的胖山雀，还有淡黑色的莫斯科山雀。旋木雀也在这支队伍里，穿着浅褐色的外套，嘴巴像把锥子。䴓也是其中的一员，它穿着蔚蓝色制服，胸脯白白的，嘴巴像短剑一样锋利。

啄木鸟命令道：“叽克！”䴓跟着重复一遍：“特勿启！”山雀们回答：“茨克！茨克！茨克！”于是整支队伍就忙活起来。

侦察员们飞速占领树干和树枝。啄木鸟啄着树皮，用像针一样锋利坚硬的舌头，从树皮里拖出小蠹虫。鸸脑袋朝下，围着树干转圈圈，只要发现哪道树皮隙缝里藏着昆虫或毛虫，就用锋利的“小短剑”刺进去。旋木雀在树干的下部奔跑，用弯弯的小锥子刺树干。一大群青山雀欢天喜地地在树枝上转来转去。它们查看每一个小洞和每一道小隙缝，没有一只小害虫能逃脱它们那双敏锐的眼睛和麻利的嘴。

小屋：美食陷阱

寒冷与饥饿的时候来临了。请大家多关心一下我们那些神奇的小朋友——鸣禽吧！

假如你家有花园或者小院子，你就能轻而易举地招引鸟儿。在它们断粮的时候喂喂它们；在天寒地冻和刮大风的时候保护它们，给它们提供筑巢的地方。假如你想引诱一两只可爱的鸟儿到你的房间，也可以当场抓住它。你只需造一间小房子。

招待客人们在小房子露台上的免费食堂里吃大麻子、大麦、小米、面包屑、碎肉、生猪油、奶酪和葵花子。即使你住在大都市，也会有最有趣的小客人，应你的邀请飞到小房子里来，并在此定居。

你可以用一根细金属丝，或者细绳子，一头系在小房子露台上的能开合的小门上，一头经过小窗户，通到你的房间里。需要的时候，你只要拉一下金属丝或细绳，那扇小门就“砰”的一声关上了。

还有一个更有意思的办法！把捕鸟房通上电。

不过，夏天你可千万别抓鸟。捕走了大鸟，雏鸟会饿死的。

一箭射中目标！一语击中答案！

第九场比赛

1. 虾在什么地方过冬？
2. 冬天，鸟儿最怕什么：饥饿还是寒冷？
3. 假如兔子的皮毛颜色很晚才变白，那么这年是早冬还是晚冬？
4. “啄木鸟的打铁铺”指的是什么？
5. 在我们这里，哪种夜强盗只在冬天出现？
6. “兔子旁跳”指的是什么？
7. 秋天和冬天，乌鸦在哪里睡觉？
8. 最后一批鸥和野鸭，何时飞离我们？
9. 秋天和冬天，啄木鸟加入到谁的队伍中？
10. 追踪兽迹的猎人所说的“拖脚印”指什么？
11. 猫的眼睛，在白天和黑夜有什么不同？
12. 追踪兽迹的猎人所说的“双重脚印”指什么？
13. 追踪兽迹的猎人所说的“雪地兔踪”指什么？
14. 冬天，哪种野兽除尾巴尖外，全身变白？
15. 这里分别画着食草兽和食肉兽的头骨。如何根据牙齿辨别它们？

16. 无手无脚却会跑，敲打房门要进屋。（打一物）

17. 两盏灯亮着，四条棍放着；一个身子躺着，呼呼大睡。（打一动物）
18. 生在水里最怕水。（打一物）
19. 比煤更黑，比雪更白；有时比房子高，有时比青草矮。（打一动物）
20. 有个庄稼汉，背着靴子走；靴子越重，他越开心。
21. 壮汉院子中间站，前面插把叉，后面拖扫把。（打一动物）
22. 成天地上走，两眼不看天；哪儿都不痛，整天哼唧唧。（打一动物）
23. 没有门儿没有窗，却有小人儿住满堂。（打一植物）
24. 长啊长，钻出了叶子；放在手心来回滚，放在嘴里咔吧响。（打一植物）

通 告

第八场测验

“锐眼”称号竞赛

这是谁干的?

图 1

图 2

1. 图 1 中是哪种动物的脚印?
2. 图 2 中有个动物，老在屋顶上打转转。它是什么动物？为什么这么做?

图 3

图 4

3. 图 3 雪地上的小圆洞是什么？哪种动物在这里过夜并留下了脚印和羽毛?
4. 图 4 中发生过什么事？为什么留下这么多脚印？树枝上挂着哪种动物的犄角?

请给鸟儿建个免费食堂

可以把一块小木板直接用绳子吊在窗外，在木板上撒上饲料——面包屑、干蚁卵、死虫子、死蟑螂、熟蛋屑、奶渣、麻籽、花楸果、蔓越橘、白球花果、小米、燕麦和牛蒡子。

不过，最好在树上倒挂一只饲料瓶，在瓶口下面装一块小木板。

要是能在花园里放一张饲料小桌，上面搭个顶，以免雪落到小桌上，那就更好了。

请帮助饥肠辘辘的小鸟

请记住，我们的小朋友——鸟儿的艰难时刻就要来到了。这是它们的忍饥挨冻期。请不要等到春天，现在就给它们搭建一些温暖的住房——树洞、人造椋鸟房或者小棚子。这样，可以帮助它们摆脱恶劣的天气。为了逃避寒风和冰雪，许多小鸟都钻到我们的屋檐下、门洞里过夜。一只小鹪鹩甚至钻进村里一个钉在柱子上的邮箱里过夜。

请把羽毛、绒毛和破布等铺在椋鸟房和树洞里（参阅本报第 1 期和第 2 期的通告）。这样，鸟儿们就有暖和的羽毛垫子和被子了。

森　林　报

第 10 期

冬雪初现月

（冬季第一月）

12 月 21 日 ~1 月 20 日

太阳转入摩羯宫

一年：一共 12 个月的太阳史诗

十二月

十二月酷寒降临。十二月铺冰桥，十二月钉银钉，十二月封大地。12 个月结束一年，开始冬季。

水的任务完成了，连汹涌的大河流都被冰封住了。大地和森林盖上了雪被。太阳躲到乌云后面。白天越变越短，夜晚越变越长。

白雪埋葬了无数尸体！一年生植物按期长大、开花、结果，然后枯萎、重新化为它们所依附的泥土。一年生动物，即许多无脊椎小动物，也都按期度完一生，化为尘埃。

但是，植物留下了种子，动物产下了卵。到一定的时候，太阳将像童话《睡美人》中的英俊王子那样，用吻来唤醒它们。太阳将重新从泥土里创造出生命。多年生的动植物善于保护自己的生命，安全度过北方漫长的冬季，等待春天的降临。现在还未到隆冬，太阳的生日 12 月 23 日就要到了！

太阳终将回归人间。生命将与太阳一起复活。

但首先必须熬过寒冬。

冬天的书

大地上均匀地铺着一层白雪。现在田野和林中空地，像一本巨型书的光滑整洁的书面。任何人在上面走过，都会留下这样一行字："某某到此一游。"

白天下了一场雪。雪停了，这页书重新变得干干净净。

要是早晨你来看一看，会看见洁白的书面上，印满了各种各样神秘难解的符号、线条、圆点和逗点。这么说，夜里有各种各样的林中居民来过这里，它们在这里来回走动，蹦蹦跳跳，做了些事情。

谁来过这里？它们做了些什么？

必须赶快弄懂这些难解的符号，读完这些神秘的句子。要不然，再下一场雪，仿佛有谁把书翻了一页似的，在你眼前又将是一张干净、平整的页面。

各有各的读法

在这本冬天的书上，每一位林中居民都签了字，留下了各自的笔迹和符号。人们学习用肉眼来分辨这些符号。不用眼睛读，还能用什么读呢？

可是动物却想出了用鼻子读。比如，狗用鼻子闻闻冬书上的字，就会读到"狼来过这里"，或者"刚才一只兔子从这儿跑过"。

走兽的鼻子非常有文化，它绝不会读错的。

谁用什么写字

大多数走兽用脚写字：有的用 5 个脚趾头写，有的用 4 个脚趾头写，有的用蹄子写，也有用尾巴、鼻子和肚皮写的。

飞禽也用脚和尾巴写字，它们还用翅膀写字。

楷体和花体

我们的记者学会了读这本讲述林中大事的冬书。他们费了不少劲儿才掌握了这门学问。原来并非全部的林中居民都用楷书签字，有的喜欢要点儿小花招。

很容易辨认并牢记的是灰鼠的笔迹。它在雪地上蹦蹦跳跳，仿佛在玩跳背游戏似的。它跳的时候，短短的前脚支着地，长长的后腿叉得很开，向前伸出老远。前脚印小小的，并排印着两个圆点。后脚印长长的，分得很开，仿佛两只小手，伸着纤细的手指。

老鼠的字虽然小，可是简单易认。它从雪底下爬出来的时候，经常先绕个圈子，然后再朝着目的地一直跑去，或者退回到鼠洞里。这样一来，就在雪地上留下一长串冒号，冒号与冒号之间的距离一样长。

飞禽的笔迹也很容易辨认。比如说，喜鹊的三只前脚趾头在雪地上留下小“十”字，后面的第四个脚趾头，留下一个短短的破折号。小“十”字的两侧，印着仿佛手指头似的、翅膀上羽毛的痕迹。它那梯形长尾巴，必定会在雪上的某些地方留下痕迹。

这些签字都没有要花招。很容易看出来，这是一只灰鼠从树上爬下来，在雪地上蹦跳了一阵，又上树了；这是一只老鼠从雪底下跳出来，跑了一阵，转了几个圈，又钻回雪底了；这是一只喜鹊落了下来，在冻得硬邦邦的积雪上跳了一会儿，尾巴在积雪上抹了一下，翅膀在积雪上扫了一下，然后飞走了。

不过，请你试着认认看狐狸和狼的笔迹。你要是没看惯，准会被

搞得云里雾里。

小狗和狐狸，大狗和狼

狐狸的脚印很像小狗的脚印。区别只在于，狐狸把脚爪缩成一团，几只脚趾头紧紧并在一起。狗的脚趾头张开着，因此它的脚印浅一些，松软些。

狼的脚印很像大狗的脚印。区别也仅仅在于，狼的脚掌两侧往里缩，所以狼的脚印比狗的脚印更长、更匀称；狼脚爪和狼脚掌在雪上印得更深。狼的前爪印和后爪印之间的距离，比狗爪之间的距离更大。狼的前爪印，在雪地上通常汇合成一个印子。狗脚趾头上的小肉疙瘩并拢在一起，狼的却不是这样。

这是识别动物脚印的初步知识。

特别难读懂的就是狼脚印，因为狼喜欢耍诡计，经常故意搞乱脚印。狐狸也一样。

狼的诡计

当狼走路或者小跑的时候，总是把右后脚整齐地踩在左前脚的脚印里，把左后脚整齐地踩在右前脚的脚印里。所以，它的脚印是一条像绳子一样笔直的直线。

你看了这样一行脚印，会想到，有一只结实的狼从这里走过了。

那就错了。应该这样理解才对：有五只狼从这里走过去了。走在最前面的是一只聪明的母狼，后面跟着一只老公狼，再后面跟着三只小狼。

它们一步步仔细地踩着母狼的脚印走，你绝对不会想到这是五只狼的脚印。一定得认真训练自己的眼睛，才能成为一个善于根据雪径追踪兽迹的好猎人（猎人们把雪地上的兽迹称作雪径）。

冬天的树木

树木会冻死吗？当然会。

如果一棵树冻透了，冻到了心脏，那就必死无疑了。在特别寒冷、少雪的冬季，就会冻死不少树木，其中大多数是小树。如果树木不想点儿妙计保暖，让寒气侵袭到身体内部，那么所有的树木就会冻死。

摄取养分、生长发育和孕育后代都需要消耗大量的力和能，要耗费大量的热。树木在夏天里积聚起充分的能量，到冬天就停止摄取营养，停止生长，停止消耗能量繁殖后代。它们变得无所事事，陷入深沉的睡眠之中。

树叶散发大量的热，所以，冬天树木叫树叶“滚蛋”！树木抛弃树叶，放弃树叶，就是为了把维持生命必不可少的热保存在体内。何况，从树枝上掉落的树叶，在地上腐烂了，也会散发热量，保护娇嫩的树根，使它们不受冻。

不仅如此，每一棵树都有一副铠甲，保护植物的活机体，使它们不受严寒的侵袭。每年夏天，树木都在树皮下，储存多孔的软木组织：无生命的夹层填料。软木不透水，也不透空气。空气滞留在软木的气孔中，不让树木活机体中的热量向外散发。树越老，软木层就越厚，因此老树、粗树比小树、细树更容易熬过寒冬。

树木不仅有软木铠甲，如果严寒最终穿透了这层铠甲，那么在植物的活机体中，它将遇到可靠的化学防线。冬季来临之前，在树液里积蓄起各种盐类和可以转化为糖的淀粉。盐类和糖的溶液的抗寒能力都很强。

不过，松软的雪被才是树木最好的防寒设备。众所周知，体贴入微的园丁们有意把畏寒的小果树弯到地上，用雪把它们埋起来：这样，小果树就暖和多了。在白雪皑皑的冬天，大雪像床鸭绒被，把森林覆盖起来。那时，不管天多么冷，树木也不会害怕了。

无论严寒如何肆虐，它也冻不死北方的森林！

我们的“森林王子”顶得住暴风雪的进攻。

雪下牧场

周围白茫茫的一片，雪积得很深。你想到，大地上只有积雪，花儿早已凋谢，草儿也已枯萎，你感到极其郁闷。

人们通常都这么认为，而且还自我安慰道：“唉，得了吧！大自然就是这么安排的！”

我们对大自然还了解得太少！

今天天晴了，也很暖和。我就利用这个机会，蹬上滑雪板，滑到小牧场，把小实验场里的积雪清除干净。

积雪清除完了。这时，阳光照亮了正月的花草。它照亮了匍匐在冰冻的地面上的小绿叶，照亮了从枯草根下钻出来的新鲜的小尖叶，也照亮了被积雪压倒在地的各种小绿草茎。

在这些植物当中，我找到了我种的毛茛。它在冬季之前就开花了，这会儿在雪底下保存着所有的花朵和花蕾，等待着春天的到来。连花瓣都没有掉落！

你们知道在我这小小的实验场上有多少种植物吗？一共有 62 种。现在其中有 36 种透着绿色，有 5 种开着花。

你还说 1 月份我们牧场上既没有草，更没有花呢！

■ 发自尼·芭芙洛娃

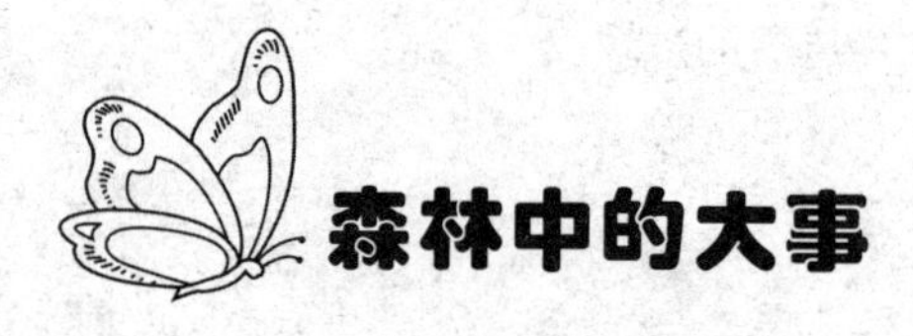

森林中的大事

以下几件林中大事，都是我们的森林记者根据雪径读懂的。

缺少文化的小狐狸

在林中空地上，小狐狸看见了几行老鼠的小脚印。

“哈哈！”它想，“这下可有东西吃啦！”

它也没用鼻子好好“读读”刚才谁来过这里，只瞧了瞧：哦，脚印子是通往那边去的，一直通到那棵灌木下。

它悄悄地走向那棵灌木。

它看见雪地里有个穿着灰色皮袄、拖着根小尾巴的小东西在蠕动。它一把抓住它，咬了一口：“嘎吱！”

“呸！呸！呸！”什么臭玩意儿，臭死啦！它连忙吐出小兽，赶紧跑到一旁去吃雪……用雪把嘴巴漱漱干净。那味道真是太难闻了。

小狐狸的早饭没吃成，只不过白白地咬死了一只小兽。

原来那只小兽不是老鼠，是鼩鼱。

远远地看，它像只老鼠。走近一看，马上可以认出来，鼩鼱的嘴长长地凸出来，背部隆起。它是食虫兽，跟田鼠、刺猬是近亲。有文化的野兽都不会去碰它，因为它的味道太可怕了，像麝香似的。

可怕的脚印

我们的森林记者，在树下发现一串爪印很长的脚印，看了简直叫

人害怕。脚印本身倒不大，跟狐狸脚印差不多，可是爪印像钉子似的又直又长。要是用这样的脚爪抓一下肚皮，肯定会把肚肠揪出来。

记者小心谨慎地沿着脚印走。他们来到一个很大的洞前，洞口的雪地上散落着细毛。他们仔细查看了一番。细毛笔直坚硬，不易折断；毛身的颜色是白的，毛尖是黑色的。人们通常用它来做毛笔。

他们立刻明白了，住在洞里的是獾。獾是个忧郁的家伙，但并不十分可怕。显然，它是趁着暖和的化雪天出来逛逛的。

雪下的鸟群

兔子在沼泽地上蹦蹦跳跳，从一个草墩跳到另一个草墩，从这个草墩又跳到下一个草墩，忽然“扑通”一声摔了下来，掉在雪里，雪没到它的耳朵边。

兔子觉得脚下有个活的东西在动。就在这一瞬间，从附近的雪底下，飞起了一大群白鹧鸪，翅膀扑得震天响。兔子吓得魂飞魄散，慌忙跑回了森林。

原来有一群白鹧鸪住在沼泽地的雪底下。白天，它们飞出来，在沼泽地上走来走去，挖雪里的蔓越橘吃。它们吃了一阵，又返回雪底下。

在那里，它们既暖和，又安全。谁能发现躲藏在雪下的它们呢？

雪爆炸了，鹿得救了

我们的记者，好久也猜不透雪地上的一些脚印，它们仿佛记载着一个谜一般的故事。

一开始是些步态安稳的细小狭窄的兽蹄印。这不难读懂：有一只母鹿在林子里走过，丝毫没感到不幸正在等待着它。

突然，在蹄印旁，出现了许多大脚爪印，于是母鹿的脚印开始跳跃。

这也很好懂：一只狼从密林里看见了母鹿，朝它横扑过来。母鹿飞快地从狼身旁逃走。

接着，狼脚印离母鹿脚印越来越近，眼看就要追上母鹿了。

在一棵倒地的大树旁，两种脚印完全混在了一块儿。看来，母鹿刚刚来得及跳过大树干，狼紧跟着蹿了过去。

树干的那一边，有个深坑，坑里的积雪，都给击碎了，撒在四处，仿佛有个巨型炸弹在雪下爆炸了似的。

在这之后，母鹿的脚印朝一个方向，狼的脚印朝另一个方向，这当中还夹着不知从哪儿冒出来的巨大的脚印，很像人的脚印（光脚的脚印），只是带着可怕的、弯弯的爪印。

究竟一颗什么样的炸弹埋在雪里？这可怕的新脚印是谁的？为什么狼朝一个方向跑，母鹿朝另一个方向跑？这期间究竟发生了什么？

我们的记者，久久地冥思苦想着这些问题。

后来，他们终于搞明白了这些巨大的爪印是谁的。这样一来，一切就都清楚了。

母鹿凭着它的飞毛腿，毫不费力地跳过了倒在地上的树干，向前飞奔。狼紧跟着也跳了起来，但是没有跳过去。它的身子太重了，“扑通”一声，从树干上掉进了雪里，四条腿一齐陷入了熊洞里。原来熊洞正好在树干底下。

熊从睡梦中被惊醒，惊慌失措地蹦了起来，于是冰雪和树枝一起往四下里乱飞，仿佛炸弹炸过一样。熊飞快地向树林里逃窜，也许它以为有猎人向它进攻了。

狼倒栽进雪里，看见这么个胖家伙，吓得忘了母鹿，只顾自己逃命。而母鹿也早已逃得不见踪影。

雪海深处

初冬时节，雪下得还不多，这时，田野和森林里的野兽日子最难过。地面光秃秃的，冻土越来越厚。地洞里变冷了。连鼹鼠都在遭罪，

极其费劲地用它那铁锹似的脚爪，挖掘硬得像石头的冻土。老鼠、田鼠、伶鼬和白鼬又该怎么办呢?

终于下大雪了。雪不停地下呀，下呀，积雪也不再融化。一片干燥的雪海覆盖住整个大地。人站在雪海里，雪没到膝盖。榛鸡、黑琴鸡甚至松鸡，都把头钻进了雪里。老鼠、田鼠、鼩鼱以及其他所有不冬眠的穴居小野兽都从地下住所钻了出来，在雪海底跑来跑去。凶猛的伶鼬，不知疲倦地在雪海里钻来钻去，好像一只小不点儿海豹。有时，它跳出雪海待一两分钟，看看有没有榛鸡从雪底探出头来，之后又钻回雪海底。它就这样，悄无声息地从雪下钻到鸟跟前。

雪海底比雪海面暖和得多。凛冽的寒风，冬天的死亡气息，都吹不到那里。厚厚的雪层不让严寒接近地面。许多穴居的老鼠，把自己的冬巢直接筑在雪下的地上，仿佛到冬季别墅里避寒。

竟然还有这种事！有一对短尾巴田鼠，用草和毛在地上做了个小巢，就搭在一棵盖着雪的灌木枝上。从巢里冒出轻微的热气。

几只刚出生的小不点儿田鼠，就住在这厚雪覆盖下的暖和的小巢里。它们身上光溜溜的，没长毛，眼睛也还闭着呢！那时严寒正肆虐，达零下 20℃呢！

冬天的中午

1 月份一个阳光灿烂的中午，白雪掩盖着的树林里一片寂静。熊主人正在秘密洞穴里睡觉。在熊的头顶，是被雪压得垂下来的乔木与灌木。在这些树木之间，隐约可见许多奇特的小住房的拱形圆顶、空中走廊、庭阶和窗户，以及稀奇古怪的带尖顶房盖的塔形小屋。这一切都在闪闪发光，无数小雪花像钻石似的闪烁着。

一只小巧玲珑的小鸟，好像从地下钻出来似的，突然跳了出来。它长着锥子般的尖嘴巴，尾巴向上撅着。小鸟展翅飞到枞树顶，啼啭声响彻整个树林！

这时，一只绿色的混浊的眼睛，突然出现在雪房子下地洞的小窗口前……难道春天提前降临了？

这是熊的眼睛。熊总是在它进洞睡觉的那一面，留一扇小窗——天知道树林里会发生什么事！还好，在钻石般坚硬的房子里，一切平安……于是，眼睛从窗口消失了。

小鸟在冰雪覆盖的树枝上，乱蹦了一阵，又钻回雪帽子底下的树桩里去了。那里，它有一个用柔软的苔藓和绒毛做的温暖的冬巢。

集体农庄纪事

树木在严寒中沉睡。树干里的血液（树液）被冻得凝住了。锯子的声音在树林里不知疲倦地响着。人们整个冬天都在采伐木材。冬天采伐的木材干燥结实，是最珍贵的。

为了让木材在春天时随着河水漂流出去，人们把锯下来的木材搬运到大大小小的河流边，同时修建冰道——宽阔的冰上之路。他们往积雪上浇水，就像浇溜冰场似的。

集体农庄庄员们在准备春播。他们在选种和查看庄稼苗。田野里的灰山鹑群，现在都住在打谷场附近，常常飞到村子里来。它们很难在厚厚的积雪下找食物吃。即使扒开了积雪，要用细瘦的脚爪刨开厚厚的冰壳层，更是难上加难的事。

冬天很容易捕捉山鹑，但这是违法的，因为法律禁止冬天捕捉软弱无助的山鹑。

聪明而体贴的猎人，冬天还不时喂喂山鹑，给它们在田野里开办食堂，用枞树枝搭起小棚子，在棚底下撒上燕麦和大麦。

这样一来，即使在最酷寒的冬季，美丽的山鹑也不会饿死。第二年夏天，每一对山鹑又会孵出 20 只或 20 只以上的小山鹑。

集体农庄新闻

（发自尼·米·芭芙洛娃）

耕雪机

昨天，我到启明星集体农庄去看望我的一位中学同学，拖拉机手米沙。

米沙的妻子给我开了门，她特别爱开玩笑。

“米沙还没回来，”她说，“在耕地呢！”

我想：“她又在跟我开玩笑。这玩笑开得也太蠢了点儿吧！在耕地呢！也许连托儿所里刚会爬的孩子都知道，冬天不耕地。”

于是我也打趣地问道：“是在耕雪吧？”

“不耕雪，还耕什么呀？当然在耕雪。”米沙的妻子回答。

我去找米沙。无论这是多么地令人惊讶，我还是在田里找到了他。他开着拖拉机，拖拉机后面挂着一只长木箱。木箱把雪归拢到一起，堆成一堵结实的高墙。

“米沙，为什么这么做？”我问。

“这是用来挡风的雪墙。要是不堆这么一堵墙，风就会在田里乱跑，把雪都刮走了。要是没有雪，秋播谷物就会冻死。必须把田里的雪留住。所以，我在用耕雪机耕雪。”

冬季作息时间表

集体农庄的牲畜，现在根据冬季作息时间表生活，按照规定时间睡觉、吃饭和散步。4 岁的集体农庄女庄员马莎是这么解释给我听的：“我和我的小朋友们，现在都上幼儿园了。也许牛和马也上幼儿园了。

我们去散步的时候，它们也去散步。我们回家的时候，它们也回家。”

绿腰带

一排排匀称的枞树沿着铁路线，绵延数千米长。这条绿腰带保护着铁路不受风雪侵袭。每年春天，铁路职工都要种数千棵小树，延长这条绿腰带。今年种了 10 万多棵枞树、洋槐和白杨，以及将近 3000 棵果树。铁路职工还在苗圃里培育各种树苗。

城市新闻

赤脚在雪地上爬

在出太阳的日子里，温度表的水银柱上升到了0℃。这时，在花园里、林荫道上和公园里，许多没有翅膀的小苍蝇从雪下面爬了出来。

它们在雪上爬了整整一天。晚上，它们又藏到了冰缝和雪缝里。

它们住在僻静暖和的角落里，藏在落叶或苔藓下。

在它们爬过之后，雪上并没有留下痕迹。这些小虫子身子非常小、非常轻，只有用倍数很大的放大镜才可以看清楚它们突出的长嘴巴、奇怪的犄角和纤细的光脚。

国外消息

从国外给《森林报》编辑部寄来了有关候鸟生活详情的报道。

我们著名的歌手夜莺在非洲中部过冬，百灵鸟住在埃及，椋鸟分别到法国南部、意大利和英国旅行。

它们在那儿不唱歌，只是忙着张罗吃的。它们没有做巢，也没有养育后代；它们只是在等待春天的到来，等待飞回故乡的日子。因为常言道："在家千日好，出门万事难。"

百鸟聚会在埃及

埃及是鸟儿冬季的乐园。雄伟开阔的尼罗河上支流无数，河滩上布满淤泥，河水泛滥所到之处，形成了肥沃的牧场和农田。湖泊和沼泽遍布，既有咸水湖，也有淡水湖。暖和的地中海沿岸弯弯曲曲，形成众多港湾。这些地方到处都有丰盛的食物，可以招待千千万万的鸟儿。夏天，这里已是鸟儿遍布；到了冬天，我们的候鸟也飞过来了。

百鸟聚会，盛况空前，似乎全世界的鸟都飞聚到这里来了。

水禽密密匝匝地栖息在湖上和尼罗河支流上，远远望去，连水都看不见了。嘴巴下长着个大肉袋的鹈鹕，跟我们的小灰鸭和小水鸭一起抓鱼。我们的鹬在漂亮的长脚红鹤之间来回踱步；只要看见五彩的非洲乌雕或者我们的白尾金雕，它们就向四处逃散。

要是湖面上响起枪声，一群群各式各样的鸟儿立刻密密匝匝地飞起来，发出震耳欲聋的喧嚣声，如同一齐擂响了千面鼓。顿时，一大片黑影笼罩在湖面上空，因为飞起来的鸟群挡住了太阳。

我们的候鸟就这样生活在冬天的住所里。

国家禁猎区

在我们辽阔的国土上，也有一处鸟儿的乐园，一点儿不比非洲的埃及差。我们的许多水禽和沼泽地里的鸟儿都飞到那里过冬。像在埃及一样，在那里，冬天你可以看见一群群的红鹤和鹈鹕，其中混杂着众多的野鸭、大雁、鹬、鸥和猛禽。

我们说冬天，可是那儿恰恰没有冬天，没有像我们这样的积雪、严寒和大风雪的冬天。在温暖的、布满淤泥的浅海湾里，在芦苇丛生、灌木茂密的沿岸，在风平浪静的草原湖泊上，一年四季，各种各样的鸟食应有尽有。

这些地区都是禁猎区，禁止猎人捕杀这些辛苦了一夏飞来歇息的候鸟。

这就是我国的塔雷斯基政府禁猎区，位于里海东南岸的阿塞拜疆共和国境内，在林柯拉尼亚附近。

惊动南部非洲

在南部非洲发生了一件引起轰动的大事。在一群从天空飞落的白鹳中，人们发现其中一只脚上套着白色的金属环。

人们捕捉了这只戴环的白鹳，读懂了金属环上刻的字："莫斯科。鸟类学研究委员会，A 组第 195 号。"

在报上刊登了这则消息，因此我们得知，前段时间我们记者抓住的那只白鹳在哪里过冬。

科学家利用给鸟戴脚环的方法，了解到关于鸟类生活的众多惊人的秘密。例如，它们的越冬地、移飞线路，等等。

为此，世界各国的鸟类学研究委员会都用铝制作了大小不等的环，在环上刻上了放环机构的名称，还刻上组号（按环的大小分组）和号码。如果有谁抓住或打死这种戴环的鸟，应该按照环上刻着的机构名称通知相关科研单位，或者在报上刊登自己的发现。

祖国各地播报

无线电呼叫

请注意！请注意！

我们是列宁格勒《森林报》编辑部。

今天，12 月 22 日，是冬至日。现在，我们将举办今年最后一次祖国各地无线电播报。

呼唤冻原带、草原、密林、沙漠、山岳和海洋。

现在正是数九寒冬，今天是一年当中白天最短、黑夜最长的一天。请讲一讲，现在在你们那儿所发生的事。

喂！喂！这里是北冰洋极北群岛

我们这里正是黑夜最长的时候。太阳已离开我们，沉到海洋里去了，在春天降临之前，它再也不会升起来了。

冰雪覆盖海洋。在我们岛屿的冻原带上，也是漫天冰雪。

还有什么动物留在我们这里过冬呢？

海豹住在海洋的冰底下。当冰还是薄薄一层的时候，它们就在冰层凿了通气孔，并尽量使通气孔保持畅通，一有薄冰堵住通气孔，它们立刻用嘴打通。海豹游到通气孔前呼吸新鲜空气，有时也通过通气孔爬到冰面上，休息会儿，睡会儿觉。

这时候，公白熊会偷偷靠近它们。公白熊不像母白熊，它们不冬眠，不躲到冰窟窿里过冬。

短尾巴旅鼠住在冻原带的雪底下，它们挖了条雪下通道，啃埋在雪里的小草。浑身雪白的北极狐用鼻子搜寻它们，把它们从雪下刨出来。

北极狐还可以品尝到野味——冻原带鹧鸪。当冻原带鹧鸪钻进雪里睡觉的时候，嗅觉灵敏的小狐狸可以毫不费力地悄悄走过去抓住它们。

除此之外，我们这儿冬天就没有其他的飞禽走兽了。就是北方鹿，一到冬天，也千方百计离开群岛，沿着冰走到密林去。

这儿一直是夜晚，黑沉沉的。没有太阳，我们怎么看东西呢？

原来我们这里即使没有太阳，也经常是亮堂堂的。首先，该有月亮的时候，就月光耀眼。其次，我们这里经常出现北极光，在天空熠熠闪烁。

这种令人心醉神迷的光，不断变换着色彩，一会儿像条飘动飞舞的宽带，朝着北极方向在空中铺展开来；一会儿像瀑布似的直泻而下；一会儿又像根柱子或像柄剑似的腾空升起。洁白无瑕的白雪，在北极光下熠熠生辉，光芒四射。天空变得几乎跟白天一样明亮。

天寒地冻吗？是的，真正的数九寒冬，刮大风，还有暴风雪。暴风雪那个猛啊，我们已经一连七天不能从被雪埋住的屋里往外探头了。但是，什么也吓不倒我们苏维埃人。我们每年越来越深入地向北冰洋挺进。勇敢无畏的苏维埃北极探险队员，甚至早就开始研究北极了。

这里是顿涅茨草原

我们这儿也在下小雪。这对我们没什么影响，我们这儿的冬天不长，也不太冷，甚至并非所有的河流都结冰。野鸭从各个湖泊飞到这里，不想继续南飞了。白嘴鸦从北方飞来，逗留在各个乡镇、城市里。在这儿它们要吃的东西应有尽有，可以一直住到明年3月中旬，然后飞回家，飞回故乡去。

在我们这儿过冬的，还有来自遥远冻原带的小客人——雪鹀（铁爪鹀）、角百灵、个儿很大的白色极地猫头鹰。极地猫头鹰白天出来觅食，要不然，它夏天在冻原带上怎么过呢？夏天在冻原带总是白天，没有黑夜。

冬天，在空旷的、白雪皑皑的草原上，人们没有活儿可干。但是，在地底下，我们要干的活儿可多啦！在深邃的矿井里，我们用机器挖石煤，用电力升降机把煤送上地面，用长长的火车把煤运往全国各地，送到大大小小的工厂。

这里是新西伯利亚原始森林

原始森林里的雪越积越厚。猎人们乘着滑雪板，一群群地前往原始森林。他们乘着轻便雪橇，雪橇上载着生活必需品。北极犬在他们前面奔跑，它们都长着蓬松的卷尾巴和竖起的尖耳朵。

原始森林里住着数不清的淡蓝色灰鼠、珍贵的黑貂、毛茸茸的猞猁狲、兔子、高大的麋鹿、棕黄色的鸡貂（用鸡貂毛可制成最好的画笔）和白鼬。（从前用白鼬皮给沙皇做斗篷，现在用白鼬皮给孩子们做帽子）。还住着数不清的火红色的火狐和棕黄色的玄狐、美味可口的榛鸡和松鸡。

熊早已在隐秘的熊洞里睡着了。

猎人们在原始森林里一住就是好几个月，在那里的小木屋过夜。冬季的白天很短，他们忙着设置陷阱捕捉各种飞禽走兽。这时，他们的北极犬就在原始森林里跑来跑去，东闻闻，西看看，不时地侧耳静听，搜寻松鸡、灰鼠、西伯利亚鼬和麋鹿，或者睡得正香的熊。

当猎人们结伴回家的时候，他们的雪橇上满载着猎物。

这里是卡拉库姆沙漠

春天和秋天，沙漠并不像荒漠，而是生机勃勃。

夏天和冬天，沙漠里笼罩着死亡。夏天，沙漠里没有东西可吃，热浪滚滚；冬天，沙漠里也没有东西可吃，酷寒逼人。

冬天，飞禽走兽纷纷逃离这可怕的地方。南方明媚的太阳，徒然照耀在这一望无际的、白雪覆盖的平原上，没有动物前来欣赏晴朗的天空。太阳把积雪融化，雪底下只有了无生气的沙子。乌龟、蜥蜴、蛇和昆虫，甚至老鼠、黄鼠和跳鼠这类热血动物都深深地钻进沙子里，冻僵了，冬眠了。

凶悍的狂风在旷野里游荡，没有谁来阻挡它。冬天，风是沙漠的主人。

不过，风不会永远主宰沙漠。人类正在征服沙漠——开挖灌溉渠、植树造林。以后，即使在夏天和冬天，沙漠也将焕发出活力。

喂！喂！这里是高加索山区

在我们这儿，冬天里，既有冬天，也有夏天；夏天里，既有夏天，又有冬天。

在我们这儿像卡兹别克山和厄尔布尔士山这样的高山上，山峰高傲地直插云霄，即使夏天灼热的太阳，也融化不了山顶的积雪和冰岩。但是冬天的寒气也征服不了受到群山保护的、百花盛开的谷地和海滨。

冬天只能把羚羊、野山羊和野绵羊从山顶赶到半山腰，再往下赶就赶不成了。冬天，山上雪花飘飘，山下谷地里却下着温暖的雨。

我们刚刚在果园里采下橘子、橙子和柠檬上交给国家。玫瑰在花园里盛开，蜜蜂嗡嗡地飞来飞去。在向阳的山坡上，第一批春花开了：有白中带绿的雪花，有黄色的蒲公英。在我们这儿，鲜花一年四季盛开，母鸡一年四季下蛋。

冬天，当饥饿与寒冷降临的时候，我们这儿的飞禽走兽不用远离夏天的居住地，只需要从山顶下撤到半山腰或者山脚、谷地来，就可以吃得饱、住得暖。

我们高加索收留了多少长着翅膀的客人啊！为这些逃避北方酷寒的难民，提供了栖息之地！

苍头燕雀、椋鸟、百灵、野鸭和长嘴巴的勾嘴鹬纷纷飞到这里。

虽然今天是冬至，是一年中白天最短、黑夜最长的一天，但明天就是白天阳光灿烂、夜晚繁星满天的日子了。在我国的北冰洋那端风雪呼啸、冰冷刺骨，朋友们连门都出不了。可是，在我国的这一端，我们连大衣都不用穿就可以出门，稍微穿些衣服就觉得很暖和。我们欣赏着高耸入云的群山、悬挂在纯净夜空中细如镰刀的弯月。平静的大海中的波浪，在我们脚下轻轻地拍打着。

这里是黑海

是啊，今天，黑海的波浪轻轻拍打着海岸。在微波的轻抚下，沙滩上的鹅卵石发出低沉的催眠声。细细的月牙儿映照在幽暗的海面上。

暴风雨早已离我们远去。那时，大海波涛汹涌，白浪滔天，狂涛愤怒地冲击着礁石，从远处轰隆隆、哗啦啦地飞溅到岸上。那时是秋天。到了冬天，大风很少来打扰我们。

在黑海没有名副其实的冬天，海水只是稍稍变凉，北海岸旁稍稍蒙上一层薄冰。我们的大海一年四季都热闹非凡：快乐的海豚在海里嬉戏，黑鸬鹚在水里钻进钻出，白色的海鸥在海上飞舞。一年四季，漂亮的大汽船和轮船在海面上来回穿梭，摩托快艇在疾驶，轻便帆船在飞驰。

潜鸟、各种潜鸭和胖嘟嘟的粉红色鹈鹕都飞到这儿来过冬。鹈鹕的嘴巴下面长着个盛鱼的大肉袋。在我们海上，冬天并不比夏天寂寞。

这里是列宁格勒《森林报》编辑部。

你们看，在我们苏联有各种各样丰富多彩的春天、夏天、秋天和冬天。这是我们祖国的春夏秋冬，都属于我们伟大的祖国。

请你自己选择一个心仪之处吧！无论你走到哪里，无论你在哪儿定居，等待你的都是锦绣河山和独特的工作——研究和开发我国国土上的新美景和新资源，建设更美好的新生活。

这是我们今年第四次，也是最后一次祖国各地无线电播报，到此结束。

再见！再见！

明年再见！

一箭射中目标！一语击中答案！

第十场比赛

1. 根据日历，冬天从哪一天开始？这一天有什么特点？
2. 哪一种食肉兽的足迹上看不见爪印？为什么？
3. 渔民不喜欢哪些毛皮珍贵的野兽？
4. 冬天，树木还会生长吗？
5. 为什么猎人们最喜欢在下过初雪后打猎？
6. 哪些鸟钻进雪里过夜？
7. 冬天，在田野和森林里，猎人穿什么颜色的衣服最合适？
8. 为什么兔子奔跑的时候，后脚印在前脚印的前面？

9. 我们这儿的候鸟飞到南方后，在那儿筑巢吗？
10. 这雪地上的足迹是哪种动物的？

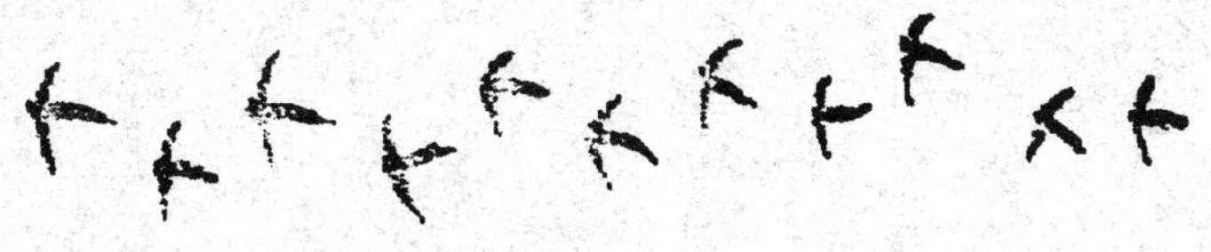

11. 林中什么鸟的眼睛长得靠近后脑勺？为什么？
12. 狐狸和艾鼬都不吃哪种小野兽？
13. 哪种食肉兽的脚印和人的脚印相似？

14. 猎人有时会打到一些兔子，兔子背上有猫头鹰或鹞鹰的爪痕。这是为什么？
15. 这里画着一只被猎人打伤的狍子的脚印。请问，这只狍子伤势如何？

16. 一件大袍，没襟没纽，空中乱舞。（打一物）
17. 似马不是马，只在野外窜，总也不回家。（打一动物）
18. 在雪地上奔跑，从不留下足迹。（打一自然现象）
19. 门口有个怪老头，看到热气全带走；自己从不停留，也不让别人逗留。（打一自然现象）
20. 不用斧头不用钉，不用楔子不用板，谁能在河上造座桥？（打一自然现象）
21. 像钻石一样晶莹剔透，价格却不贵重；从哪里来，还回到哪里去。（打一物）
22. 飞呀飞，转呀转，牢骚传遍全世界。（打一物）
23. 种子撒入土中，大饼钻出土里。这指的是哪几种农作物？
24. 不用种来不用磨，只要用水泡；上面压块石头，冬季添道菜肴。（打一物）

通告

第九场测验

"锐眼"称号竞赛

这是谁的脚印？

图 1

这是哪种动物的脚印？

图 2

这又是哪种动物的脚印？是兔子的吗？这是两种兔子的脚印：雪兔和灰兔。哪些脚印是雪兔的？哪些脚印是灰兔的？

图 3

这是哪种动物的脚印？

树叶掉光了。请根据树枝和树干认一认，在你面前的都是些什么树？

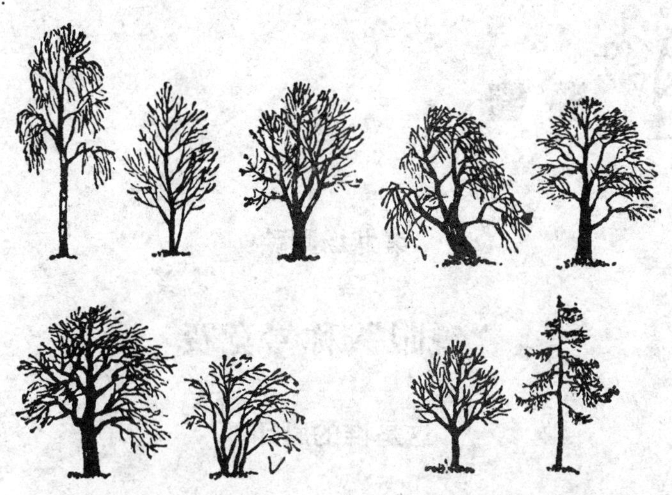

森林、田野和果园的初级自学教程

大家都可以自学。

请一边走，一边仔细观察：何种飞禽走兽在雪地上留下何种足迹。

请学会阅读这本伟大的白色冬书。

请关心森林中那些无家可归、忍饥挨饿的小朋友！

难啊，太难了！冬天，鸣禽和其他小鸟度日如年。它们四处寻找躲避严寒与狂风的住所，但是找不到，于是就冻死了。

“咕！咕！咕！快来救救我们吧！”

我们现在就去救它们。

给小鸟建个过夜的树洞吧！用枞树枝和干草给田里的灰山鹑搭个小窝棚吧！

给小鸟们开办个免费食堂吧！

邀请贵宾：山雀和鸸

山雀和鸸都喜欢吃油脂。当然，不能是咸的，它们吃了咸东西会闹肚子。

在这个对小鸟来说最困难的季节，谁要是想邀请有趣可爱的小鸟到家里做客，欣赏欣赏它们，让它们饱餐一顿，可以这么做：

拿一根小棒，在上面钻一排小孔，把烧熟的猪油或牛油浇进去。等油脂凝固后，把小棒子挂到窗外，如能挂在窗前的树上则更好。

这些快乐的小客人不会让你久等的，为了感激你的招待，它们还会表演各种精彩的节目给你看：在树上转圈、头朝下翻筋斗、跳跃以及其他惊险动作。

诚邀灰山鹑到我们的窝棚来

人们为美丽的灰山鹑，用枞树枝在田里搭了这样的小窝棚。

人们还在窝棚里撒上燕麦和大麦招待它们。

森　林　报

第 11 期

饥寒交迫月

（冬季第二月）

1 月 21 日 ~2 月 20 日

太阳转入宝瓶宫

一年：一共12个月的太阳史诗

一月

俗话说得好，一月是走向春天的转折，是一年的开始，是冬季的中心，向往着夏日的骄阳，忍受着冬天的严寒。到了新年，白天如同兔子似的猛地往前一蹿——变长了。

白雪覆盖着大地、森林和水，周围的一切仿佛都陷入了永不苏醒、死一般的沉睡中。

每当遇到困难的时候，生命总善于巧妙地伪装死亡。花草树木都停止了生长，但是并没有死亡。

在白雪的死亡阴影的笼罩下，它们蕴藏着强大的生命力——生长与开花的能力。松树和枞树把种子紧紧地裹在小拳头般的球果里，保存完好。

冷血动物隐藏起来，冻僵了。不过，它们都没有被冻死，甚至像螟蛾这样柔弱的小动物也没有被冻死，而是躲到了不同的隐蔽所。

鸟的血特别热，它们从来不睡觉。许多动物，甚至连小老鼠，整个冬天都跑来跑去。还发生了一桩怪事，在深雪下面的熊洞里冬眠的母熊，竟然在一月份的酷寒中，产下了一窝闭着眼睛的小熊。虽然它自己一个冬天什么也没吃，却喂奶给小熊吃，一直喂到了开春！

森林中的大事

树林里冰冷刺骨

凛冽的寒风在空旷的田野里游荡，在光秃秃的白桦树和白杨树间飞驰。冷风渗入紧密的羽毛，钻入浓密的皮毛，把血都冻得凝住了。

它们既不能蹲在地上，也不能栖在树枝上，白雪皑皑，脚爪都冻僵了！必须跑着、跳着、飞着，想方设法取暖。

谁要是有暖和舒适的洞穴或鸟巢，有储满粮食的仓库，谁的日子就好过。它们可以吃得饱一点儿，蜷缩成一团，美美地睡上一觉。

填饱肚皮不怕冷

对于飞禽走兽来说，最重要的是填饱肚皮。吃饱后身体内部会发热，使血变得热起来，一股暖流传遍全身血管。皮下脂肪是暖和的毛皮大衣或羽绒大衣最理想的里子，即使寒气能穿透毛皮，钻入羽毛，也绝对穿不过皮下脂肪。

如果食物充足，冬天就不可怕。可是，冬天上哪儿去找食物呢？

狼和狐狸在树林里走来走去，林子里空荡荡的，飞禽走兽有的躲起来了，有的飞走了。白天，乌鸦飞来了；晚上，雕鸮飞来了，它们在搜寻猎物，可是，找不到猎物啊！

在林子里肚子饿啊，饿极啦！

一个跟着一个

乌鸦最先发现一具马的尸体。

“呱！呱！”一大群乌鸦飞了过来，准备吃晚饭。

这时已将近傍晚，天渐渐变黑，月亮出来了。

忽然，从树林里传来叹气声：“呜咕……呜，呜，呜……”

乌鸦飞走了。一只雕鸮从林子里飞出来，落在马尸上。

它用嘴巴啄着肉，耳朵抖动着，白眼皮眨巴着，刚想美美地饱餐一顿，忽然雪地上响起沙沙的脚步声。

雕鸮飞上了树。狐狸来到尸体前。

只听得咯吱咯吱一阵牙齿响。它还没来得及吃饱，狼就来了。

狐狸逃进了灌木丛，狼扑到尸体上。它浑身的兽毛直立，牙齿像把刀子似的剔下一块块马肉，满意得直哼哼，连周围的声音都听不见了。过了一会儿，它抬起头，把牙齿咬得咯咯响，似乎在说：“别过来！”接着，又独自吃起来。

突然，一声雷鸣般的怒吼在它头顶炸响，狼吓得一屁股坐在地上，赶紧夹起大尾巴，一溜烟跑了。

原来是森林的主人——熊驾到了。

这下子谁也不敢走近了。

黑夜将尽时，熊吃完了饭，睡觉去了。而狼夹着尾巴，一直恭候着呢。

熊刚走，狼就扑到了马尸上。

狼吃饱了，狐狸来了。

狐狸吃饱了，雕鸮飞来了。

雕鸮吃饱了，乌鸦们又聚拢来了。

这时，天边露出了鱼肚白，这顿免费大餐早已被吃得差不多了，只剩下一点儿碎骨头。

芽在哪里过冬

现在，所有的植物都处于生长停滞状态。可是它们都为迎接春天、开始发芽做好了准备。

这些芽在哪里过冬呢?

树木的芽，在远离地面的高空过冬。草的芽各有各的过冬方法。

例如林繁缕的芽，在枯茎叶的怀抱里过冬。它的芽绿绿的，还活着；而叶子却早在秋天就枯黄了，整棵草仿佛死了一般。

可是，触须菊、卷耳、石蚕草以及许多其他低矮的草，不仅在雪底下保全了芽，而且还把自己保护得完整无损，准备浑身绿油油地迎接春天。

这么说来，虽然离地不高，这些小草的芽都是在地上过冬的。

其他草芽的越冬地就不一样了。

去年生长的艾蒿、牵牛花、草藤、金梅草和立金花，这会儿在地上已不见踪影，只剩下半腐烂的叶和茎。

假如想寻找它们的芽，可以在紧挨着地面的地方找到。

草莓、蒲公英、苜蓿、酸模和蓍草的芽也在地面过冬，不过，它们被绿叶簇包裹着。这些草也将绿油油地从雪底下钻出来。其他许多草把芽保存在地底下过冬。鹅掌草、铃兰、舞鹤草、柳穿鱼、狭叶柳叶菜和款冬的芽，在根状茎上过冬；野大蒜和野葱的芽，在鳞茎上过冬；紫堇的芽在小块茎上过冬。

陆上植物的芽，就在上述地方过冬。而水生植物的芽，则在池底或湖底的淤泥里过冬。

小木屋里的荏雀

在饥寒交迫月里，各种林中野兽和飞鸟，都会往人住的地方靠近。在这里比较容易搞到食物，靠一些废弃物生活。

饥饿战胜了恐惧。这些小心翼翼的林中居民，不再害怕人类。

黑琴鸡和灰山鹑潜入打谷场和谷仓；灰兔跑到菜园里来；白鼬和伶鼬钻进地窖捉老鼠；雪兔跑到村旁的干草垛里啃干草。一天，一只荏雀竟然从敞开的门里飞进了我们《森林报》记者住的小木屋。它的羽毛是黄色的，脸颊白白的，胸脯上长着黑条纹。它对人毫不理会，动作麻利地啄食餐桌上的食物碎屑。

主人关上门，于是荏雀被俘了。

它在小木屋里住了整整一个礼拜。虽然没人惊扰它，但是也没人喂它，它却一天天地明显胖了起来。它整天在屋里打食吃，搜寻蟋蟀，搜寻藏在木板缝里的苍蝇，捡拾食物碎屑，晚上就钻进俄式火炕后面的细缝里睡大觉。

几天后，它抓完了所有的苍蝇和蟋蟀，就开始啄起面包来。它把所能看见的一切东西，如书、小盒子和木塞子等都啄坏了。

这时，主人只好打开房门，把这位小不速之客赶了出去。

我们如何打猎

一大早，我和爸爸一起去打猎。清晨寒气逼人。雪地上有很多脚印，可是爸爸说："这是新脚印。兔子就在不远处。"

爸爸让我沿着脚印走，他自己则守候在原地。兔子如果被人从躲藏处赶出来，总是先转个圈子，然后沿着自己的脚印往回跑。

我顺着脚印走。脚印很多，但是我坚持往前走。很快，我就把兔子赶出来了。它躲在柳树丛下面。兔子惊慌失措地转了个圈子，然后顺着自己原先的脚印跑去。我迫不及待地等待枪响。1 分钟过去了，又 1 分钟过去了。突然，在万籁俱寂中传来一声枪响。我朝枪响的地方跑去，很快看见了爸爸，在离他大约 10 米远的地方躺着一只兔子。我捡起兔子。我们带着猎物回家了。

■ 发自森林记者　维克多

野鼠从森林里出动啦

这会儿，许多林中野鼠的粮仓已经缺粮了。为了躲避白鼬、伶鼬、鸡貂和其他食肉动物，许多野鼠从洞穴里逃了出来。

白雪覆盖着大地和森林，动物没有东西可吃。饥饿的野鼠大军从

森林里出动啦。人们的谷仓处于极度危险中，得时刻警惕着。

伶鼬跟着野鼠走。但是，它们的数量太少了，捉不完、消灭不掉全部野鼠。

得保护好粮食，别让啮齿动物洗劫一空！

不用服从林中法则的居民

现在，所有的林中居民都在严寒下呻吟。林中法则写道："冬天要想方设法逃避饥饿和寒冷，忘掉孵雏鸟的事。夏天，天气暖和，食物充足，那才是孵雏鸟的季节。"

可是即使在冬天，只要食物充足，动物也可以不服从林中法则。

我们的记者在一棵高大的枞树上，找到一个小鸟巢。鸟巢搭建在积满雪的树枝上，几枚小鸟蛋躺在巢里。

第二天，我们的记者又去了那里。恰逢寒流来袭，大家都冻得鼻子通红。他们往鸟巢里一看，几只雏鸟已经孵出来了，赤裸着身子躺在雪中，还闭着眼睛呢。

这岂不是很奇怪吗？

事实上一点儿也不奇怪。这是一对交嘴鸟筑的巢，是它们孵出的雏鸟。

交嘴鸟既不怕冬天的寒冷，也不怕冬天的饥饿。

一年四季都可以看见这种小鸟成群结队地在树林里飞。它们快乐地打着招呼，从一棵树飞到另一棵树，从这片树林飞到另一片树林。它们一年四季过着游牧生活，今天在这里，明天在那里。

春天，所有的鸣禽都忙于选择配偶，选好地方定居下来，直到孵出雏鸟。可是即使在这种时候，交嘴鸟依然成群结队在树林里飞来飞去，在哪儿也不停留过久。在这群不停飞行的喧闹的鸟群里，一年四季都可以看到大鸟和小鸟在一起，似乎它们的雏鸟是在空中、在飞行途中生下来。

在我们列宁格勒，也把交嘴鸟叫作鹦鹉。人们之所以这么叫它们，是因为它们像鹦鹉一样，穿着艳丽的五彩服装，还因为它们像鹦鹉一样，在杆上爬上爬下转圈圈。

雄交嘴鸟的羽毛是深浅不一的橙黄色，雌交嘴鸟和幼鸟的羽毛是绿色和黄色。

交嘴鸟的爪子抓物很有力，嘴擅于叼东西。它们喜欢头朝下，用脚爪抓住上面的细树枝，用嘴巴咬住下面的细树枝。

令人惊诧的是，交嘴鸟死后的尸体过多久都不腐烂。老交嘴鸟的尸体可以一直躺上 20 来年，连一根羽毛都不掉，一点儿臭味都没有，就像木乃伊那样。

但最有趣的是交嘴鸟的嘴，其他鸟都没有这样的嘴。交嘴鸟的嘴呈十字形，上半部分往下弯，下半部分往上翘。交嘴鸟的嘴巴里蕴藏着它全部的力量，它的一切神奇之处都可以从这张嘴巴上得到答案。

交嘴鸟刚出生的时候，像其他鸟一样，嘴巴也是直直的。可是等它长大了一些，就开始啄食枞树果和松树果里的种子。因此，它柔软的嘴巴就逐渐呈十字形弯曲起来，而且以后一生都长成这个样子。这样的嘴巴对交嘴鸟很有利，可以轻而易举地用交叉弯曲的嘴把种子从球果里钳出来。

这样，一切开始变得清晰明了起来。

为什么交嘴鸟一生都在各处森林里游荡呢?

因为它们需要寻找结得最多最好的球果。今年，我们列宁格勒州的球果结得多，交嘴鸟就飞到我们这儿来；明年，北方某个地方球果丰收，交嘴鸟就飞到那里去。

为什么在雪花漫天的冬季，交嘴鸟还唱歌、孵雏鸟呢?

既然四处都是球果、食物充足，它们为什么不唱歌、不孵雏鸟呢?鸟巢里铺着绒毛、羽毛和柔软的兽毛，温暖如春。一旦雌交嘴鸟产下蛋，它就不出巢了。雄交嘴鸟给它打食吃。

雌交嘴鸟孵着蛋、温暖着蛋。等雏鸟钻出蛋壳后，雌交嘴鸟就先把松子和枞树子在嗉囊里弄软，再吐出来喂给它们吃。要知道，松树和枞树上一年四季都结着球果。

交嘴鸟一配上对儿，就想盖房子，生育后代，于是它们就离开鸟群，无论这时是冬天、春天还是秋天（人们在每个月里都找到过交嘴鸟的巢）。它们筑好巢，住了进去。等雏鸟长大了，这一家子重新飞入鸟群。

为什么交嘴鸟死后会变成木乃伊呢？

因为它们吃的是球果。大量的松脂蕴含在松子和枞树子里。有些老交嘴鸟，在漫长的一生中，浑身都被松脂渗透了，如同皮靴被涂上了焦油似的。正是松脂让它们死后的尸体永不腐烂。

埃及人也是往死人身上涂松脂，才使死尸变成了木乃伊。

终于定居下来了

深秋时分，熊在一座小枞树密集的小山坡上，选好了造熊洞的地方。它用脚爪抓下细长的枞树皮，运到山上的一个坑里，又从坑上面扔下柔软的苔藓。接着它把坑周围的一些小枞树啃倒，让小枞树像个窝棚似的盖住坑，然后自己钻进去，安心地睡着了。

可是，一个月还不到，猎狗就找到了熊洞。熊好不容易才从猎人手中逃脱。它只好直接睡在雪地上。但即使是这样，还是被猎人找到了，它又是在最后一刻才逃脱，保住了性命。

熊第三次藏起来。这回，谁也想不到，该去哪里找它。

到春天时人们才发现，它在高高的树上睡了个安稳觉。这棵树的上半部分树枝，不知什么时候被暴风吹折过，倒着生长，形成一个类似于坑的东西。夏天，鹰把干树枝和柔软的枯叶拖到这里来。孵完雏鸟后，鹰飞走了。冬天，这只在自己的洞里饱受惊吓的熊，竟然爬到这个空中的“坑”里来了。

城市新闻

免费食堂

鸣禽们在遭受着饥饿和寒冷的折磨。

心地善良的城里人，在花园里，或者直接在自家的窗台上，给它们开办了免费小食堂。有的人把小块面包和肥肉用线拴起来，挂在窗外，有的人把装着谷粒和面包屑的小筐子放在院子里。

荏雀、白颊鸟和青山雀，有时候还有黄雀、红雀，以及其他许多冬天的小客人，成群结队地光顾这些免费食堂。

学校里的生物角

无论你到哪个学校，都可以看见生物角。各种各样的动物，住在生物角的箱子、罐子和笼子里。这都是孩子们夏天外出旅游时抓来的。现在，孩子们忙得不亦乐乎：必须让所有的住户吃饱喝足，必须按各自的喜好给客人安排住所，还必须看管好每位房客，防止它们逃跑。生物角里住着鸟、兽、蛇、青蛙和昆虫。

在一个学校里，孩子们给我们看他们夏天写的日记。看来，他们收集动物的目的很明确，不是随便闹着玩的。

6月7日，日记本上写道："我们贴出一幅宣传画，希望大家把收集到的动物都上交给值日生。"

6月10日，值日生写道："杜拉斯带来一只啄木鸟。米拉诺夫带来一只甲虫。加夫里洛夫带来一条蚯蚓。雅柯夫列夫带来一只瓢虫和

一只荨麻上的小甲虫。包尔晓夫带来一只小篱雀……”

日记本上几乎每天都记载着这样的内容。

“6 月 25 日，我们到池塘边玩，抓到许多蜻蜓的幼虫和其他小虫子，还抓到一只我们急需的蝾螈。”

有的孩子甚至还详细描述了他们抓到的动物：“我们收集了许多水蝎子、松藻虫和青蛙。青蛙有 4 条腿，每只脚上长着 4 只脚趾头。青蛙的眼睛乌黑，鼻子像两个小洞。青蛙的耳朵很大。青蛙给人们带来很大的益处。”

冬天，小学生们还凑钱在商店里买一些不在我们州里生长的动物——乌龟、金鱼、天竺鼠和羽毛艳丽的鸟。你一走进那个房间，就听见房客的尖叫声、啼啭声和哼唧声。房客有的长得毛茸茸的，有的生得光溜溜的，有的长着羽毛，这里像个名副其实的动物园。

孩子们还想出彼此交换房客的办法。夏天，一个学校的学生抓到很多鲫鱼；另一个学校的学生养殖了许多兔子，多得放不下。于是，两个学校的孩子进行交换——4 条鲫鱼换 1 只兔子。

这些都是低年级学生参加的活动。

年龄稍大点儿的孩子建立了自己的组织几乎每个学校都组建了少年自然科学家小组。

在列宁格勒的少年宫里，也有一个少年自然科学家小组。各学校都选派最优秀的少年自然科学家参加小组的活动。在那里，少年动物学家和少年植物学家们，学习怎样观察和捕捉动物，怎样照料从野外抓来的动物，怎样制作动物标本，怎样采集、烘干植物并制作成标本。

从学年年初到学年年末，小组成员们经常到郊外、各地远足。夏天，小组成员全体出发，到远离列宁格勒的地方做科研考察。他们要在那儿住上整整 1 个月，每个人都分工明确：植物学组成员采集植物标本；哺乳动物学组成员捕捉老鼠、刺猬、鼩鼱、小兔子和其他小野兽；鸟类学组成员寻找鸟巢、观察鸟类；爬虫类学组成员捕捉青蛙、蛇、蜥蜴和蝾螈；水族学组成员捕捉鱼类和所有水族动物；昆虫学组成员捕捉蝴蝶和甲虫，研究蜜蜂、黄蜂和蚂蚁的生活习性。

少年米丘林工作者们，在学校的实验园里开辟了果木和林木苗圃。他们的小菜园经常获得大丰收。而且，他们每个人都对观察结果和工作进行了详细记录，写在日记本里。

少年自然科学家们非常关注风、雨、朝露和酷暑，关注田野、草地、江河、湖泊和森林的生活，关注集体农庄庄员们所干的农活。他们在研究我国巨大无比且丰富多彩的生活资源。

在我国，未来的科学家、研究人员、猎人、自然改造者正在成长。他们是前所未有的崭新的一代。

树的同龄人

我今年 12 岁。在我市的大街上，长着一些槭树，我和它们同岁，少年自然科学家们在我出生的那天栽下了这些树。

你们瞧，槭树已经长得比我高一倍了！

■ 发自谢辽沙

祝你一钓一个准

真稀奇！冬天竟然还有人钓鱼！

冬天钓鱼的人可多啦！要知道，并非所有的鱼都像鲫鱼、冬穴鱼和鲤鱼那么懒。许多鱼都只在最冷的时候才冬眠；山鲶鱼整个冬天都不冬眠，甚至还产鱼子，在1月、2月份产卵。法国有句民间俗语："冬眠冬眠，不吃也饱。"那些不冬眠的，就必须吃饭。

用带着鱼钩的鱼形金属片钓冰底下的鲈鱼，是最简便也是收获最大的钓鱼法。寻找鲈鱼冬天的居住地是件相当困难的事。在陌生的江河湖泊上钓鱼，只好根据某些共同的特征来判断。大约确定方位后，先在冰上凿几个小洞，试试鱼咬不咬钩。具体特征如下。

如果河流是蜿蜒曲折的，那么在陡峭的河岸下，可能会有个比较深的坑。天冷时，鲈鱼会成群结队地游到这里来。如果有清澈的林中小溪流入江河湖泊，那么在比湖口或河口稍微低些的地方，应该会有个深坑。芦苇只生长在浅水处；在江河湖泊里，从芦苇丛外开始出现凹下去的地方。必须在凹下去的深坑里寻找鱼儿过冬的地方。

钓鱼人用铁杵在冰上凿一个20~25厘米宽的小洞，把拴在细线或棕丝上的带着鱼钩的鱼形金属片放到冰窟窿里，先直接放到水底，探探水有多深，然后开始用急促的动作，一上一下地拉动钩线，但不要再把钩线垂到水底。鱼形金属片在水里漂浮着，闪着亮光，很像一条活鱼。鲈鱼生怕小鱼从身边溜走，会猛扑上去，把金属片连同鱼钩一起吞进肚子里。假如没有鱼咬钩，钓鱼人就换到其他地方，开凿新的冰窟窿。

一般用冰下捕鱼具来捕捉"夜游神"山鲶鱼。冰下捕鱼具指的是一张短短的立网，也就是在一根绳子上系上3~5根线绳（或棕绳），每根线绳之间的距离为70厘米。用小鱼、小块的鱼肉或者蚯蚓，作为鱼钩上的饵食。在绳子的另一头拴个重物，一直垂到水底，水流便把带着饵食的鱼钩，一个接一个地冲到冰下面。绳子的上端拴在一根棍子上。把棍子横放在冰窟窿上，一直放到第二天早晨。

钓山鲶鱼的好处在于，用不着像钓鲈鱼那样在河上等很久，冻得受不了。只要第二天早晨再来一趟，把棍子提起来一看，绳子上已经挂着一条长长的、黏糊糊的大鱼了。这条鱼像老虎一样，长着花条纹，身子两侧扁扁的，下巴上长根胡须。这就是山鲶鱼。

一箭射中目标！一语击中答案！

第十一场比赛

1. 什么野兽更加怕冷：小野兽还是大野兽？
2. 哪种熊躲到洞里冬眠：瘦熊，还是胖熊？
3. “狼靠跑得快活命”是什么意思？
4. 为什么冬天砍的木头比夏天砍的珍贵？

5. 如何根据被砍断的树桩推测这棵树的年龄？
6. 为什么猫科动物（家猫、野猫和山猫）比犬科动物（狼和狐狸）更爱干净？
7. 为什么冬天鸟兽都离开树林而靠近人类居住的地方？
8. 所有的白嘴鸦都飞离我们，到其他地方去过冬吗？
9. 冬天，蟾蜍吃什么？
10. 人们把哪种兽叫作“流浪兽”？
11. 蝙蝠飞到什么地方去过冬？
12. 冬天，兔子都是白色的吗？
13. 哪种禽类的雌鸟比雄鸟个子更大更有力？
14. 为什么交嘴鸟的尸体，即使在炎热的天气里也长期不腐烂？

15. 有个小矮人，头戴白帽子；不用毛毡做，不用线来缝。（打一物）
16. 我像沙粒一样细小，却铺满了整个大地。（打一物）
17. 一只小球，滚进桌下；伸手去抓，两手空空。（打一季节）
18. 夏天闲逛，冬天休息。这指的是哪类动物？
19. 猪大妈，穿针引线做活计；针线穿过牛皮，穿过羊皮，做成了一件好东西。这指的是什么？
20. 一个庄稼汉，带着会叫的，去找会吼的；要不是有会叫的，他准被会吼的给咬死。这指的是什么？
21. 一个俏姑娘，穿着红衣裳；关在地牢里，辫子拖在外。（打一植物）
22. 一个老太太，坐在菜地里，补丁缀满身。（打一植物）
23. 不用裁来不用缝，褶皱一层层；不用扣来不用系，外衣套外衣。（打一植物）
24. 圆圆的，不是月亮；绿绿的，不是树叶；长着尾巴，不是老鼠。（打一植物）

通告

第十场(最后一场)测验

“锐眼” 称号竞赛

自己读，自己讲

请读一读，并讲一讲，这里发生过什么事。

请关注那些无家可归、饥肠辘辘的朋友！

在这饥寒交迫、暴风雪肆虐的月份里，请关注那些弱小无助的朋友——鸟儿们。

记得每天送点儿食物到鸟儿的免费食堂去（参阅第 9 期和第 10 期通告）。

请给鸟儿准备一些小小的栖身之地：椋鸟房、山雀窝和树洞巢（参阅第 1 期和第 2 期通告）。

给灰山鹑搭几座窝棚（参阅第 10 期通告）。

联合同学和熟人，组建一支饥鸟救护队。

有的给点儿谷粒，有的给点儿猪油，有的给点儿浆果，有的给点儿面包屑，有的可以找一些蚂蚁卵。

小鸟能吃下多少东西呢？

你只要稍一援手，就能救下许多鸟儿，使它们免于饿死！

森　林　报

第 12 期

苦等春天月
（冬季第三月）

2 月 21 日 ~3 月 20 日

太阳转入双鱼宫

一年：一共 12 个月的太阳史诗

二月

二月是冬蛰月。二月，狂风暴雪尽情扫荡；风在雪地上飞驰而过，不留任何踪迹。

这是冬季最后一个月，也是最恐怖的一个月。这是苦等春天月，是公狼母狼结婚月，是恶狼袭击村庄和小城镇月。饿狼们饥不择食，拖走狗和羊；它们每天夜里钻到羊圈里抢劫。所有的野兽都变瘦了，秋天养的膘，已不能再给它们提供温暖和营养了。

兽洞里、地下仓库里的存粮也快吃完了。

现在对于许多野兽来说，白雪已经从帮助保温的朋友，变成越来越致命的敌人。树枝经不起积雪的重压而折断了。只有山鹑、榛鸡和琴鸡这些野生的鸡类喜欢深雪——它们连头带尾一起埋进深雪里过夜，感觉很舒服。但糟糕的是，当白天冰雪融化后，夜晚寒气突袭，在雪面上蒙上一层薄冰，那么，在太阳晒化薄冰之前，它们只能用脑袋发疯似的撞冰了！

暴风雪连续不断；毁坏道路的二月天，把走雪橇的大道都给掩埋了起来……

熬得过吗

森林年的最后一个月到了。这是最困难的一个月——苦等春天月。

林中居民仓库里的存粮，都快吃完了。飞禽走兽们都饿瘦了，已经没有了皮下暖和的脂肪层。长期半饥不饱的生活，大大削减了它们的体力。

这时，狂风暴雪又仿佛故意刁难似的，在树林里乱窜，寒流越来越厉害。冬爷爷只能再寻欢作乐一个月了，因此它释放出最严酷的寒气。这会儿，一切飞禽走兽只能再坚持一下，积聚起最后的力量，苦熬到春暖花开时。

我们的森林记者走遍了整个森林。他们很担心：飞禽走兽能熬到天气转暖吗？

他们在森林里看见许多悲惨的事。有些林中居民经受不住饥饿与寒冷的煎熬，默默死去。其余的还能再坚持一个月吗？的确，有些飞禽走兽，你根本不用替它们担心，它们是不会送命的。

严寒的牺牲品

严寒，再加上北风劲吹，那才叫可怕呢！在这样的天气之后，每次都可以在雪地上找到冻死的飞禽走兽和昆虫的尸体。

风把积雪从树桩下、断树下扫了出来。许多小野兽、甲虫、蜘蛛、蜗牛和蚯蚓恰恰躲藏在那里面。

风掀走了盖在它们身上的温暖的雪被，它们也就冻死在冷风里了。

鸟在飞行途中被暴风雪击倒了。乌鸦的耐受力超强，可是在长久的暴风骤雪之后，也常常在雪地上发现它们的尸体。

暴风雪过后，森林卫生员马上开始工作，猛禽和猛兽在森林里四处寻找，把在风雪中冻毙的尸体收拾得干干净净。

光溜溜的冰

有时，在冰雪融化之后，突然一下子变得刺骨的寒冷，把融化的雪立刻冻成了冰。积雪上的冰层，坚硬结实，又滑溜溜的。鸟兽柔弱的脚爪刨不开它，尖嘴也啄不破它。鹿蹄能够踏穿它，但是踢破的冰层的边缘锋利得像把刀，割破鹿脚上的毛、皮和肉。

鸟儿如何才能吃到冰层下的食物——小草和谷粒呢?

谁要是没有能力啄破玻璃似的冰层，谁就得挨饿。

也会发生这样的事。

冰雪消融的天气，地上的雪变得湿润蓬松。傍晚，一群灰山鹑飞落在雪上，它们毫不费力地在雪地上刨了几个小洞，在热气腾腾的暖洞里睡着了。

可是，半夜里，寒流突袭。

山鹑睡在暖和的地下洞穴里，没有醒，它们没感到冷。

第二天早晨，山鹑睡醒了。雪底下挺暖和，只是呼吸困难。

得到外面去，呼吸点儿新鲜空气，活动活动翅膀，找点儿吃的。

它们打算起飞，可是头顶上竟顶着一层结实的冰，像玻璃罩似的。

整个大地变成了光滑的溜冰场。冰层上面什么也没有，冰层底下是柔软的雪。

灰山鹑把小脑袋使劲地撞向冰壳，撞得头破血流，只要能钻出这个冰罩子就好!

谁要是最终能冲出这个死牢笼，即使还得饿肚子，也算是幸运的。

玻璃似的青蛙

我们的森林记者，敲掉池塘里的冰，掘开冰底下的淤泥。只见许

多青蛙躺在淤泥里，它们挤作一堆，是钻进来过冬的。

把它们从淤泥里拖出来的时候，它们完全像是用玻璃做的。青蛙的身体变得非常脆。只要轻轻一敲，纤细的小腿立刻就断了。

我们的森林记者带了几只青蛙回家，小心翼翼地把冻僵的青蛙放在暖和的屋子里，让它们全身暖和过来。青蛙慢慢地苏醒了，开始在地板上蹦蹦跳跳。

由此可以期待，等到春天，太阳把池塘里的冰晒化，把水晒暖，青蛙就会苏醒过来，变得活蹦乱跳。

瞌睡虫

在托斯那河沿岸，离十月铁路的萨勃林诺车站不远，有一个大沙洞。以前，人们在那里挖取沙子，可是现在，已经有很多年没有人进到那个洞里了。

我们的森林记者进入那个洞，发现洞顶上挂着许多蝙蝠——兔蝠和山蝠。它们在那里已经睡了 5 个月了，头朝下，脚爪紧紧攀住粗糙不平的沙洞顶。兔蝠把大耳朵藏在折起的翅膀下，用翅膀把身体包裹起来，像披着风衣似的，就那样倒挂着，进入了梦乡。

蝙蝠睡得那么久，我们的森林记者都担心起来了，所以他们给蝙蝠摸了脉搏、测了体温。

夏天，蝙蝠的体温跟我们人一样，大约 37℃，脉搏每分钟跳 200 次。

现在，蝙蝠的脉搏每分钟只跳 50 次，体温只有 5℃。

尽管如此，这些小瞌睡虫的健康状况，倒没有什么令人担忧的。

它们还可以从容不迫地再睡上一个月，甚至两个月，等温暖的日子一到，它们就会非常健康地苏醒过来。

穿着薄薄的衣裳

今天，我在一个秘密角落里，找到一株款冬。它正开着花，一点儿也不怕寒冷。细茎上好像还穿着薄薄的衣裳：鳞状的小叶子，蛛丝般的茸毛。这会儿，人们穿着大衣还嫌冷，可是它就穿这么点儿。

你肯定不相信我的话。周围都是雪，哪里来的款冬呢？

我不是说过了嘛，在“秘密角落里”找到了它！告诉你吧，它长在什么地方——一座大楼的南面，而且是在暖气管子通过的地方。在“秘密角落”里，雪随时融化，因此土是黑颜色的，跟春天时一样，冒着热气。

可是，空气是冰冷刺骨的啊！

■ 发自尼·芭芙洛娃

迫不及待

只要寒流稍一退却，冰雪刚一融化，各种各样的虫子就会迫不及待地从森林里的雪底下爬出来。有蚯蚓，有海蛆，有蜘蛛，有瓢虫，还有叶蜂的幼虫。

大风经常刮走倒地的树干下的全部积雪。只要哪个角落里出现一块没有雪的地方，大大小小的虫子就会在那里组织游园会。

昆虫出来溜达溜达麻木的腿脚，蜘蛛出来觅食。没有翅膀的小蚊子，光着脚在雪地上蹦蹦跳跳。长着翅膀的长脚舞蚊，在空中盘旋。

只要寒流一来，游园会就马上结束，这群虫子又躲到了败叶下，藏到枯草、苔藓里，或者钻进土里。

从冰窟窿里探出来一张脸

一个渔夫在涅瓦河口芬兰湾的冰上走着。当他经过一个冰窟窿的

时候，看到从冰底下探出个光溜溜的脑袋来，还稀稀拉拉地长着几根硬胡须。

渔夫以为这是溺水的人从冰窟窿里浮起的脑袋。可是，这个脑袋突然朝他转了过来，渔夫这才看清楚，这是张长着胡须的野兽的脸，皮肤绷得紧绷的，脸上布满闪闪发亮的短毛。

这双亮晶晶的眼睛，有一瞬间直愣愣地盯着渔夫的脸。接着，只听见“哗啦”一声，兽脸就钻进冰底不见了。

渔夫这才恍然大悟，原来看到的是海豹。

海豹在冰底下抓鱼。为了透口气，它把脑袋探出水面一小会儿。冬天，海豹不时地从冰窟窿里爬到冰面上来，所以渔夫们经常在芬兰湾上猎到海豹。

有时甚至还发生这样的事：一些海豹追鱼，一直追进了涅瓦河。在拉多牙湖里海豹应有尽有，那里简直是个名副其实的海豹渔猎场。

解除武装

林中大力士公麋鹿和小个子公鹿，都把犄角脱落了。

公麋鹿主动扔下头上的沉重武器。它们在密林里，把犄角一个劲儿地往树干上蹭，直到蹭下来为止。

有两只狼，看见这么一个解除了武装的大力士，决定向它进攻。它们觉得，这很容易获胜。

一只狼从前面扑向麋鹿，另一只狼从后面进攻。

出乎意料，战斗迅速结束了。麋鹿用两只结实的前蹄，踢碎了一只狼的脑壳，然后立即转过身，把另一只狼踢倒在地。这只狼遍体鳞伤，好不容易才从敌人身边逃脱。

最近几天，老公麋鹿和老公鹿已经长出了新犄角。这是还没有长硬的肉瘤，外面罩着一层皮，皮上是柔软的绒毛。

冷水浴的爱好者

波罗的海铁路的迦特钦站附近，在一条小河的冰窟窿旁，我们的森林记者发现了一只黑肚皮的小鸟。

那天天气冷得出奇。虽然天上挂着明晃晃的太阳，可是那天早晨，我们的森林记者还是不得不好几次用雪来擦他那冻得发白的鼻子。

因此，当他听到黑肚皮小鸟快乐地在冰上歌唱时，感到很奇怪。

他走上前去，只见小鸟跳了起来，然后“扑通”一声掉进了冰窟窿里。

“投河自尽啦!”森林记者心想，急忙跑到冰窟窿旁，想救起那只精神错乱的小鸟。

谁知小鸟正在水里用翅膀划水呢，就像游泳选手用胳膊划水似的。

小鸟的黑脊背在透明的水里闪着光，活像一条小银鱼。

小鸟潜入河底，用尖锐的脚爪抓着沙子，在河底上跑了起来。它在一个地方停留了一小会儿，用嘴把一块小石子翻了过来，从石子下捉出一只乌黑的水甲虫。

不一会儿，它已经从另外一个冰窟窿里钻出来，跳到了冰面上。它抖了抖身上的水，若无其事地又唱起快乐的歌来。

我们的森林记者，把手伸进冰窟窿里，心想，大概这里是温泉，小河里的水热乎乎的吧?

可是，他立马把手从冰窟窿里缩了回来。冰冷的河水刺得他的手火辣辣疼。

这时他方才明白，他面前的这只小鸟，是一种水雀，名叫河乌。

这种鸟，跟交嘴鸟一样，也不用服从自然法则。它的羽毛上蒙着一层薄薄的脂肪油。当它潜入水中的时候，那油腻的羽毛就会起泡泡，闪着银色的光。河乌仿佛穿了一件空气做的衣服，所以，即使在冰水里，它也不觉得冷。

在我们列宁格勒州，河乌是稀客，只有在冬天，它们才登门拜访。

在冰屋顶下

让我们来关注一下鱼儿吧。

整个冬天，鱼儿都睡在河底的深坑里，头上是结实的冰屋顶。有时，大多是在冬季即将结束的2月份，在池塘和林中湖泊里，它们会感到空气缺乏。于是，气喘吁吁的鱼儿游到冰屋顶下，张开圆嘴，用嘴唇捕捉冰上的小气泡。

鱼儿也可能全部憋死。如果那样的话，到了春天，冰雪消融后，你带着鱼竿到这样的水池边钓鱼，就无鱼可钓了。

因此，请记住鱼儿吧。在池塘和湖面上，凿几个冰窟窿，还要注意别让冰窟窿再冻上，好让鱼儿有空气可呼吸。

雪底下的生命

整个漫长的冬季，你望着被冰雪覆盖的大地，会情不自禁地思索：在这下面，在这片寒冷而干燥的雪海下面，还剩下些什么呢？在雪海底，还有生命存在吗？

在森林、林中空地和田野的积雪上，我们的记者分别挖了一些很大的深坑，一直挖到地面。

我们在那些地方看到的东西，大大出乎我们的预料。从雪里面露出了许多绿色的小叶簇，既有从枯草根下钻出来的、尖尖的小嫩芽，也有被沉重的积雪压得匍匐在冻土上的绿色草茎。它们全都活着！请想象一下，全都活着！

原来，草莓、蒲公英、荷兰翘摇、狗牙根、酸模，以及各式各样的植物，都住在沉寂的雪海底下。它们全都绿油油的，在翠绿娇嫩的繁缕上，甚至还长着细小的花蕾。

一些圆形小窟窿出现在我们森林记者挖的雪坑的四壁上。这是被铁锹铲断的小野兽的交通道，这些小野兽特别擅长在雪海里找东西吃。

老鼠和田鼠在雪底下啃食既美味可口又富于营养的植物根；食肉兽鼩鼱、伶鼬和白鼬冬天就在雪底捕捉这些啮齿动物和在雪里过夜的小鸟。

从前，人们认为只有熊才在冬天生育。俗话说，有福气的小孩“穿着衣裳”来到人间。小熊出生的时候，个头儿非常小，只有老鼠那么大，可是它不仅穿着衣裳，而且直接穿着皮大衣来到这个世界。

现在，科学家们的研究表明，有些老鼠和田鼠冬天就好比搬到了冬季别墅。它们从夏天的地下洞穴，搬到地面上来，在雪底下的树根和灌木下部的枝头上筑巢。令人惊叹的是，它们冬天也生孩子！刚生下来的小老鼠全身光溜溜的，但是巢里很暖和，年轻的鼠妈妈给它们喂奶吃。

春天的征兆

虽然这个月天气依旧很冷，但已经不像仲冬时节那么冰冷刺骨了。虽然雪还是积得很深，但已经不再洁白如莹、闪闪发亮了。现在，积雪的颜色变灰了，失去了光泽，开始出现蜂窝般的小洞。挂在屋檐上的小冰柱，却在逐渐变大，小水滴从冰柱上慢慢地流下来。还出现了小水洼。

太阳露面的时间越来越长，阳光也越来越暖和。天空已不是青白、冰冷的冬季颜色，而是一天比一天蓝。天上的云也已不是冬季的灰色，它们开始变成一层层的，要是仔细看的话，有时还可以发现结实的积云飘过天空。一出太阳，窗外就响起山雀欢快的歌声：“脱掉皮袄！脱掉皮袄！”夜晚，猫儿在屋顶开音乐会、打群架。

森林里，说不定什么时候，就传来一阵五彩啄木鸟的喜气洋洋的鼓声。虽然它只是用嘴敲敲树干，听起来还很像一首歌呢！

在密林深处，在枞树和松树下，不知是谁在雪地上画了一些神秘的符号、难解的图案。当猎人看见这些符号和图案时，他的心会突然抽紧，紧接着怦怦乱跳起来，要知道，这是林中长着胡子的大公鸡——松鸡留下的踪迹呀，它那有力的翅膀上的硬羽毛，在坚硬的春季冰层上划过了一道痕！这么说……这么说，松鸡马上要开始交配了，神秘的林中音乐马上要奏响了。

城市新闻

在大街上打架

在城市里，已经可以感觉到春天的临近。大街上，不时发生打架事件。

街上的麻雀，毫不理会过往的行人，只顾互相乱啄颈部，把羽毛啄得四处飞。

雌麻雀从来不打架，但也不阻止那些打架的家伙。

每天夜里，猫儿都在屋顶上打架。有时候，两只公猫大打出手，其中一只被打得一个跟斗从高楼上翻落下来。不过，即便这样，灵巧的猫儿也不会摔死。它落下去时正好四脚着地，最多一瘸一拐地跛着走几天。

修理和新建

城里到处都在忙着修理旧屋，建造新房。

老乌鸦、老慈鸟、老麻雀和老鸽子，都在忙着修理去年的老巢。那些去年夏天才出世的年轻一代在忙着筑新巢。树枝、稻草、马鬃、绒毛和羽毛这些建筑材料的需求量大大增加了。

鸟的食堂

我和我的同学舒拉，都很喜欢鸟。冬天，山雀和啄木鸟这类小鸟经常挨饿。我们很怜惜它们，决定给它们做个饲料槽。

我家附近，绿树成荫。鸟儿常常落在树上找食吃。

我们用胶合板做了一些浅浅的小盒子，每天早晨都往盒子里撒谷粒。现在鸟儿已经习惯了，不再害怕飞到盒子前。它们津津有味地啄食吃。我们认为，这会给鸟带来益处。

我们建议，希望所有的小朋友们都来做这件事。

■ 发自森林记者　瓦西里
亚历山大

市内交通新闻

有个标记画在拐角处的房子上：一个黑色的三角形画在圆圈当中，三角形里有两只雪白的鸽子，意思是“小心鸽子”。

当汽车开到大街拐角处转弯的时候，司机小心翼翼地绕过一大群鸽子。这群鸽子聚在马路当中，有青灰色的，有白色的，也有黑色的，还有咖啡色的。大人们和孩子们站在人行道上，用米粒和面包屑喂鸽子。

“小心鸽子！”这个叫汽车注意的牌子，最初是根据女学生托尼·柯尔基娜的提议，挂在莫斯科的大街上的。现在，在列宁格勒和其他交通繁忙的大城市里，也挂出了这样的牌子。男女市民们经常边喂鸽子边欣赏这些象征和平的小鸟。

光荣属于珍惜鸟类的人们！

飞回故乡

许多令人高兴的消息寄到了《森林报》编辑部，信件来自埃及、地中海沿岸、伊朗、印度、法国、英国和德国，信中写道：“我们的候鸟已经踏上了返乡之路。”

候鸟们从容不迫地飞着，一寸寸地占领从冰雪下解放出来的大地

和水面。它们得预计好，在我们这儿冰雪消融、江河开冻的时候飞回来。

雪下童年

今天是个融雪天。我到外面去挖种花用的泥土，顺道看了看我为鸟儿开辟的小菜园子。我在那儿给金丝雀种了繁缕。金丝雀很喜欢吃繁缕的鲜嫩多汁的绿叶。

你们认识繁缕吧！淡绿色的小叶子、依稀可见的小花、互相缠在一起的脆嫩的细茎。

繁缕紧贴着地面生长。只要一个照看不周，一畦畦菜地就会被密密麻麻的繁缕侵占。

今年秋天，我播下了繁缕的种子，但是种得实在太迟了。种子发了芽，可是还没来得及长成苗，只有一段细茎和两片子叶。它们就这么被埋在了雪下。

我没指望它们能活下来。

可事实上呢？我一瞧，它们不仅熬过了冬天，而且长高、长大了。现在它们已经不是幼苗，而是小植物了，有几株上还长着花蕾呢！

真是令人惊叹不已，要知道这是大冬天，而且是在雪底下啊！

■ 发自尼·芭芙洛娃

新月的诞生

（摘自少年自然科学家日记）

今天我特别高兴：我起了个大早，在日出的时候，看见了新月的诞生。

我们大多是在傍晚时分，在太阳下山后看见新月的。人们很少在大清早看见它挂在太阳上方。它比太阳起得早，已经爬到高空中，像一把细细的珍珠色镰刀，在金黄色的朝霞中闪闪发光。它是那么亲切，那么兴高采烈，我从未见过它这副模样。

神奇的小白桦

昨天晚上和夜里，下了一场温暖湿润的雪，把台阶前园子中我心爱的一棵白桦树的树干，以及所有光秃秃的树枝都涂成了白色。快到天亮的时候，天气又骤然转冷。

太阳升到明朗的天空中。只见我的白桦树变得神奇而迷人：它挺立在那里，从树干到最细的小树枝，都仿佛涂了一层白釉。原来，是湿漉漉的雪冻成了一层薄冰。小白桦浑身银光闪闪。

几只长尾巴山雀飞来了。它们毛茸茸的温暖的羽毛，好似一团团白色的小线球，每个球上插着一根织针。它们落在小白桦上，在树枝上转着圈，它们在寻找，有没有东西可以当早饭吃。

可是小脚爪直打滑，小嘴也啄不破冰层。白桦树好像由水晶玻璃做成似的，发出尖细、冷漠的叮当声。

山雀怨声载道地飞走了。

太阳越升越高，阳光越来越暖和，终于把冰层晒化了。

一股股冰水，从神奇的小白桦的树枝上、树干上流了下来。它变成了一柱冰冷的喷泉。

水开始往下滴。水珠闪烁着，流淌着，像一条条小银蛇似的，顺着树枝汩汩流下。

山雀飞回来了。它们落在树枝上，丝毫不怕沾湿了小脚爪。这回它们可高兴了，它们的小脚爪不再打滑，化了冻的白桦树请它们吃了一顿美味的早餐。

■ 发自森林记者　维里卡

第一首歌

一天，天气寒冷，但是阳光明媚，城市的花园里响起了春天的第

一首歌。

是荏雀在唱。歌曲并不复杂:“欣——希——维!欣——希——维!”

只不过这么简单的几句，但是歌声听起来如此欢快，仿佛这只快乐的、胸脯呈金色的小鸟，想用鸟语告诉大家：“脱掉皮袄！脱掉皮袄！春天来啦!”

绿色接力赛

从1947年起，国家创立了一年一度的全苏优秀少年园艺家竞赛。少先队员们从1947年的春姑娘手里，接过美妙的绿色接力棒，开始了为期一年的竞赛，然后把接力棒交到1948年的春姑娘手中。500万少年园艺家，艰难地走过了从1947年春天到1948年春天的这段路程。但是，他们终归保护好了已种果木，并且精心地培育每一棵树。年复一年，年年如此。

每跑完一场绿色接力赛，就召开少年园艺家大会。

去年，数百万少先队员和小学生参加了绿色接力赛。他们栽种了几百万棵果树和浆果灌木，新造了几百公顷的森林、公园和林荫路。今年一定会有更多的人参加竞赛。

竞赛的条件还跟去年一样，可是必须做的事情却比去年多得多。今年在每一所学校里，都必须开辟一个果木苗圃，这有助于明年种植更多的果木。

必须绿化道路，让大路变成美丽的绿色林荫道。

必须用乔木和灌木加固峡谷中的泥土，保护好我们肥沃的农田。为了实现上述目标，必须认真地向有经验的老园艺家们学习。

一箭射中目标！一语击中答案！

第十二场比赛

1. 什么小兽头朝下冬眠？
2. 冬天，刺猬做什么？
3. 冬天，灰鼠不吃什么？
4. 什么鸟一年四季，即使在冰雪中也孵小鸟？
5. 冬天，当所有的昆虫都睡着的时候，山雀给人带来好处还是坏处？
6. 冬天，獾给人带来好处还是坏处？
7. 什么鸣禽钻到冰下面的水里觅食？
8. 搭椋鸟房的时候，为什么要在里面的入口下钉个小三脚架？
9. 什么动物的骨骼裸露在外面？
10. 破壳而出前，雏鸡会呼吸吗？
11. 假如把青蛙从雪下扒出来，放到炉火旁烤，它会怎么样？
12. 什么时候麻雀的体温比较低：冬天还是夏天？
13. 海豹钻到冰底下，靠什么呼吸？
14. 哪里的雪先开始融化：城里的还是森林里的？为什么？
15. 什么鸟飞来了，我们便认为春天开始了？
16. 新砌一堵墙，开扇小圆窗；白天打碎玻璃，夜晚就能装上。（打一物）

17. 冬天，饥肠辘辘；夏天，肚子撑饱。（打一动物）
18. 屋里冻成冰，屋外不结冰。（打一物体）
19. 一块幕布，经过窗口；铺在地上，满屋金光。（打一物）
20. 比树更高，比光更亮。（打一物）
21. 既不在屋里，也不在街上；声音像鸟叫，可它不是鸟。（打一物）
22. 没头没脑，却比野兽更狡猾。（打一物）
23. 穿着皮袄，林中乱跑；端上桌来，一碟佳肴。（打一动物）
24. 春天让人高兴，夏天带来凉爽；秋天提供口粮，冬天阻挡寒气。（打一物）

最后时刻收到的加急电报

城里出现了候鸟的先头部队——白嘴鸦。冬天结束了。森林里在庆贺新年。现在，请从头阅读《森林报》。

《森林报》编辑部下设的少年自然科学家研究小组不同寻常的发现和奇遇。

第一月

春分前的大街上，暴风雪顽皮地在街头巷尾呼啸，把潮湿的雪花抛在窗玻璃上。行人们迎着冰冷的寒风，深深地躬着背，双手紧紧抓住竖起的衣领。暮色降临了。

在《森林报》编辑部明亮温暖的房间里，一只淡黄色的小鸟在婉转地歌唱。在挂在窗台上的鸟笼里，鸟儿用悠扬动听的歌声迎接每一位走进屋子的少年森林报记者，似乎希望他们走到鸟笼旁，还给它失去已久的自由。

高年级的同学们，即少年自然科学家小组的成员们，聚集在《森林报》编辑部。他们一共有 11 人：5 个男孩儿、5 个女孩儿和 1 位组长。组员们互相交谈了几句，然后郑重宣布哥伦布俱乐部成立。

俱乐部的名称是孩子们自己想出来的。

因为大家是在课余时间自愿聚到一起的，所以叫俱乐部；因为俱乐部的全体成员都是新大陆的首批发现者，或者他们希望成为首批发现者，所以叫作少年哥伦布。

人们会问，既然我国国土早已开发，全部疆域已众所周知，那么如何能成为哥伦布那样的发现者呢？

哥伦布俱乐部的成员们齐声回答："哦，不是这么回事。重要的不是已发现，而是谁发现、为谁发现。"

例如，克里斯托弗·哥伦布发现了美洲。他是意大利人，在西班牙干活儿，是位旧大陆的居民。为了旧大陆，他发现了新大陆——美洲。而对于美洲的土著居民印第安人来说，美洲一直是旧大陆，即使在哥伦布发现美洲后，它也没变成新大陆。与之相反，我们的旧大陆对于那时的印第安人来说，是完全未知的新大陆。

有一些索然无味的人，对于他们来说，一切新的都是旧的。而我们是这样一群人，对于我们来说，一切旧的都是新的。我们的祖国无论如何开发，都是开发不完的。在老年居民疲惫的眼睛里，祖国是熟

悉的、一成不变的，因此也就似乎是无趣的；在我们年轻的、好奇的眼睛里，在我们求知欲旺盛的脑海里，祖国就变成了全新的、奇妙的、充满未知的世界。在我们看来，祖国是全新的、美妙的、充满奥秘的，也就是说，我们是自己国土上真正的哥伦布。

必须解释一下，我们为什么不称自己为“少年自然研究者”，而称自己为“少年自然科学家”呢？

道理很简单！走进任何一个“少年自然研究者”小组，看到的都是关在笼子里的小鸟、关在笼子里的小兽、养在饲养室里的蜥蜴和蛇、关在养虫室里的昆虫、栽在盆里的花，甚至会看到蔬菜暖房。少年自然界研究者照顾动物，对植物做米丘林式的实验，培植巨型蔬菜和水果，在生物角、专门的实验室、菜园、花园里劳动。少年自然研究者是一些少年农艺师、畜牧家、园艺家。

这一切非常有趣、有益，也很有必要。但这只是少年自然研究者工作的一部分，还有另外一部分内容——研究。也就是说，除饲养和培植之外，还要对田野、森林里（即自然状态下）的野生动植物进行深入研究，而不是只关注笼子里的、实验室里的动植物。

我们认为，我们这个《森林报》的附属研究小组的主要任务，是观察自然条件下动植物的生存状况，进行森林野外考察。因此，我们是试验者，是侦察兵，是少年自然科学家。

在俱乐部的第一次会议上，我们立即做出决定，学期一结束，俱乐部全体成员马上出发，去“穷乡僻壤”，从科学和艺术的角度对这一地区进行考察。俱乐部成员中既有画家，也有诗人。大家还通过决议，在下次会议上，从地图上选定目的地，制订出详细的考察工作计划。今后不断地向《森林报》投寄考察报告。

初出茅庐的“哥伦布”们憧憬着即将到来的旅行，感到热血沸腾。大家想立刻出去买冰激凌，喝热茶。

我们派出长着浅色卷发的米露琪卡和快乐的沃洛佳一起去买冰激凌。在暴风雪的天气里，要在街上找到冰激凌可不是一件容易的事。电炉上的茶已经沸腾起来；受到众人喜爱的莱姆琪卡、活泼好动的多拉和好幻想的、丰满的廖列琪已经把糖、杯子和茶碟摆放在编辑的桌子上；热情的猎人尼古拉和沉稳的大力士安德烈已经开始争论，离列宁格勒最近的“穷乡僻壤”在哪里，他们让刚刚由俱乐部主席团选出来的研究组小组长解决纷争。可是，派出去买冰淇淋的人还没有回来。

喧闹声中，喜欢吃甜食的胖子巴甫洛沙打起了盹儿，年轻的诗人斯拉维米尔编了首五言诗，眼神灵活的希格利特画完了俱乐部成员的画像。这时，脸颊冻得通红的米露琪卡和沃洛佳终于回来了。于是盛宴开始了。

大伙儿都站了起来，被大家称作“红头发的夜鹰”的热情似火的诗人斯拉维米尔，朗诵了他刚写完的五言诗体的欢迎辞：

年轻的哥伦布
和永恒的新大陆万岁！
探究的眼睛和智慧
将永远保佑我们！

大家互相祝贺，啃着融化的冰激凌，喝着渐渐冷却的茶。

哥伦布俱乐部第一次会议到此结束。

第二月

在俱乐部的第二次会议上，小组长带来了一幅详尽的诺夫戈诺德州的地图。他指了指地图上的娄苏瓦村，他曾经在那儿住过一个夏天。他建议，把它选作考察基地，也就是作为基站，哥伦布们住在那里，从那里开始科学和艺术研究。

小组长说：“这好比是只圆规，一只脚以标号为娄苏瓦的村为支点，另一只脚以 3 千米为半径，画个圆。我们假定，凡是在这个圆圈里面的都属于未知区域。这就是新大陆，是我和你们即将发现的美洲。在这片土地上，存在以下东西：（1）针叶林。一片神奇的松树林。（2）混合林。一小块真正的原始森林，就像瓦斯涅佐夫在《伊万王子和玛利亚公主在灰色的伏尔加河上》中所画的那样。（3）一段乌第河。河岸一边陡峭，另一边低缓，春天会被河水淹没。（4）草地。（5）一块不大的农田，这在诺夫戈诺德州随处可见。（6）潮湿的灌木丛。（7）非常有意思的普拉瓦湖。不大，也不深，但是湖上点缀着长着茂密树林的小岛。”

“哥伦布”们立刻开始讨论，该如何命名未来的美洲——他们即将发现和进行科学艺术研究的地方。

安德烈若有所思地拖长声调说：“我把它叫作 ЭН ЗЕ[①]。”

尼古拉“扑哧”一声笑了，说：“我赞同！从军事上说，ЭН ЗЕ 就是不可动用的储备。难道我们完全不能碰这块地方吗?”

“也许，安德烈是想把它叫作新西兰吧?”女画家希格利特嘲讽地插话道。

“不，只是‘不同寻常的谜语’的意思。”莱姆琪卡说。

“瞧你们说的!”安德烈挥了挥手，“我的意思是‘新土地’，或者

① 在俄语中，ЭН ЗЕ 为以上各种叫法的开头两个字母，可以理解成以上各种意思。——译者注

‘不知名的土地’。”

小组长总结道：“瞧，说得挺好！只需稍微改动一下，把字母的顺序重新排一排，叫作‘未知之地’，你们同意吗?”

“同意!”“哥伦布”们异口同声地回答。大家立刻做出决定，全方位地考察未知之地，要了解清楚在这片土地上隐藏着怎样的奥秘。为此，首先必须编制详细的土著居民名单，也就是说，在那里生长的树木、野兽和鸣禽的名单。根据土著居民的情况，专家们参加不同的小组。按照专业，分成以下四个考察小组。

鸟类学组：莱姆琪卡、安德烈、猎人尼古拉和米露琪卡参加这一小组；

兽类学组：廖列琪和猎人弗拉基米尔参加这一小组；

树木学组：巴甫洛沙和多拉参加这一小组；

最后是诗歌艺术组：女画家希格利特和诗人斯拉维米尔参加这一小组。诗人答应在暑假里完成题为《未知之地》的诗集，女画家则给诗集配插图。

猎人尼古拉和弗拉基米尔提议道：“由于我们绝大多数都是鸟类学家和兽类学家，所以我们大家必须预先学习，以免在森林里分不清野兽和鸣禽。首先我们必须学会狐步舞。”

“竟然还有这种事!”莱姆琪卡马上反驳道，女同学们齐声赞同她，“我们可不想学什么花里胡哨的美国舞!”

“噢，不是这样的!”弗拉基米尔赶紧解释，“不是跳美国舞！狐步舞的意思是‘狐狸的脚步’。在森林里必须学会轻轻地、悄无声息地走路，像狐狸那样，高高地抬起脚，眼睛盯着落脚处，不可以做任何剧烈的动作，必须一动不动地停在原地。否则的话，森林里的土著居民都会吓得躲起来的，那么就连一只小鸟、一只野兽都看不到了。其次，必须学会说鸟语，因为在森林里是不许叫喊和呼应的。我们给大伙儿演示一下鸟语，我和尼古拉在森林里打猎时，就是用鸟语交流的。听!”

弗拉基米尔开始吹口哨，哨声一会儿短，一会儿长。他不停地解

释，哪种声音属于哪种鸟。他说：

“瞧，我们在森林里走，彼此拉开点儿距离。这么说吧，一个接一个地走，在搜索森林。为了相互不离得太远，一直用哨声与前后左右的伙伴联系。‘舟维！舟维！’意思是‘走吧！走吧！……’

“突然，其中一人发现前面有情况，这时应当让其他人知道，停止前进，以免惊跑猎物；而且必须搞清楚，究竟什么东西藏在前面。于是，这个人给出‘停止’的信号，用断断续续、低沉的鸸鸟哨音慢慢传出去：‘特勿契！’

“要是你想知道，为什么叫‘特勿契’？为什么停下来？那么可以吹出朱雀的音调，听起来仿佛在提问：‘基维？基维？’

“如果前面是野兽，就用低沉的哨声回答，好像在叫：‘勿契！勿——勿——契！……’

“如果前面是鸟，就大声叫：‘维契——契——契……’

“如果前面是人，就拖长哨声、带着变调，先低声叫‘勿……’再高声叫‘利特！’这是大杓鹬的叫声：‘勿利特！勿利特！’

“现在教最后一个信号。如果需要同伴走近点：‘过来！’就吹出黄鹂笛子般的叫声：‘费勿里勿！费勿里勿！’

“这就是全部的学问。”弗拉基米尔结束了鸟语课。

“不，等一等！”尼古拉叫道：“我认为，有时在森林里必须呼唤名字。我们大家的名字都太长了，必须缩减到一个音节。在野兽和鸣禽听来，一个元音只意味着警告‘小心点儿！’没有别的含义。它们一直都很谨慎的，所以，我们必须把名字缩短到一个音节。必须保证在森林里呼唤对方的时候，彼此不会叫错名字。”

大伙儿接受了提议。把安德烈变成了“安”，尼古拉变成了“古”，弗拉基米尔变成了“弗”，斯拉维米尔变成了“维”，巴甫洛沙变成了“巴”①。这让大家哈哈大笑，因为思维慢半拍的巴甫洛沙从来

① 在俄语中，这个音的含义为射击时发出的声音“叭”“砰”。——译者注

不会快言快语，他总是久久地思考，然后慢吞吞地说话，听得人焦急万分。

给女孩们缩减名字的时候，弗拉基米尔突然大叫起来："亲爱的女同学们！我第一个发现了'美洲'！你们现在变成了乐谱：多拉变成了音符'哆'，莱姆琪卡变成了音符'来'，米拉奇卡变成了音符'咪'。"

"我变成了音符'拉'。"廖列琪附和道。

"而我变成了音符'西'。"画家希格利特赞同地说。

安德烈提议道："出于尊敬，给组长起两个音节的名字吧，包括名字和父称。就叫塔金，你们同意吗？"

然后大家开始学习狐步和鸟语。

俱乐部成了一所小学校。

第三月

幸福的日子来到了。在安德烈和莱姆琪卡的带领下，哥伦布俱乐部的全体成员登上了火车。大家都放下了鼓鼓囊囊的背包，只有尼古拉和弗拉基米尔还扛着枪，不过这就是他们的全部行李。

火车开了一夜。第二天清晨，“哥伦布”们刚刚洗完脸，唱完诙谐的俱乐部会歌：

走啊，走啊，走啊，
去往遥远的地方！

这时，火车已经到达了赫瓦伊诺车站。“哥伦布”们在这里下了车。

大伙儿查看了地图，向当地人打听清楚了去娄苏瓦村的路，就兴高采烈地出发了。

路程很远，足足有 25 千米。大伙儿前面 15 千米走得很轻快，还唱着歌。早上空气清新，路两旁都是针叶林，有两处他们不得不用手拨开茂密的树林。他们走过了一段由白桦木铺的路，经过了一个小小的死湖，湖上早已盖满了杂草。在路上大家只遇到一小队集体农庄女庄员，她们的肩上扛着木棍。火车站上洋溢着节日前夕的气氛。女庄员们把漂亮的裙子掖到裤腰里，把皮鞋挂在木棍上，赤着脚往车站去。

然后田野出现了，还有一条很小的小河，河边就是村庄。队员们在那里做了第一次休整，喝了浓得像鲜奶油一样的香甜可口的牛奶。接下来，路越来越难走，正午的太阳火辣辣地烤在宽阔的田野上，但是没有人抱怨。

在连绵 1 千米长的第二个村庄，不得不做了第二次休整，因为胖子巴甫洛沙一屁股坐到了井边的长凳子上。井旁竖着一块木牌，上面写着“严禁马饮水”。

“我……不是马!”胖子委屈地说，“我…走不了50千米的路……喝不到这井里的水，我就不走了……而且……就一直坐在这里。”

“瞧你，傻兄弟，”尼古拉尖刻地用俏皮话挖苦他，“你就不怕喝了井水后，变成只水羚羊？或者，瞧你那么胖，天知道还会变成什么动物呢。”

可是，善良的廖列琪放下了吊水杆，从井里舀了些水给巴甫洛沙喝。胖子喝够了水，坐了会儿，然后“哥伦布”们又上路了。

出了村子，就是一片森林。但已经不是松树林，而是像火车站旁那样的混合林，而且是片原始森林。古老的、灰白的枞树和银白的白杨树、高大雪白的白桦树交织在一起。愉快的交谈不知什么时候自动终止了。快到“未知之地”的时候，只见塔金在那儿迎接他们。精疲力竭的旅行者们很快走到了娄苏瓦村，在两间由塔金租好的空房子里安顿下来。一间房给女孩，另一间给男孩。

在这里，最让“哥伦布”们震惊的，是城里人所不习惯的万籁俱寂——既听不见电车的金属嘎吱声，也听不见人群的喧闹声、头顶飞机的嗡嗡声，更听不见遥远的电力机车的汽笛声。少年自然科学家们觉得，在离故乡千里之遥的地方，他们的确走进了一片未知的、谁也没有发现过的土地。

公鸡的打鸣声、老牛的哞哞声丝毫不妨碍这一片生动的宁静。

安德烈说：“真正的穷乡僻壤。顺便说一句，在快到这里的路上，我在原始森林里看见（最好别当着女孩的面说）一只刨开蚂蚁窝的熊。”

女孩儿们齐声宣布，她们不怕熊。

塔金说：“这就对了。我希望，你们能很快会一会这只捣毁蚂蚁窝的熊。请相信，你们不会怕它的。”

“当然。”弗拉基米尔迫不及待地想在女孩面前炫耀一下自己的博学，“这些食蚁熊和毁坏麦田的熊都是些小野兽。”

塔金朝他看了一眼，想说点儿什么，但又改变了主意。

第二天早晨，塔金带“哥伦布”们参观了“未知之地”。游览花

费了大半天工夫，“哥伦布”们惊叹于所看到的一切：欢快的小河，一小片真正的原始森林，静静的湖，湖上树木茂盛的小岛，大片的农田，上面种满了长势良好的秋播黑麦，以及高大肃穆的松树林，红褐色的小松鼠从一根树枝跳到另一根树枝。

斯拉维米尔若有所思地说，这些挺拔匀称的树干，令人联想到诸如里沙或佐尔巴干这样的奇异的海港。港口聚集着来自世界各地的轮船，桅杆林立，恰似一座森林。他立刻做了首诗。因为没有押韵，他把它叫作自由体诗：

桅杆林立，针叶林
犹如绿色的帆。
在横桁上
我看见红褐色水手的尾巴。

兽类学家廖列琪微笑着说：“我把你的红褐色水手，第一个列入‘未知之地’土著居民名单。它们是我们在这里看到的第一批哺乳动物。”

米露琪卡插嘴道：“你们居民的数量并不多。我们鸟类学家一上午，已经记录了37种长着翅膀和羽毛的土著居民，够厉害吧？”

“没关系，我们会找到更多居民的。我们的土著居民都躲起来了。当然，我们的人口没有你们的多。”

这时女孩儿们听见类似于黄鹂的哨声，连忙朝塔金走去，他正站在一簇大灌木丛后面，朝她们挥手呢。

“我答应过，指给你们看破坏蚂蚁窝的那只熊。瞧，它就在这儿呢。”他神秘兮兮地悄声说。

米露琪卡和廖列琪吓得差点儿惊叫起来。在前面的松树下，在高高的蚂蚁堆旁，蹲着一只毛茸茸的大野兽。它站了起来。这时女孩儿们才看清，这不是只野兽，而是一位个子高大的老人，穿着一件皮毛外翻的短羊皮袄。他整个身子站直后，扔掉了手里拿着的树枝，抖落了身上的蚂蚁，从地上拾起一只装得满满的口袋，把它搭在了背上。这时，他转过脸来，女孩儿们看到一张胡子拉碴的脸，很像树妖的脸。然后，他慢腾腾地朝森林深处走去。

塔金解释道："这是90岁的布雷多夫老爷爷，他从前是护林员，现在耳朵全聋了，腿也几乎迈不动了。瞧，他给自己找了件活儿干：整天在林子里转悠，寻找野蜂，这也是诺夫戈诺德人从事的老行当。他还收集蚂蚁卵，村里的孩子把它们叫作'馅饼'。"

"那蚂蚁们怎么办呢？"富于怜悯心的廖列琪感到很伤心。

"母蚁会产下新的卵，勤劳的蚂蚁们很快就会修复被捣毁的蚂蚁城。而布雷爷爷也不会在一个夏天两次捣毁同一座蚂蚁城。"

黄昏时分，疲惫的哥伦布们聚集在"草莓小山"上。他们给开满白色草莓花的多林小山丘取了这么个名字。

一只布谷鸟飞了过来，停在一棵高大的山杨树的树枝上，正好在他们头顶的上方。

"咕咕！咕咕！咕咕！"它不停地啼鸣，似乎想为"哥伦布"们唱上100年。

塔金微笑着说："看起来，这家伙想把它的想法印入我们大伙儿的脑海。当雄布谷鸟唱歌的时候，雌布谷鸟就会偷偷地飞到其他鸟巢旁，用嘴衔出巢里的鸟蛋，再把自己的鸟蛋放进去。绝大多数情况下，女主人不会扔出布谷鸟的蛋，而会把它和自己的蛋一起孵出来，然后再把胃口很大的小布谷鸟养大！这真是个绝妙的主意！也就是说，一种鸟可以精心地养育另一种鸟的后代。在日常生活中，人类几乎还未产生这种想法。母鸡孵出鸭子，鹅孵出火鸡，难道这类现象还少见吗？如果我们把想繁殖的蛋放进野禽巢里，那么又会怎么样呢？布谷鸟的想法给我们提供了无限的可能性。"

廖列琪总是积极地回应他人的想法。她附和道："首先，可以拯救那些爸爸妈妈已经去世的、还没有孵化的小鸟。"

平静从容、善于思考的安德烈赞同地说："其次，可以在国外整箱购买加利福尼亚松鸡或极乐鸟的蛋，用喷气式飞机把它们运过来，让

我们的松鸡和花尾榛鸡来繁殖它们。”

豪放的尼古拉迅速站起来，说道：“走吧！”

“去哪儿？”“哥伦布”们感到很惊讶。

“当然是去实现布谷鸟的想法啊，应该最大限度地实施布谷鸟的创意。”

“哎……你……可真是个……急性子！”巴甫洛沙慢腾腾地站起来，懒洋洋地说。

安德烈边走边说：“首先必须搞清楚，几种大小差不多的鸟蛋是否可以放到对方的巢里？还会有新的鸟巢收留它们吗？然后……”

但是“哥伦布”们已经依次散开来了。他们相互距离50步远，搜索路旁和河边的灌木林。他们边走，边用山雀的哨音相互召唤：“舟维！舟维！舟维！”这哨音使队伍保持整齐。

只要看见小鸟从草丛和灌木中飞出，“哥伦布”们就会停下来，看看附近有没有鸟巢。

塔金用断断续续的鸲鸟哨音发出信号：“特勿契！特勿契！特勿契！”(站住！)

哨音依次在队伍的前后响起。“哥伦布”们站住了，侧耳细听。

“费勿里勿！”（过来！）塔金用黄鹂的哨音叫道。

“费勿里勿！费勿里勿！费勿里勿！”

哨音依次传播开来，“哥伦布”们悄无声息地走着，不一会儿就聚集到了塔金的身旁。

“这里有只朱雀巢，”塔金低声说，用小木棒指了指前面的稠李丛。“请你们分别走到朱雀跟前，对它说几句好听的话。”

“这是为什么？”“哥伦布”们惊讶地悄声问。

塔金轻声回答：“也许，我弄错了。但是，我觉得，鸟儿对人类的声音并非满不在乎。粗鲁的、尖利的、恶狠狠的声音让它们感到害怕。当然，它们不是害怕语言的意义，而是害怕说话的腔调。友好的、低声的、悦耳的话语，就像平缓的动作那样，会让鸟儿安静下来。鸟儿能很好地理解人们对它的关爱。每种动物都会感受到善意。声音对鸟儿的作用尤其明显，因为鸟儿，特别是鸣禽，非常敏感，并且拥有音乐天赋。”

于是“哥伦布”们一个接一个地走到灌木丛旁，轻轻地用手拨开灌木枝，对着那只长得很像小麻雀的、相貌平平的褐色小鸟，说了些动听的话语。小朱雀正躺在薄薄的干草窝里。

塔金说：“我已经让它习惯我了。我每天都过来一趟，对着它说会儿话。现在它不太怕人了。”

这时朱雀待不住了，从巢里飞到了树枝上。巢中露出 5 枚天蓝色的蛋，圆的那头带着黑色的小斑点。不过朱雀并没有飞走，而是停留在树枝上，用温柔但焦虑的声音啼叫起来，这声音很像金丝雀不安的叫声，似乎在问：“谁啊？谁啊？谁啊？”

廖列琪笑着回答：“自己人！自己人！我们不会碰你的！你的蛋真漂亮！”

那天“哥伦布”们一共打扰了朱雀 4 次。先是廖列琪来了，她从干草窝里取出一只天蓝色的朱雀蛋，再把一枚带着红色斑点的白色小柳莺蛋放进窝里。这一切都是当着朱雀的面做的。

安德烈找到了黑头莺的巢，取出了第二枚天蓝色的朱雀蛋，放进了一枚黑头莺的蛋——带着褐色小点的肉色蛋。女画家希格利特则带来了灰色捕蝇鸟的浅灰色蛋。

甚至连豪放的尼古拉，也像捧着青草上的露珠似的，小心翼翼地捧来了绿色的草地石鹏蛋，轻手轻脚地把它放进朱雀巢。在转运过程中，“哥伦布”们没有打碎或压破一只易碎的鸟蛋。

塔金看着队员们的工作，感到很欣慰。现在的孩子们和他当年读书时的孩子们相比，对待鸟儿的态度有多大的不同啊！

那时的女孩子们，不知为什么，对鸟儿完全不感兴趣。而男孩子们……唉，最好他们别感兴趣！男孩子们冷漠地、无动于衷地捣毁成百上千个鸟巢，他们把这称为“收集鸟蛋标本”。有的人集邮，有的人集鸟蛋。可是，邮票因此得以保存了下来，而脆弱的蛋壳里的小生命却因此夭亡了。收藏家们把有生命的蛋黄和蛋白去掉，只留下空空

的蛋壳。一两年之后，他们的兴趣过去了，便把蛋壳扔进了泔水桶。在无数代人心安理得地毁灭动物的生命之后，终于迎来了光荣的“少年哥伦布”这代人。他们生来热爱生命，保护生命，在生命中发现越来越多的新的奥秘。而以前的孩子们则冷漠地对待动物的生命。

第二天大家发现，朱雀真是位伟大的母亲。它接受了五花八门的别的鸟尚未孕育的后代，开始耐心地孵化它们。

无论哥伦布俱乐部成员们学的是何种专业，他们都对布谷鸟的想法很感兴趣。大家都在寻找鸟巢，重新安放鸟蛋。他们把鸟蛋用黑墨水涂黑，然后偷偷地放进不同的鸟巢里。俱乐部里堆起了厚厚的练习本。本子上详细记载着谁、什么时候、从哪里把鸟蛋重新放到了什么地方，以及结果如何。

不久大家就搞明白了，有的鸟是多情的、富有自我牺牲精神的母亲，可以放心地把其他鸟的后代交给它们孵化。与之相反，有的鸟却怎么也不愿收养其他鸟蛋。例如，一只灰色的捕蝇鸟接连 3 次把给它的鸟蛋从巢里扔到一棵老松树的半月形树洞里。第 4 次它干脆扔掉了鸟巢，尽管那里面还躺着它自己的 4 枚蛋。雌红尾伯劳是鸣禽中的食肉禽，它感激地接受了别的鸟蛋……立刻一口吞食了它。

“哥伦布”们不仅实施布谷鸟的想法，每个人都还记着各自的专业，编制了“未知之地”各类土著居民的名单。与其他名单相比，鸟类学的名单编制得最快。不过，树木土著居民种类的名单编制也进展顺利。虽然巴甫洛沙变得越来越胖、越来越懒，在森林里待的时间越来越短，可是多拉走遍了“未知之地”的每个角落，考察了每一片大大小小的树林。一次，当她想折断一根柳树枝的时候，甚至突然掉进了河里。她非常喜欢柳树。

动物学的名单编制得最慢。总的来说，地球上各类 4 条腿的动物已所剩无几。要发现它们，也不像发现静止不动的树木那么容易。

晚上，“哥伦布”们打排球、写信、吃晚饭。临睡前，如果天气好的话，大家就聚在一起坐会儿。女孩们坐在露台上，她们小屋的阁楼上带有露台；男孩们则坐在楼下的土台上，有的干自己的事，有的互相开玩笑，从楼上开到楼下，又从楼下开到楼上。

斯拉维米尔的诗集中记录了这样的夜晚：

太阳落到了树后，
月亮抽起了旱烟。
在山丘的谷地里，
兔子煮起了啤酒。
蚊子成群飞舞着，
预示将有好天气。
希格利特画农舍后
紫色的阴影。
尼古拉敲响了碗碟：
他将出发去夜行军。
村庄沉睡了，
夜猫子唱起了歌。

斯拉维米尔非常仔细地倾听集体农庄庄员们的谈话，记录下他们的谚语。“月亮抽起了旱烟”意指云层裹住了月亮。“兔子煮起了啤酒”意指夜晚谷地上空的雾。从前诺夫戈诺德人自己酿制啤酒，把烧红的石块放入煮着啤酒的大锅里，于是一股白烟从锅里冒出来，弥漫在谷地的上空。斯拉维米尔曾经读到过的诺夫戈诺德州的谚语，是俄罗斯最古老的谚语。在那里，喜欢黑暗的猫头鹰被叫成了夜猫子。

第四月

不久，养母们在自己的巢里孵出了别家的孩子。有些鸟会从巢里扔出不像自己的蛋，但是既然软弱无力的黄嘴雏鸟是在自己的巢里破壳而出的，那么就没有一个鸟妈妈会欺负它、拒绝照料它。在别家鸟巢出生的小鸟乞求给点儿吃的，养母们都会喂养它，而不分是自己家的还是别人家的孩子。

布谷鸟的想法在朱雀身上实施得很成功。小继母孵出了5个孩子，和红头红胸的美男子丈夫一起开始热心地喂养孩子们。当朱雀夫妇飞近鸟巢的时候，5条带着些许绒毛、像绳子一样细长的脖子一起伸过来，迎接它们。5只小脑袋在脖子上晃荡着，都还闭着眼睛呢。它们是3只嘴巴小巧的食虫鸟——石鹏、捕蝇鸟和柳莺，以及两只嘴巴宽大的食谷鸟——朱雀和苍头燕雀。

但是，无论食虫鸟还是食谷鸟，朱雀夫妇都用小毛虫和其他柔软的小昆虫来喂养它们。因此，“哥伦布”们并不担心这支由杂牌军组成的小鸟们的生命安全。

“哥伦布”们还把纤弱的小鸟——白鹡鸰的蛋放到了普通的家雀的窝里，把普通家雀的蛋放到了鹡鸰的巢里。家雀孵出小鹡鸰的时间，比鹡鸰孵出自己孩子的时间早了两天；鹡鸰孵出小家雀的时间，比预期的晚了两天。当小鸟们离开巢、越飞越远的时候，鹡鸰和家雀都可以凭声音认出自己的孩子。于是，亲生父母毫不费力地便把孩子吸引到了自己身边。

朱雀这儿的情形也是如此。它喂养别家的孩子，只是在雏鸟们还没有学会飞行、还未飞到亲生父母身边的时候。不过，朱雀自己的孩子留了下来，在其他鸟巢出生的、由别的鸟喂养的小朱雀们也飞到了它的身边。因此朱雀向“哥伦布”们证明了它是位伟大的母亲。况且，在某些情况下，把一种鸟的蛋放到另一种鸟的巢里，无论对成年的鸟儿还是对雏鸟来说，都是毫不困难的。

哥伦布们自己也成了养育者。他们直接从鸟巢里掏出羽毛尚未长好的雏鸟，带到身边饲养。

廖列琪是女孩中年龄最大的一个，她善良又严厉，精力旺盛，认真仔细。大家公认她是所有雏鸟的总管妈妈。在她的雏鸟托儿所里，什么样的鸟儿都有：小黄鹀、赤胸朱顶雀、苍头燕雀、大头伯劳、穿着五彩制服的啄木鸟，和这些小鸟们住在一起的，还有猫头鹰。它的毛色似乎与其他鸟相同，但长着凶恶的钩形嘴，眼睛鼓鼓的。“哥伦布”们亲切地称它们为“小宝贝”。天刚蒙蒙亮，只要小宝贝一声叫，就会惊醒总管妈妈，而她又去唤醒其他女孩——雏鸟的保姆们。所有的小鸟都能按时吃上早餐，肚子吃得饱饱的猫头鹰甚至连碰都没有碰一下小伙伴。“哥伦布”们从布雷爷爷那里得到了蚁卵，他们用蚁卵喂养小鸟，而猫头鹰常常会得到一小块新鲜肉。

男孩中只有安德烈一人参加了饲养雏鸟的艰苦劳动。这并没有影响他广泛研究“未知之地”。安德烈用桦树皮搭了几只轻便的小盒子，把它们缝在腰间。一只盒子里装满了蚁卵，其余的盒子里装进了“小宝贝”。于是他就放心地跟着大伙一起到树林里去了。当盒子里传出鸟儿吱吱叫声的时候，安德烈便落到了同伴们的后面。他坐在最先看到的树墩上，打开小盒子，用小木钳子把鸟食塞入饥饿的小家伙儿们张开的嘴巴里。

尼古拉和弗拉基米尔这段时间跑遍了森林。他们用捕鼠器捕捉鼩鼱和小啮齿动物，这类动物通常悄悄藏在草地里的落叶下。他们还把装着诱饵的很深的罐子埋入土中，罐边与地面齐平。斯拉维米尔积极帮助他们干活儿，但有时突然就不见了，就像人们常说得那样，消失得无影无踪。他躲开大伙儿，藏到空地上高高的草丛中，或者河边的深沟里。他躺在地上，用手托着红头发的脑袋，眺望着神秘、幽深的河流或者遥远的天空。远处白帆点点，隐约可见的船只在云下缓缓漂过。有时他若有所思地看着幽暗的森林，仿佛看到了背着公主的大灰狼，长着细脚、会走路的小木屋，以及只长着一只鼻孔、没有脊背的

树妖①。

突然，他回过神来，惊讶地发现天已经快黑了。于是他一跃而起，小声嘟囔着，有节奏地挥着手，跌跌撞撞地返回住处。迎接他的同伴们看见他魂不守舍的样子，便马上明白了，他在路上做了首诗。在他念给大家听之前，这首诗一直缠绕着他，让他不得片刻安宁。这时，画家希格利特总会抓起纸和彩色铅笔，飞快地给他的诗配画。她白天画风景，晚上画诗歌中的形象。

她向女伴们诉苦："如果只是松林中的小松鼠，那还好办。但怎么画斯拉维米尔喜爱的自然力——那些仙人呢？还记得吗，在写完阴雨天后，他在四行诗中写道：

太阳回来啦！
风——天庭的扫地人
把天空打扫得干干净净，
躺下睡觉了。"

米露琪卡出了个主意："那你就画个扫地人，当然不是普通的扫地人，而是真正天上的人，长着最最飘逸的大胡子……"

廖列琪赞同地说："他一躺下睡觉，扫帚就掉下来了，在云端打转转。"

就这样，"哥伦布"们轮流帮助女画家画画，经常给诗人提示诗歌中的形象，似乎他们大家拥有同一个诗魂。

只有巴甫洛沙一人不与大伙儿靠近。自从多拉从树林里拖回树叶和树枝之后，巴甫洛沙就完全不去森林了。他把树叶摊在纸上晾干，不停地翻动它们，给树叶编上号，成天只干这件他自称为"整理植物标本"的活儿。一次，"哥伦布"们纷纷友好地"数落"他，说他跑

① 这些都是俄罗斯著名童话故事中的主要角色。——译者注

这么远的路到这里来，却什么也不干，真不值得。可是，突然，他十分可笑地蹦出了一句话，让大家都呆住了："你们从早忙到晚，跑得气喘吁吁，却什么也没发现。"

尼古拉轻蔑地打断他："难道你发现了什么！如果你们这组有新发现，那也是多拉的功劳，而不是你的。你就是块放平的石头，下面连水都流不过①。"

巴甫洛沙出乎意料地、得意扬扬地说：

"我这块石头下面却流过了水！我是个办公室里的学者，而不是在森林里乱跑的人。我坐在这儿，比屁股坐不住的多拉干得更多。你们听说过'阿来树'吗？啊哈！都不出声了吧！谁也不知道吧！我查过所有的植物检索表，既查了'阿'，也查了'来'，都没找到。我们的书上从未登记过这样的树！这就是我的发现！"

巴甫洛沙兴奋极了，说话时既不带拖音，也不口吃了。

"真有趣！"多拉好奇地问，"你在哪里看到的？"

"还没看到过，听集体农庄庄员们说的。要是离得近些，我早就去看了，可据说是在 18 千米外的米涅耶夫村，最初来自澳大利亚或非洲。据说，树很高大，含着蜜，蜜蜂一直围着它嗡嗡叫。多么神奇的树！散发出蜜香味，分泌出上天赐予的食物——花蜜。"

弗拉基米尔力图减轻胖子出人意料的发现给大家带来的震撼，说："既然它们是从澳大利亚的某个地方运过来的，那就不属于土著居民了。我们现在连一根树枝都没看到，终归不能相信你的'发现'。"

巴甫洛沙甚至连看都没看他一眼，就打断了他，"这就更有意思了，它们是来自遥远国度的移民。据说，在原产地，这些树长得高极了，只要抬头看树枝，帽子准会从头上掉下来。这些树已经有 100 岁了。"

第二天中午，弗拉基米尔带来一只小獾，使巴甫洛沙出其不意的发现引发的轰动立刻逊色了很多。

---

① 这是俄罗斯谚语，意为一切事情主要靠自己努力。

集体农庄的孩子们指给弗拉基米尔看森林里的獾洞，獾洞有许多入口和出口。弗拉基米尔很有耐心，天还未亮时他就爬上了树，从树上观察獾洞。他在树上一连蹲了好几个小时，饿坏了。这时已将近中午，他正想从树上爬下来，突然看见一只母獾的脑袋往外探了一下，接着又缩了回去，消失不见了……5 分钟后，母獾嘴里衔着只小獾，从洞里爬了出来。它把小獾拖到小丘上草丛中的沙地里，放在阳光晒得最热的地方，然后又返回洞里。

弗拉基米尔想，他准是去叼第 2 只小獾了。

但是他没有等它返回，就飞快地从树上滑下来，跑到小獾旁，抓住它的后脖颈，一溜烟跑了！

弗拉基米尔本想把小兽送给米露琪卡，可是小姑娘拒绝了。她说，爸爸妈妈不让她在家里养动物，说养得有感情后，最终还是得把它们送往动物园……弗拉基米尔便把小兽送给了廖列琪，她一直喜爱地看着它。

廖列琪非常喜欢这个小弟子！小兽没有很快习惯保育员，最初几天，廖列琪的手指总缠着绷带，稍有不慎，尚未驯化的小獾就会咬她一口。但是应该承认，廖列琪非常勇敢顽强，她强忍着疼痛，不当着小伙伴们的面哭，也不让他们看见自己被咬伤的小手。她甚至一次也没有轻轻地敲一下或打一下小獾。

廖列琪解释道："如果在抚育过程中被施加暴力，小宝贝的性格就会变坏。我的叔叔米沙在莫斯科 4 楼的家里养过一只著名的狐狸，《星火》杂志上还刊登过这只狐狸的照片。他说，如果他是教育部部长，会让学龄前儿童的保育员先养小兽，再教育小孩。他说，人的孩子，野兽的孩子，甚至鸟儿的孩子，总体上都是一样的。对待他（它）们需要爱心、耐心和坚持。米沙叔叔把狐狸驯养得很温顺。还记得那张照片吗？在果戈里大街上，孩子们把木棒塞进狐狸的嘴巴里，抓它的舌头，而这只凶猛的野兽都没想到要咬他们。"

果真如此，两三天后，小獾不仅不再咬人了，还允许廖列琪摸摸它可爱的脸蛋、后脖颈，它还在瘳列琪背上打滚。廖列琪甚至把它抛

到半空，跟它一起玩。小兽完全信任她，不久就非常依恋她，像条狗似的跟在她后面。

已经7月20号了，孵鸟的季节已经结束，几乎所有的鸟儿都孵出了小鸟。突然，米露琪卡和廖列琪从森林里跑过来，激动地说，在林边的一株灌木丛下找到了一只鸟巢，里面有只黑雌琴鸡在孵5枚蛋。

廖列琪惊奇地说："怎么会这样？狩猎季节即将开始。林子里几乎所有的鸟儿都孵出了小鸟，而这个小傻瓜还在孵蛋呢！"

塔金说："显然，它的第一窝蛋夭折了。今年春天太可怕了。鸡呀，鸭呀，所有陆上的鸟儿都已孵出了蛋。突然寒流降临了，雏鸟都冻死了。第2次还是这样，又孵出了蛋，又冻死了。看来这只黑琴鸡已经是第3次孵蛋了。那么，也好，正合我们的意，在黑琴鸡身上也实践一下布谷鸟的想法吧。"

塔金来到鸡棚里，把一只花母鸡赶出鸡窝，从里面拿出一枚鸡蛋。廖列琪和米露琪卡跑进森林，把这枚白色的鸡蛋放到棕黄色的琴鸡蛋旁，又掏出一枚琴鸡蛋。

回到住处，蛋就变冷了，原来这是一枚没有孵出雏鸟的蛋，它没有胚胎。

"我听说，我们雌雷鸟的蛋里，已经传出了雏鸡的叫声！"廖列琪说。

"是吗？太有趣了。这是怎么回事？在黑琴鸡的巢里，白蛋特别惹人注目。难道它最终接受了白蛋吗？"塔金说。

"很明显，黑琴鸡丢弃了鸟巢。孵啊孵，却什么也没孵出来，都是些孵不出雏鸟的蛋。而且，还有人把这枚畸形的蛋给扔到一边去了。当然，这枚蛋让人害怕。"安德烈说。

他们边吃晚饭，边说话。尼古拉、米露琪卡、希格利特白天就到湖边去了，可是到现在还没回来，也许在什么地方耽搁了。

晚饭吃完了，他们三人还没回来。天黑了，夜降临了。

米露琪卡、希格利特和尼古拉依旧不见踪影。

第五月

夜黑沉沉的，下着雨。“哥伦布”们谁也没睡。弗拉基米尔最着急，坐立不安，犹如笼中之兽，在房间里直打转。他不时奔到雨中，在去湖边的路上来回走。塔金推测，米露琪卡、希格利特和尼古拉3人在普拉瓦湖边的村庄里过夜了。但弗拉基米尔不断地说：“我感到米露琪卡发生了不幸。怪不得这个湖的名字那么不祥。①”

当懒洋洋的晨光刚刚闪现在窗口，“哥伦布”们已经全体出发，去搜寻失踪者了。他们决定直接去普拉瓦湖边的别列佐夫村，但沿途必须搜索湖周围的原始森林。

雨停了，但脚底下却是水洼和烂泥，特别是走进幽暗的森林的时候。大家决定，巴甫洛沙慢慢地沿大路走，不时呼唤几声。而其余7人呈散兵线沿森林走，以哨声互相呼应，以免走失。总管妈妈在家里留守，照顾小獾和所有的小鸟。

弗拉基米尔精力充沛地穿越丛林。只要他前面的乔木和灌木一让出道路，他立刻就会设想，在半明半暗的森林里，在黑幽幽的枞树下，躺着米露琪卡的尸体。他不敢想象，米露琪卡和其他两位同伴到底遭遇了什么。

从散兵线的左边和右边，不时传来山雀的哨声。弗拉基米尔回应着。突然，有个东西“嗖”的一声从他前面的灌木丛里钻出来，飞向一旁，黑色的翅膀啪啪地碰断了树枝，他不由得打了个冷战。过了好一会儿，他才回过神来，这是森林里的大公鸡——松鸡。在清晨的朦胧中，他觉得原始森林非常神秘和可怕，充满奇异的怪物。

突然，他站住了，似乎听见前面传来既像叫喊又像呻吟的声音。但是，他搞不明白，响声发自哪里。他竖起了耳朵……

---

① 在俄语中，普拉瓦一词含有“深渊、泥潭”的意思。——译者注

又响起来了！有谁嘶哑着嗓门儿在叫，却听不清楚在叫什么："……是的！……哦！这里！……"

弗拉基米尔迅速迈开脚步，不顾一切地向长满小枞树的密林奔去。他还没来得及看清眼前的大坑，就滑了下去，双脚飞快地朝地底下飞去。

……大概在坠落过程中被震昏了，短暂地失去了意识，弗拉基米尔怎么也搞不明白他在哪里，有声音喑哑地在他耳边说："热烈欢迎！我们早就等着你了。请随意吧，就像在家里一样！"

弗拉基米尔破口骂道："真见鬼！黑得像在地狱里一样！"

"这里就是地狱！瞧，这是死人骨头。"

弗拉基米尔费力地转过头来，他的脖子一直在痛。他看见周围全是在黑暗中泛着白光的骨头，而尼古拉就站在不远处。

"这是在哪里？"他一边把头转来转去，一边问。但是，他立刻看见了，在他的另一边，坐着希格利特和头垂到膝盖上的米露琪卡。

"她怎么了？"弗拉基米尔跳了起来，脱口叫道。

"没关系，没关系！"米露琪卡自己回答道，"稍稍扭伤了脚，仅此而已。"

"喂，你来叫吧。"尼古拉说，"我已经喊破了喉咙。"

弗拉基米尔想起了找人的同伴们，扯开嗓子开始大喊："快到这里来！快到这里来！"

女孩子们跟着喊："小心！这里有坑！"

几分钟后，传来了塔金的声音："嘿，在坑底呢！怎么掉到坑里面去了？你们感觉怎么样？弗拉基米尔在你们这里吗？"

"我们在研究地狱美洲！"弗拉基米尔快乐地回应道，"米露琪卡的一只脚脱臼了。坑大约有 6 米深。"

大伙费了好大的劲儿，才把不幸的人们从深坑里拉出来。得给米露琪卡搭副担架，身强力壮的安德烈和弗拉基米尔把她抬到了住处。

在屋子里，尼古拉叙述了发生的一切，"我们在湖边稍微耽搁了会儿，走进森林时，天已经黑了。米露琪卡走在前面，突然只听得一声

大叫，我连忙朝她跑去，也跟着她掉进了这该死的洞里。出于同情，希格利特跟着我们一起跳进了坑里。

“地洞里黑极了，伸手不见五指。但眼睛习惯后，还是能看清一些东西。一面是通道，另一面还是通道。显然，进入了地下通道。我本来想去调查一下通道的走向，猫着腰可以走过去。但女孩们乞求道：‘不要走开，我们害怕。’而和可怜的米露琪卡一起钻出这可恶的坑，又根本不可能——坑很深，坑壁又黏又陡……也指望不上你们。夜里上哪儿找去？天亮前等不到救援。而且总的来说，我们还很怀疑，你们是否能找到我们？

“幸亏我带着一整盒火柴。我点亮一支，很快就熄灭了。周围是那么的怪异！脚底下遍布着骨头和骨骼。的确，都是些小骨头，但对于女孩们来说，绝不是合适的陪伴物，即使她们是少年自然科学家。我明白，兔子啦，青蛙啦，蟾蜍啦，蛇啦，从上面摔下来，坑边很滑，它们怎么也爬不上去，就死在这里面了。

“我们就这么坐着、坐着，周围一片漆黑，无事可做，各种念头都冒了出来。我们一直在想，这条地下通道是什么样的，谁挖的，为什么挖的？希格利特说，也许，这是用来诱捕法西斯的，或者准备用来躲人的，想必是游击队员挖的。而米露琪卡想起来，曾经读到过一个童话故事：一个水怪水塘里的鱼总比另一个的少，它只得从自己的塘里挖了条地下通道，通往另一个水塘，把鱼沿着地下通道赶过来。水怪不可能从陆地走。

“她刚刚讲完，突然尖叫起来：‘啊！眼睛！……那边！在那边！’

“的确，我也看到了，两只可怕的眼睛在黑暗中闪着光，我的皮肤上不禁起了一层鸡皮疙瘩。那双眼睛起初喷着绿色的火，然后是红色的，最后熄灭了。

“‘这是水怪在偷看我们！’希格利特声音颤抖地小声说。

“我对她说：‘别说话！’

“那双眼睛又喷出了火。唉，我真后悔，没有随身带着猎枪！当然，我马上想到了，这是狼。只要朝它放上一枪，它就完了！女孩们紧紧地靠着我，浑身发抖，我又能做些什么呢？难道有谁能赤手空拳地击退狼吗？那双眼睛正挑衅地盯着我们呢。

“突然我领悟到，狼非常害怕人的声音，那么，就吓唬它一下吧！我预先悄悄地告诉了女孩们，然后拼尽全力高声叫喊起来：‘勿呵塔——塔——塔!!!’姑娘们也长声尖叫起来，喊声震耳欲聋。”

“你的嗓子都喊哑了。”希格利特说。

“现在是哑了，可当时真的很高兴，狼眼消失了。”

“反正狼眼后来又出现了。”希格利特不肯让步接着说。

“也许它根本就没有逃走，大概通道很快就到头了，或者那边的通道被堵住了。”

尼古拉继续说：“总之，我想好了，不再号叫，改为点火柴。只要狼眼一开始靠近我们，我就对着它划根火柴。多亏是夏天，夜不太长，终于从上面透来一丝亮光，接着听到了弗拉基米尔的声音。米露琪卡立刻听出来是他！”

希格利特证实，尼古拉说的句句是实话，并诚恳地承认：“唉，伙伴们，我们真是吓坏了！说实话，要不是尼古拉在，我和米露琪卡肯定给吓死了。你们只要想想看，那双可怕的眼睛在闪闪发光，我们吓得魂飞魄散，似乎觉得这个怪物马上就要扑向我们，我们的骨头在它的牙齿里咔嚓作响！”

狼为什么待在地下通道里，依旧是个未解之谜。安德烈、弗拉基米尔和尼古拉决定最近几天搞清楚这一点，但大家手头都有很多要紧的事，只好推迟考察神秘地洞了。

8月5日，打猎开始了。现在弗拉基米尔和尼古拉每天都会带回来琴鸡呀、野鸭呀、鹬呀什么的。“哥伦布”们详细研究每只鸟，涉及鸟身上的一切，乃至一根小羽毛：登记鸟的大小和重量，把肉烤熟，把漂亮的羽毛放入鸟儿相册，希格利特用细纸条把它们粘上去。“哥伦布”们制定了严格的规矩：如果剥夺了美丽动物的生命，那么就应该保存有关它们的记忆。他们剥下珍稀动物的皮，再用棉花或柔软的纤维充填动物。

“哥伦布”们曾经在黑琴鸡身上实施了布谷鸟的想法，现在终于搞清了这一实验的结果。姑娘们把鸡蛋放到了黑琴鸡旁，但是第二天早晨，她们在巢里并没有看到黑琴鸡，只见到已经冷却的棕黄色琴鸡蛋，也就是说，这些蛋被抛弃了。巢里还散落着一些白蛋壳。谁也不知道，小鸡去了哪里。是黑琴鸡把它啄死了吗？因为它一直没有孵出自己的后代。“哥伦布”们试图帮它孵出 4 枚蛋，但是跟第一枚一样，它们都是些孵不出雏鸟的蛋。

突然，有一天早晨，尼古拉从森林里回来，讲述了这么一件事：“我沿着原始森林旁的田边走，那里种着燕麦，露水还挂在麦子上。我看到那里有黑琴鸡，它们在麦田里漫步，碰落了露珠。突然，一只雌黑琴鸡飞了起来，后面跟着一只小黑琴鸡，只有一只，长得怪模怪样的——不是黄色的，而是彩色的，有花斑的！……我放下枪，心想，这是什么怪物？

“黑琴鸡越飞越远，而这只怪物‘啪’的落到了树枝上。它停在树的半腰上，离我很近，我不用望远镜也能看清楚，这是只小公鸡！是我们花母鸡的儿子！真是太棒了！

“这时，黑琴鸡柔声招呼它：‘弗勿！弗勿！咕咕咕！’小公鸡迅速飞了起来，飞得好极了，像只真正的黑琴鸡！瞧，养母甚至教会了它飞行！它飞到另一棵树上，躲在树枝间和我玩起了捉迷藏。嗬，完全是只野公鸡，猎人眼中真正的野禽。我听说过变野的家鸡，可却是第一次亲眼看见。照这样子，也许，我们可以培养出新的野鸡品种——改良过的家鸡！”

尼古拉讲述这一切的时候，大家正好在吃早饭，他们围坐在一棵大枞树下的一张大桌子旁。稍稍长大的小鸟，自由自在地飞来飞去，不时地飞到他们身旁，落到他们的肩上，在桌子上跳来跳去，捡拾食物的碎屑。

小獾温顺地蹲在廖列琪的脚旁，等待着从桌上掉下来的美味佳肴。

8 月 21 日到了，这是我们这儿每年最后一批雨燕消失的日子。塔金提前一礼拜通知了雨燕飞离的日期，现在“哥伦布”们确信，这些快速飞翔的小鸟严格遵循着自己的日历，虽然它们根本不必着急，空中到处飞舞着它们要吃的野味——苍蝇和蚊子。燕子和夜鹰也以苍蝇为食，它们连想都没想过要飞走呢。

“哥伦布”们也该准备回城了，9 月 1 日学校就开学了。一星期后他们将回到列宁格勒。

他们决定，离开之前，全体在普拉瓦湖上集合，在湖中的小岛上度过一整天。

第六月

真是件怪事:“哥伦布”们本指望新大陆与旧大陆有某些相似之处,“未知之地”却越来越显得神奇和神秘。布谷鸟的想法给少年自然科学家打开了一片全新的、未知的天地。行动迟缓的巴甫洛沙至今还没有去取神秘的“阿来树”的树叶,因此这位来自遥远国度的“移民”依旧是未知的。米露琪卡、尼古拉和希格利特掉下去的那个地下通道,仍然是个谜——谁、什么时候、为什么挖了这条地下通道。最近几天,猎人尼古拉和弗拉基米尔带回来一些小鸟,无论如何都不能把它们归入“未知之地”的土著居民。

从打猎一开始,尼古拉和弗拉基米尔就在普拉瓦湖边用芦苇和树枝搭了两座小窝棚。尼古拉在湖岸的这一边,弗拉基米尔在湖岸的那一边。从黎明到午饭前,是第一次“上套”——诺夫戈诺德人如此称呼这一时间段。少年自然科学家拿着枪和望远镜,守候在窝棚里。尼古拉还经常去第二次“上套”——从午饭后一直到太阳下山。躲避着鸟儿机警的眼睛,猎人们观察到许多有趣的事。

通常,在林中过夜的灰鹭第一个出现在湖岸上。它缓慢地拍打着圆圆的、似乎是用破布做成的翅膀,慢慢往下飞,放下笔直的长腿,最终不慌不忙地着陆了。它紧贴着岸边踱来踱去,在潮湿的沙地上留下 3 只脚趾的大爪印。鹭仔细观察着岸边的浅水区,眨眼间,它的如短剑般的尖嘴闪电般地刺向心不在焉的青蛙,并把长长的脖子伸向天空,似乎是在感谢老天爷馈赠的美味。于是,青蛙的小腿剧烈抽动着,消失在这只背有点儿驼的大鸟的血盆大口中。鹭迈着安详均匀的脚步,继续沿着岸边往前走。不止一次出现这样的情形,它离躲在窝棚里的猎人近极了,他用沉默的枪柄就可击到它。

小水鸭、高大笨重的绿头鸭、蓝翅宽嘴、体型匀称的赤颈鸭纷纷飞过来,缓缓降落,翅膀上泛着镜子般的湖面的碧绿的光。短尾巴的长脚秧鸡从一丛芦苇走到另一丛芦苇。鸢在高空缓慢地飞过,注视着

岸上的死蛙或水中白肚皮朝上的死鱼。少年自然科学家手中的枪一直沉默着。

但是，在湖面上空，出现了一群快速飞翔的鹬，夏天它们从未在这里出现过。它们四散在岸边，细长腿一闪一闪的。这时，从窝棚里立刻喷出火光。“轰”的一声枪响，飞往遥远越冬地的旅行者突然在沙滩上结束了旅程。

鹬成群结队地从新开垦的土地上，从阿尔汉格尔斯克，从科拉冻原带飞往热带非洲。现在，几乎每一天，少年自然科学家猎人都会带回一些此地夏天从未见过的鸟——长嘴小滨鹬、黑腹滨鹬、弯嘴滨鹬和沙滨鹬。有一次，尼古拉从窝棚里看见了一只鸟，他甚至在图画册上都从未见过。这是只彩色的鸟，穿着黑色的胸甲，腿不长，嘴也不长。它察看着伏在水中的每一株干树枝、每一丛芦苇，又迈着碎步往前走。在附近没有看见类似的鸟，只有它孤零零的一只。

尼古拉射中了这只鸟，当他把它带回住处时，塔金惊叹道：“要知道，这是翻石鹬！这是海边一带的鸟。它怎么会出现在这里，出现在大陆的腹地？这是最最有意思的猎物，简直是个小发现！”

告别小村庄之前，全体俱乐部成员准备到湖中小岛去一趟。多拉给大家带来很大的不安：一大早，她谁也没告诉，就去了某个地方，结果中饭时没回来，晚饭时也没回来，大家都想到森林里去找她了。说不定掉进了地下通道？但这时她却回来了。她只说，她和米涅耶夫村的女孩儿们在一起，却拒绝回答在那里看见了什么。

第二天一大早，气压就下降了。但天刚蒙蒙亮，“哥伦布”们就向湖边进发了。

集合完毕后，他们飞快地穿过树林，在别列佐夫村从渔民那里借了一艘小船和两只划子。船在移动。小船是最主要的交通工具，尼古拉和弗拉基米尔划着划子伴随左右。划子是诺夫戈诺德州的各个湖上从石器时代保存下来的最原始的船。把两根凿出长槽的白杨树干，用小木板连接起来，就做成了划子。划子不易转向，划得很慢，在石器时代人们悠闲着呢。然而，划子的稳定性很强，可以在上面捕鱼，也

可以跳进水中，划子都不会翻过来。

在前面引领整个船队的，是新认识的小伙伴万尼亚，他也划着划子。他是个长得胖胖的、模样滑稽的小集体农庄庄员，明年春天就要上6年级了。他非常熟悉普拉瓦湖，知道在哪里可以捕到什么样的鱼。他骄傲地把自己的湖指给城里人看，他很高兴，哥伦布们称他为“本地老村民”。

不久，船队停靠在无人岛岸边。“哥伦布”们上了岸，仔细考察了小岛。这花费了一些时间。小岛长400步，最宽处250步。正如万尼亚所说的，在岛上有整整一群黑琴鸡。他们成功地射落了3只，用来当午饭。让树木学家啧啧称奇的是，这里长着巨大的松树。急性子的多拉坚称，它们与美洲高大的红杉树长得一模一样。

在这里，在无人岛上，“哥伦布”们立刻感到自己变成了当地的土著居民——印第安人。男孩们把琴鸡的羽毛插在头上，变成了酋长；女孩们则变成了黑皮肤的巫女，这对她们来说毫不费力，一个夏天下来，她们都晒得黑不溜丢的。大家飞快地搭起一座尖顶小窝棚——印第安人的树皮帐篷式小屋，以便进去躲雨：天开始变阴了。

万尼亚像个经验丰富的老渔民指导大家钓鱼，教“酋长”们把诱饵装到鱼钩上，指出钓鱼线上的鱼漂该甩到离鱼钩多远的地方。

弗拉基米尔不想钓鱼，轻声哼唱着自己作词的歌曲，刚好能让勤勉的渔夫们听见：

一月，二月，三月，四月，
一群人钓起一个大傻瓜！

弗拉基米尔跑开了，想去弄清楚岛上有哪些动物。

他还没走出100步远，就看见地上有新鲜的、从水中冒出来的陌生野兽的脚印。湖里有很多水鼠，但这不可能是水鼠的脚印，太大了；如果是水貂的话，脚印又太小了。

脚印通向小岛上草木茂盛的一角。为了不惊动野兽，弗拉基米尔轻手轻脚地顺着古怪的脚印走。在岛的边缘，他脚下的泥土开始微微松动起来。

“可千万别掉进沼泽地里！”弗拉基米尔想。

可是，他刚刚走了几步，草丛中就有什么东西在沙沙作响，立刻传来溅水声。一只棕色的野兽“嗖”的一声从草丛里钻入水中。弗拉基米尔没来得及看清它的模样，甚至也没搞明白它长得有多高。他又朝前迈了1步，看到岸边的草地里，有个1米见方的小平台，即所谓的“饲料小桌”，上面放着捣碎的只吃了一半的水草茎。很明显，这是某个啮齿动物在吃饭呢。根据它吃剩的食物判断，它的个头儿还不小，有旱獭那么高……

弗拉基米尔心想：“我们这儿还没有这么高大的水上啮齿动物呢。这到底会是什么呢？不会是海狸吧！”

他冥思苦想着。突然袭来的乌云下，猛地刮起一阵不同寻常的大风，他这才清醒过来。冷不丁，他感到脚下的泥块像筏子似的轻轻摆动起来。他抬起头，只见岛上的大树像纤细的芦苇一样，被风吹弯了腰。旋风飞转着，沙尘和折断的树枝朝他迎面扑来。他站立的那块泥土的末端已经脱离了小岛，跟小岛间的距离越拉越大。

“龙卷风！”弗拉基米尔明白过来，便想往岸上扑。可是他被一株矮灌木绊倒了，跪了下来。

弗拉基米尔并不是个胆小的人，可这时也不禁惊呼起来。他不会游泳，而湖的深度，用万尼亚的话来说“岸边像屋顶那么深，再往里，深不见底。一句话，是真正的深渊”！奇怪的是，他脚下那块带草的泥土，像神话中的飞毯似的，并没有沉入水中，只不过在他身体的重压下，微微摆动着。

“天哪！”弗拉基米尔突然想起来了，“这就是漂浮植物层啊！”

弗拉基米尔早就听当地集体农庄的庄员说过，这里湖中的植物会耍阴谋诡计，看起来像是小岛的一部分，实际上植物的根并没有扎入土中。当风把它们吹离小岛的时候，土块就自由自在地在湖面漂浮。植物的根没有与岛上的泥土融为一体被固定下来，而成为沼泽地。当

时这个话题让“哥伦布”们很感兴趣。庄员们还说，有一次，一对苇莺把巢筑在了岬角上，而岬角突然就漂走了，在湖里来回漂荡。

把漂浮植物层吹离小岛的强烈的风——旋风平息了。被旋风搅动的湖面翻腾起来，漂浮植物层越晃越厉害了。它慢慢地沿着小岛漂流，离岸越来越远。弗拉基米尔一动也不敢动，更不敢站起来。在他的重压之下，他脚下那块不结实的土块随时可能破裂，那可就……由于害怕，各种荒谬的念头涌入他的脑海。他想，瞧，“哥伦布”来到了漂浮的美洲！唉，要是能像苇莺那样飞，或者像鱼儿那样游水就好了……今年秋天，我一定要去游泳池学游泳。弗拉基米尔下定了决心。这么想着，他似乎感到轻松了些。

但是他的奇遇还未到此结束。他突然看见，一只毛发飘飘的脑袋瓜冲破了湖面的波浪。这块小波浪飞快地朝漂浮植物层靠近，一只湿漉漉的……真正的美洲野兽爬上了“饲料小桌”！弗拉基米尔立刻认出来，这是一只比我们这儿的水鼠大得多的美洲水鼠——麝鼠。

“这真是项奇妙的发现！”弗拉基米尔想，“在俄罗斯的腹地，在从未饲养过麝鼠的湖上，竟然遇到了这只美洲野兽！本地村民了解这个情况吗？”

弗拉基米尔一高兴，全然忘记了自己的处境，飞快地站起来，朝前迈了1步，一只脚立刻沉入水中，水没过了膝盖。

“嗨，原来在漂浮植物层上！”冷不防，从岛上传来欢快的声音，“到哪里去过了？带上我们吧！欢迎你，航海家！从哪儿搞到了这块漂浮的泥块？带来了什么动物？”

原来，弗拉基米尔所乘的绿色筏子缓慢地沿着小岛漂荡，已经绕过岬角，现在正漂过钓鱼人的身旁。万尼亚、安德烈、廖列琪和巴甫洛沙分散地坐在岸边，旁边还站着米露琪卡。

弗拉基米尔立刻就不害怕了。他悄悄地从水中抽回脚，为了向这些当代“鲁宾孙”们隐瞒刚才的胆怯，他双手叉着腰，嘲讽地回答道：

“啊哈，眼红了？我发现的不是普通的美洲，而是漂浮的美洲！还跟美洲居民待在一起。你们看见了吗？”

伙伴们刚一开口说话，麝鼠就从漂浮的植物层上“扑通”一声跳入水中，消失不见了。但钓鱼人还是看见了它。

小船就在旁边。安德烈和廖列琪跳进船里，划到漂浮的植物层旁，把弗拉基米尔接到船上。救援来得正是时候，弗拉基米尔的脚已越来越深地陷入草毯中，毯子眼看就要破裂了。

迫不得已的航海家顺利上了岸，漂浮的美洲又与小岛连在了一起。乌云已经散了，疯狂的旋风也已过去，湖面很快平静下来。“哥伦布”们仔细研究着漂浮的植物层。游泳高手安德烈甚至脱掉衣服，潜入水中，从水下对它进行了详细观察。

不久，太阳重新露出了笑脸。大家情绪高涨，兴高采烈地度过了在小岛上的一天。他们授予大英雄——漂浮美洲上的哥伦布“经验丰富的老水手”的光荣称号。

姑娘们请求斯拉维米尔写一首有关勇敢的老水手的诗。但诗人拒绝了，他说：“我不写冒险的诗，但有关漂浮的植物层，我已经作了一首押韵的小诗。”

出发前，姑娘们一定要走遍“未知之地”的每个角落，最后一次欣赏湖景，看看平静光滑的湖面，向幽暗的原始森林、空旷的田野致敬，奔跑着向奔淌的河水告别。

她们不得不一次又一次地向村里的女伴们发誓，永远永远不会忘记她们，一定常常给她们写信。她们也从村里的女伴们那里得到了同样的誓言。

当地人把树下踩出的空地称为“炽热的田野”。在这块“炽热的田野”上举办的告别舞会是多么成功啊！在集体农庄老爷爷的手风琴伴奏下，村里的年轻人跳起了古老的舞蹈。老爷爷拉起了华尔兹舞曲《在满洲里的山丘上》、四步舞曲、西班牙舞曲和波尔卡舞曲。

在送“哥伦布”们回家的路上，和着手风琴，村民们唱起了诺夫戈诺德地区滑稽的四句头歌谣，歌词是布雷老爷爷现填的告别词：

我们喜欢“哥伦布”们，
打心眼儿里喜欢。
夏天再到这里来，
用馅儿饼款待你们！

斯拉维米尔没让他等多久，立刻回唱道：

永远、永远忘不了
通往乡村的小路。
即使忘了，也找得到
娄苏瓦村的方位。

第七月

“哥伦布”们还没有很好地习惯学校生活，就收到了从“未知之地”寄来的一封信。信是写给尼古拉的，他立刻读给俱乐部的全体成员听。

亲爱的尼古拉!!!

你曾经要求把村里发生的事都告诉你们，现在就出了件大事——你们大家都熟悉的普拉瓦湖失踪了！晚上还在的，早晨起来一看，它就不见了！我们大伙都曾经乘着船、划着划子，到过湖中的岛上，今天我却乘着集体农庄的大车，去那里运古树枝，因为湖已经干涸了。湖里的鱼，特别是小鱼都还在，但是水没有了。大家直接用手就可以抓到鱼，鲈鱼呀，小雅罗鱼呀，可多啦，我一个人捉了 3 大桶。而那些大鱼，可聪明了，一大清早就跑掉了，谁也不知道它们去了哪里！

湖已经消失 4 天了，还没有回来的迹象。老人们说，也许不会回来了，要等到冬天再看了。我听说，亚姆湖、亚姆河以及周围的其他一些小湖，都以同样的方式消失了。还听说，米涅耶夫村旁的卡拉巴佐夫大湖变得又宽又深。

暂时没有别的新鲜事。

向大家和姑娘们问好。

信就写到这里。

焦急地等待回音。

你们熟悉的当地老村民　万尼亚

“这的确是片未知之地!”莱姆琪卡摊开双手说，“怎么会这样？不久前我们还乘船去过湖里，不久前老水手还差点儿淹死在里面。突然，一夜间，湖就消失了，仿佛从来没有存在过一样！湖底都可以开大车了。湖跑到哪里去了？谁也不知道……”

萨迦是一位刚刚加入俱乐部的6年级学生。他自信地说："我想，奥秘就在这里！很可能，太阳晒干了湖水。也就是说，湖水蒸发掉了，变成了云，消失在空中。"

安德烈向他解释，湖水不可能这么快蒸发掉。何况，普拉瓦湖是夜间消失的，那时也没太阳。

经过深思熟虑后，巴甫洛沙宣称："我认为，这是各种复杂现象的综合。明年夏天我们将不分专业，给大伙儿解开这个谜团。"

"什么明年夏天！"尼古拉一下子就急了，"趁湖里没有水的时候，应该立刻去考察。塔金，请允许我、安德烈和弗拉基米尔一起向校长请3天假。当然，落下的课以后一定补上。请派我们去作科学考察——考察这个失踪的湖。4天后，即本月的第4个礼拜天，谜底就会揭开！"

塔金同意向校长请假。第二天晚上，"哥伦布"们已经紧急出发了。和他们一起出发的还有斯拉维米尔，他很想去看看诺夫戈诺德秋天的森林，跟他故乡乌拉尔的针叶林是否相像。

9月20日，秋分前夕，哥伦布俱乐部的全体成员聚在一起开会。议事日程上只写着一个议题：普拉瓦湖从"未知之地"表面消失的原因。

安德烈开始汇报。虽然考察队的4个队员都是10年级学生，但安德烈是他们当中威信最高的。

"总之，情形是怎样的：在原先是普拉瓦湖的地方，我们看到一片浅盘形的凹地，地上长着一排排高大的树木。湖中的水的确消失了，或者像当地人所说的那样丢失了。不过在干燥的凹地的东面，在一块很深的凹陷处，有一大片水洼。原来这下面是个无底洞，或者叫落水洞、塌陷处，湖水就是流进了这里。我们很快就搞明白了，这件事与所谓的喀斯特①现象有关系。"

---

① "喀斯特"（Kras）一词取自南斯拉夫西北部喀尔斯高原地名，那里有发育典型的岩溶地貌。"喀斯特"一词即为岩溶地貌的代称。——译者注

“什么？你说什么？”萨迦飞快地反问道，“什么现象？”

安德烈微笑着问道：“你想听什么？科学解释还是普通解释？”

“当然是科学解释。”胖子巴甫洛沙高傲地宣布，“我们又不是小孩子了。”

“很好。”安德烈表示赞同，开始照纸上写的念，“以下内容摘自大百科辞典：‘喀斯特现象指具有溶蚀力的水对岩石进行溶蚀所形成的现象，并与后者的化学溶解过程有关，综合表现为特殊的地表和地下形态，独特的河流、湖流体系以及地下水的循环。’懂了吗？”

“我还是小孩子，”米露琪卡说，“我听不懂。请不要用‘后者’‘特殊的综合’这类字眼跟我解释。”她亲热地朝萨迦使了个眼色，萨迦正听得心烦意乱，痛苦地皱起了眉毛和鼻子。他竭力想搞明白，但什么也没听懂。

弗拉基米尔立刻响应道：“让我来解释吧！说得简单点儿，正如希格利特所说，米露琪卡、希格利特和尼古拉 3 人过夜的那个地下通道，是一个水怪挖的，它想到另一个水怪家做客。当湖里水很深的时候，普拉瓦湖在地下石灰层挖了个大洞。现在卡拉巴佐夫湖的水位下降了，与之相连的普拉瓦湖里的水就通过这个洞流进了卡拉巴佐夫湖。这就是管道连通定律，还记得物理课上学的知识吗？瞧，我特意画了张图。各个小盘子似的小湖——普拉瓦湖、亚姆湖以及所有与大湖卡拉巴佐夫相连的小湖里的水，都流进了像大盆一样深的大湖里。瞧，这看得很清楚。萨迦，现在你懂了吗？”

“懂了！”萨迦一边回答，一边和米露琪卡仔细观看弗拉基米尔画的草图。画家希格利特立刻用铅笔画了些小盘子与大盆子，并画上橡皮管把它们连接起来，然后指给大家看。

弗拉基米尔继续解释道：“在某个地方，水突然从地面上溶蚀了坍塌处和喀斯特地下通道，形成了漏斗、小坑和落水洞。尼古拉、米露琪卡和希格利特掉进的就是这种落水洞。这是独特的陷阱和‘狼坑’，可以诱捕青蛙、蛇、蟾蜍、兔子和其他动物。这些动物一旦失足滑下去，就不可能沿着光滑陡峭的洞壁爬上来，于是它们就死在里面了。”

“这么说来，还真的有狼!”希格利特惊呼道，“那双闪着红绿色磷光的、恶狠狠的、可怕的眼睛！可它为什么没有扑向我们?”

“也许，因为它是只狐狸!”安德烈从容不迫地回答，“村民们说，普拉瓦湖下的大洞是通往乌第河的。在乌第河底，我们发现了一只卡在灌木丛里的狐狸的尸体。它瘦骨嶙嶙，皮包骨头。很明显，它死前一直饥肠辘辘。可以推测，它从落水洞掉进了地下通道，然后河水又把它冲到了乌第河。在黑暗中，人们很难区分狐狸的眼睛和狼的眼睛。”

“这样一来，”米露琪卡总结道，“可以说完全解开了我们奇特的夏日历险之谜。那天夜里，我们掉进了‘未知之地’的溶洞，我是这次历险中唯一受伤的人。但我很高兴，我的脚最先踏上了地狱美洲。”

斯拉维米尔告诉大家：“万尼亚把我们带到了90岁的老太太费舒卡那里。她出生在亚姆湖边。她记得大约80年前，有一年冬天，亚姆湖突然不见了。事情的经过是这样的：那时费舒卡还是个小姑娘，她去湖里打水，水却没有了！她顺着冰窟窿走到湖底，发现那里像个神奇的宫殿——银色的屋顶泛着冷光，冰水在汩汩地流淌，鱼在跳跃，水洼里终究还留着一些水。水下王国如同童话里描写的那样，美不胜收!”

“你认为诺夫戈诺德秋天的森林怎么样?”希格利特问，“跟你们乌拉尔秋天的针叶林相像吗?”

“一模一样！也是普希金笔下的‘魅力之地’！看着这里秋天的森林，我就回想起我们家乡多姿多彩的针叶林。”

“你作了有关森林的诗了吗?”

“当然作了。”斯拉维米尔回答道。

第八月

该来看一看，“哥伦布”们在夏天所做的事情了。鸟类学家在俱乐部会议上率先做总结。

安德烈汇报道：“我们一共5个人，也就是塔金、莱姆琪卡、米露琪卡、尼古拉和我，成功地确定了在‘未知之地’上生活的151种鸟，我们也把鸟称为长着翅膀和羽毛的部落。”

“真了不起！”老水手弗拉基米尔脱口而出，“我们找到的哺乳动物还不及你们的一小半呢。”

“这还不算很多。”安德烈继续说，“已故的科学院动物博物馆鸟类组组长瓦连京·里沃维奇·比安基在综合报告中写道：‘据我们调查，在诺夫戈诺德省（如今称为诺夫戈诺德州）一共有216种鸟。’当然，这其中得排除7种偶然飞到这里的鸟，比如黑燕或白腮燕鸥；得排除只在我们这儿过冬的9种鸟，比如极地猫头鹰、雪地铁爪鹀和拉普兰铁爪鹀，夏天在我们这儿无论如何看不到这些鸟；还得排除几十种飞经诺夫戈诺德州的鸟，在小小的未知之地，我们只能偶尔看到几只。由此可以得出结论，也许，我们已基本上了解了生活在我们的美洲上的、长着翅膀和羽毛的居民。我敢保证，当地村民并不了解，在这片土地上生活着这么多各色各样的鸟；他们也不了解，野禽究竟由哪些鸟组成。我们对此进行了详细考察，并把所有的鸟都列入了清单。

“据我们统计，整年生活在这里的鸟，简单点儿说，定居在这里的鸟，一共有51种。春天飞到未知之地来筑巢、孵育后代，秋天又飞走的鸟，也就是候鸟，有89种。

“夏末，从北方飞过来的鸟有10种，偶然飞过来的鸟只有1种——翻石鹬。这是项真正的发现，因为在比安基的《我们的鸟类》中，根本没提到这种鸟。它是由尼古拉发现的。莱姆琪卡找到了白腰朱顶雀的巢，以前人们认为它只在冬天才到诺夫戈诺德州来。而发现

长笛松雀的荣誉属于米露琪卡，以前人们也认为它只在冬天才飞到我们这儿来过冬。这两种鸟是偶尔停在这里过冬，还是已开始习惯在这里的生活，还有待时间的证明。要知道，在《我们的情报》中，朱雀也曾被认为是珍稀鸟类，现在它已经在每个合适的地方筑巢了。

“在夏季，一共进行了27次把一种鸟的鸟蛋放进另一种鸟的鸟巢里的实验。你们都已经知道了出乎意料的实验结果。

“我们一共给57只鸟套上圈环，其中54只是雏鸟，另外3只是偶然抓到的成年鸟。

“在当地饲养了32只雏鸟。把1只布谷鸟、1只渡鸦和1只煤山雀带回来饲养。

“对所有的工作过程都写下了‘航海日记’，详细记录下特别有趣的考察故事。”

在讨论完安德烈的报告之后，老水手弗拉基米尔发言：“至于兽类考察，我们无法夸耀已经登记到很多种类的动物。一个夏天，总共才观察到31种哺乳动物。甚至谈不上观察，只是记录。因为有的只是道听途说而已，像我们尊敬的巴甫洛沙一样。很遗憾，在未知之地上，我们既没有碰到小伶鼬，也没有碰到漂亮的小鹿（所谓的狍或者野山羊），更没有碰到巨大的笨熊。”

“应该说幸亏没有碰到。”萨迦插话道，“要是碰上熊，你们又没带枪，那可够你们受的了！”

大家都笑了起来。弗拉基米尔继续说：“总之，这里的哺乳动物很少，用手指头都数得过来。猛兽是熊和狼。第二次世界大战前狼已经绝迹了，战后又繁殖起来。狐狸、獾、貂和黄鼠狼很少，据说有白鼬和银鼬。有过猞猁，但最近几年也没听说了。就这些。食虫类的情况如下：鼹鼠很多，刺猬很少，见到两只陆上的鼩鼱和一只水上的鼩鼱。蹄类的有两种：麋鹿和狍子。至于翼手目动物……都是些夜行动物，我们很难看见它们，只抓住3种：一只大蝙蝠、一只山蝠和一只鼠耳蝠。当然，啮齿动物最多：抓到两只兔子，灰兔和白兔；两只松鼠，普通的棕红色松鼠和装着降落伞的会飞的灰松鼠。我们在杨树洞里找

到了松鼠幼崽，半小时后再过去取时，它们已经不见了，松鼠妈妈叼着它们的后脖颈，把它们拖走了。幸好，在未知之地上，既没见到仓鼠，也没见到黄鼠，它们都是非常可怕的破坏者。

“的确，普通的灰鼠数量众多，跟家鼠一样多。还有水鼠、背上长着黑条纹的野鼠、林鼠和3种不同的田鼠。这就是我们全部的清单。”

“都有些什么样的熊？”萨迦郑重其事地问，“有白熊吗？”

弗拉基米尔哈哈大笑起来，“没有灰熊，它们只居住在北美的洛基山脉，那里的人把它们叫作褐熊；也没有喜马拉雅黑熊，它们住在树洞里；更没有白色的海熊，它们只住在北冰洋。你可以睡个安稳觉。”

萨迦感到很难为情。

“我是诺夫戈诺德人。我们那里的人说，有时在森林里会遇见白熊……”

“很可能。因为熊的皮色很浅，会被误认为白熊。需要特别指出一件有趣的事：一窝黄鼠狼偷偷住在一位女集体农庄庄员家的门廊下。母鸡和公鸡在院子里悠闲地散步，黄鼠狼并没有去碰它们。就像狼从不叼临近村子里的小羊羔，黄鼠狼总是偷吃远方的鸡。因此，女主人一直不知道在自己家里住着这样一窝强盗。她甚至从来没有怀疑过。

“廖列琪的小宝贝儿——小獾特别有意思。它非常有教养，比我们大家都棒！好吧，等会儿廖列琪自己展示给你们看。”

弗拉基米尔还讲述了他在漂浮的美洲上发现的美洲居民——漂浮植物层上的麝鼠。他的发言到此结束。

巴甫洛沙开始做树木学考察总结。可他总是拖着长音说：“唉唉唉”“这个……”“那个……”大伙儿急得朝他直摆手：“闭嘴！要是口吃倒也罢了，可还这么装腔作势！请多拉说吧！”

与巴甫洛沙相反，急性子的多拉一上来就像爆豆子似的说，大伙儿只好中途拦住她，再次追问她。

“在未知之地上，高大的本地部落——大树很少，非常少，比鸟类学的哺乳动物还少，屈指可数。”多拉像放连珠炮似的说，“特别是那些成群生长的大树，总共只有松树、枞树和白桦，它们茂盛多瘤，以

及含胶的灰赤杨和山杨。在大树丛里还分别长着一些小树：花楸、稠李、橡树、野苹果树和榆树。榆树有光滑的，也有不光滑的。还有杨树。紧挨着杨树生长着枫树、白蜡树。在河边，在沼泽旁，生长着高大的柳树。柳树是最有趣的树，有各种各样的叫法——爆竹柳、褐色柳、河柳。柳树的品种众多，有俄罗斯柳、拉普柳、白柳、黑柳、蓝灰柳、浅灰柳和大耳朵柳。说真的，是大耳朵柳！”看到伙伴们笑了，多拉住了嘴。她连“说真的”都没说完，觉得太长了，只说了“真的”两个字。她又接着说道：“还有三蕊柳、五蕊柳、迷迭香柳和六百嫩芽柳，这还没有包括全部，在我们这儿生长着20种各种各样的柳树！还有各种各样的灌木！有这些灌木，如刺柏，村里人把它叫作桧，以及野蔷薇、悬沟子、鼠李、荚顺、榛树、黄冬忍、岩高兰、金银花、多疣卫矛、红穗醋栗、黑穗醋栗、杜香、帚石南、熊果、水越桔……”

“停，停，停！”尼古拉恳求道，“瞧你扯到哪里去了！我想，熊果终归是浆果，而不是灌木吧？”

“根本不是这么回事！”多拉得意扬扬地说，“虽然它们属于浆果，但也是灌木。还有半灌木的：鹿蹄草、山茱萸、百里香、苦茄……还有小灌木：越橘、黑果、红莓苔子、小石南！”

“啊呀呀呀！”尼古拉简直不相信自己的耳朵，叫了起来，“在我们的未知之地上，竟然长出了这么多天赐美物吗？”

“如果你不相信我的话，可以去问巴甫洛沙。”多拉不高兴了，“这些都是我为他的植物标本采集的。”

植物的茎和叶被细细的白纸条粘贴在大纸上，每页纸上分别用俄语和拉丁语工整地写着植物名称。大家花了很长时间，来观看这些植物标本。他们纷纷表扬巴甫洛沙：“你是位真正的办公室学者！”

“我还没说完呢，”多拉叫道，“还有外来的灌木和乔木，还记得那棵来自澳大利亚的著名大树‘阿来’吗？它从上到下都散发着蜜香味。”

大家都饶有兴趣地重新坐下来。

“在未知之地上住着许多外来居民，就像尼古拉发现的麝鼠那样。”多拉竭力控制住语速，郑重其事地说，“例如，普通的土豆即来自美洲，现在是我们这儿最家常的蔬菜。在我们的花园里，生长着丁香、锦鸡、山楂、伏牛花、醋栗、接骨木、侧柏、银白杨，它们都是从南方或东方引进来的。它们逐渐适应了这里，也不怕冬天了，无所谓！还有我们最著名的来自澳大利亚的大树‘阿来’！只要抬头看树枝，帽子就会从头上掉下来！巴甫洛沙在未知之地附近发现了它。请说说看，它还可以叫作什么树？”

“啊?!”大家喧哗起来，“快说吧，快说吧!”只有巴甫洛沙一个人把脸转了过去。

“你为什么不说话?”多拉用一种很无辜的声音问道，“难道你不感兴趣吗？我和女伴们特意走了30千米，想弄清楚为什么蜜蜂围着阿来树嗡嗡叫。我高兴坏了，阿来树从天涯海角带来这么多玉液琼浆，而且还在这里种活了。巴甫洛沙，是这样吗?”

“既然搞明白了，那就……就……一口气说出来吧。”巴甫洛沙沉下脸来。

“我是搞明白了，你凭空捏造了这个神奇故事。压根儿就没有什么地主从澳大利亚运来什么阿来树！在这里，的确很少见到这种树。可是，在俄罗斯中部，要多少有多少，随处可见！这种树叫椴树！办公室学者，你听说过椴树吗？给你根晾干的椴树枝，拿去做标本吧！本地的蜜源乔木——椴树，就是这么回事。”

“那……”由于出其不意，巴甫洛沙现在是真的口吃了，“那……为……为什么……这种……为什么在这里叫作……阿来树?”

多拉解释道：“本地人把它叫作椴树，是因为这里的农民不认识椴树。在这里，它的叶很小，又很少见，而在地主庄园的林荫道上种着成排的椴树……于是，农民们就用不认识的词‘林荫道’来命名不认识的树，就叫成了阿来树①。”

---

① 在俄语中，阿来与林荫道的发音很相像。——译者注

“太棒了!”塔金说，“如果这算不上树木学发现，那么，无论如何，也是项语言学发现。可爱的北方的诺夫戈诺德人，给普通的椴树取了一个当地的名字。”

然后莱姆琪卡、米露琪卡和廖列琪给大家看各自饲养的小动物。

莱姆琪卡饲养的小渡鸦，依次给大家鞠了躬，并做了自我介绍：“卡尔·卡尔奇克·克劳克!”

它允许大伙儿摸它的头，同时幸福地微微垂下眼睑。莱姆琪卡说：“它这是在练眼神。”

米露琪卡饲养的煤山雀通体乌黑，它一直在编辑部里飞来飞去，然后又蹲在窗台上，不时地往书架上的小缝里窥视，小爪抵在微微外凸的天花板下的墙纸上，从那里飞快地打量着大家。但只要米露琪卡轻轻地吹声山雀的哨音：“茨维!”同时伸出一只手，手掌朝上，煤山雀立刻就会飞到她的手指上。

大家都非常喜欢耐心细致的廖列琪饲养的动物——名叫“库克”的棕黄色的北噪鸦和“小宝贝”小獾。廖列琪把它们一起装在一只箱子里带过来，箱子的两头用金色丝网拉紧。她把箱子放在地上，放出了库克。小獾蜷曲成一团躺在那里，当廖列琪柔声唤它“小宝贝，小宝贝!”时，它才抬起头来。

“最近它总有点儿犯困。”廖列琪说，“大概，它已快进入冬眠期。”

“喃，小宝贝，喃，亲爱的，”她又轻声唤它，“把小盆子给我拿来。”

懒洋洋的小胖子很不情愿地站了起来，用嘴叼起放在箱子里的小盆子，从箱子里走了出来。

“喂，捡起来，捡起来!”廖列琪轻轻地说道。

小獾已经把小盆子扔到了地上，这时又把它捡起来，蹲坐在后爪上，像狗一样听话。

当它举着小盆子的时候，廖列琪捣碎随身带来的白面包和几小块烤熟的甘蓝，放进盆子里，然后又从小獾那儿拿走盆子，放到地上，打了声呼哨，叫库克过来。库克正在书架上跳来跳去。

北噪鸦一点儿也不怕小獾，立刻飞到盘子边吃了起来。它把头歪向一边，“吧嗒”一声，就咬下了一小块面包。

“库克！”廖列琪严肃地说，“应该说点儿什么？”

“请吧！”北噪鸦突然清楚地发出了人的声音，只是稍微有点儿鼻后音不分。大家惊叹不已。

“库克也属于鸦类。”廖列琪解释道，“渡鸦啦，白嘴鸦啦，喜鹊啦，松鸦啦，北噪鸦啦，它们都可能干了。椋鸟也很能干。在列宁格勒的普列汉诺夫街上，我的一个朋友家里养着两只椋鸟。其中 1 只 9 岁，个子不高，微黑，名叫萨沙。它一生一共学会了 42 个单词！真是个天才！

“女主人说，这么有才能的椋鸟很少见。小的那只叫米沙，才 3 岁，它不太用心。萨沙则常常用眼睛盯着女主人，竭力模仿她嘴唇的动作。它真是个非常勤奋的学生，从不分散注意力，从不像米沙那样，发出椋鸟的哨音。它甚至自学了好几个单词。当孩子们来家里玩的时候，女主人经常对他们说：‘安静点儿，安静点儿！’笼子里的椋鸟竟然也会对他们说：‘安静点儿，安静点儿！’我的库克则花了好长时间，不断地重复‘请吧！请吧！’才终于学会了。”

孩子们让黑色的渡鸦多次重复它的名字，让快乐的库克重复说“请吧！请吧！”他们请求莱姆琪卡和廖列琪教会它们更多的单词。

第九月

10 月份，在俱乐部的例行会议上，廖列琪和老水手弗拉基米尔做了题为《我们的新野兽》的报告。

弗拉基米尔开始发言：

“在当今这个时代，老年居民常常感到困惑不解。不久前发生了这么一件事：一位本地老爷爷坐在土台上晒太阳。他早就住在我们这里了，那时列宁格勒州还被叫作圣彼得堡省。当时他还打猎，很了解我们这里有哪些野兽。

“突然，一大群孩子喧闹着从林子里跑了出来。

“‘老爷爷！’他们大叫道，‘快来看看，我们抓到了一只什么野兽！’他们给他看一只完全不熟悉的野兽，毛皮呈杂色，尖尖的下巴上留着胡须。

“老爷爷看了看，说：‘这是条小狗，是谁家的小狗崽。去打听一下，谁有这种狗。可能是别墅里的人养的吧，还给他们去。’

“可是孩子们发誓，他们是在森林里、在树根旁的洞里找到的。那里本来还有十来只这样的小崽子，但都跑掉了。它们肯定是野的。

“老爷爷很生气地说：‘怎么，难道我连野兽也不认识了吗？照我看，这是母狗逃到森林里生下了一窝狗崽子。就是这么回事！既然不是狐狸崽，不是獾崽，也不是狼崽，那么就是狗崽子！我们这里从来就没有过野狗。’

“老爷爷说得对，我们这里从来就没有过野狗，可是现在繁殖起来了。野狗生养在离我们这儿上万千米以外的地方，在我国的另一端——在远东，在乌苏里斯克边疆区。质量上乘的野狗，跟美洲的小熊——浣熊一样，是毛皮非常珍贵的野兽。因此它们也被叫作浣熊狗或者乌苏里斯克浣熊。1929 年，我们的狩猎专家首次尝试把 20 只野狗从东部运到西部。试验成功了：小兽们习惯了在新地方的生活。因此，1934 年，国家开始大规模地迁移浣熊狗，现在它们在我国 70 多个地区生活得很好。它

们居住在光线充足的森林里、灌木丛里、高高的草丛里和芦苇荡里。每年每对浣熊狗夫妇生下 15 只小浣熊狗。在天寒地冻的冬天，它们钻进地洞里睡大觉。在浣熊狗繁殖得多的地方，已经允许猎杀它们了。

“浣熊狗不仅皮毛很有用，可以用来做皮大衣，而且还大量吞食家鼠、田鼠和其他啮齿动物。浣熊狗只有一个缺点：只要一找到琴鸡窝、松鸡窝和鸭窝，就立刻彻底捣毁。猎人很不喜欢它们……

“我一开始讲的是老爷爷，接着发生了令他更加困惑的事。

“老爷爷现在知道了，不仅我们这儿自古以来就有的动物正在逐渐消亡，就像我国已经灭绝的野公牛——原牛和欧洲野牛那样，而且还迁移来了新的野兽。瞧，孩子们从黑河边跑过来，讲述了一种从未听说过的野兽。一对野兽迁移到森林里的小河边，在岸边挖了个窑洞，把高凸处做屋顶，屋顶非常硬，根本挖不动，出口处设在水下。它们在那里繁殖后代，现在已经是一大家子一起干活儿了。它们在森林里砍树，用牙齿把原木锯成两段，把木头拖到河边，把小河水拦住，建成了堤坝。嗬，真抵得上工程师了！它的外形像只肥胖的狗，皮毛像钻头一样硬，尾巴像皮革，又宽又大！尾巴击打在水面上，一俄里以外都能听见溅水声！

“老爷爷忍不住了，说道：‘喂，孩子们，你们是在跟我讲童话故事吧？你们以为，爷爷老糊涂了吧？你们以为，老爷爷不知道在远古时代我们有过这样的野兽？那时，弗拉基米尔·莫诺马赫大公打死了原牛和野猪，在河边捕获了海狸。但我们森林里的海狸早就灭绝了。怎么着，你们想让我相信，海狸跟你们远东的大狗一样，移居到了这里？’

“老爷爷不知道，海狸在我国并没有彻底灭绝，十月革命前，在我国的一些地方生存着不到 1000 头海狸。十月革命后，我们在自然保护区里繁殖海狸，把它们分别迁入了 50 个州和区。

“我在普拉瓦湖上发现的麝鼠——北美的大水鼠，最早于 1929 年在我国放养。现在它们快速繁殖，在各处定居。1937 年麝鼠皮已列入国家毛皮加工计划，占全苏毛皮供应量的 40%。猎人们吃麝鼠肉，对

肉的鲜味赞不绝口。

“另一个美洲居民河狸鼠是大型的啮齿动物，跟麝鼠一样，其生活方式也是水陆两栖。它们从南美洲来到我们这儿，居住在我们的亚热带地区。从河狸鼠皮上可拔下长长的、带刺的硬毛，所以我们这里也把河狸鼠皮叫作猴皮。最近我们成功地把河狸鼠向北方推进，已经到了雅罗斯拉夫尔州、鄂木斯克州和库尔干州。

“可笑的浣熊寄生在树上，与我们乌苏里斯克的狗非常相似。它们已顺利地在高加索北部和吉尔吉斯南部安家落户。如果你在森林里看见一只不大的怪物，灰棕色、毛茸茸的，抓到老鼠后，并不急着吃，而是来到河边，先把老鼠放到清水里好好地涮洗一番，这才开始吃早饭，吃好后又爬到树上，钻进树洞里睡觉。那么你可以断定，这是只真正的美洲浣熊，因为它吃饭前总要把肉放到水里清洗，所以叫作浣熊。

“最近几年，在静静的小河边，在废弃的河床上，您可以看见一种非常滑稽可笑的野兽。它的眼睛小小的，尾巴中间扁扁的，鼻子长长的，灵活好动。请看看它是如何进食的：它把长鼻子从一边转向另一边，卷起蜗牛和水蛭送进嘴里。这种小兽几乎被人们消灭光了，可是我们及时救下了它最后的子孙，于是它们又兴旺起来。它叫作俄罗斯麝鼹，是水上大鼩鼱。它的皮可以当作海狗皮用。

“以前在克里米亚没有松鼠，不过到处可见长着坚果和松球的树木。于是我们把西伯利亚的松鼠迁移到克里米亚，它们在那里过得快活极了，吃球果、针叶树子、橡实和蘑菇。

“古时候，在西伯利亚没有灰兔。可现在，你们瞧瞧，不仅在西伯利亚的西部，甚至在西伯利亚的东部——克拉斯诺亚尔斯克州、克麦罗沃州和伊尔库茨克州都可以猎杀灰兔了！现在那里的新时尚是吃烤灰兔肉，穿灰兔皮大衣！

“但不能总想着吃的和穿的，还应该关心一下美貌。”

“弗拉基米尔，停一下。”廖列琪突然打断了他，“我来讲这一点。

“你们见过梅花鹿吗？在我们的远东有梅花鹿。它真是太漂亮了！

眼睛长得很像拉斐尔圣母像中圣母的眼睛，[①] 一双耳朵长得像两朵花，纤细的长腿，皮毛泛着七彩阳光。另外，雄鹿头上还长着神奇的鹿角。嘀，难道不神奇吗？

“在遥远的滨海地区，这种神奇的动物差点儿被灭绝。幸亏它们被转运到了自然保护区。在保护区里，不仅禁止猎杀梅花鹿，而且还保护它们不受天敌——狼的威胁。前不久，它们被迁到了莫斯科郊外的森林和公园里。为了美化环境！它们在各处繁殖起来。这很棒吧？！”

俱乐部的全体成员都同意，这很棒。大家开始考虑，当他们大学毕业、成为科学家之后，将迁移什么样的野兽。这通常被称为让野兽适应我们的新环境。

安德烈提出，将从科曼多尔群岛迁移一种神奇的野兽，即堪察加海狸，或者更准确地说，叫作海獭。在全世界只剩下几十头海獭，分布在洛帕特卡海角和梅德诺伊岛。海獭以海猬为食，在白海上，海猬可多了。就让海獭们从海上探出上半身，照料、玩耍哺乳动物的幼崽——海猬吧。

女孩们一起提出，在我们的草原上繁殖美丽的红额羚，画家希格利特则发誓要让长颈鹿适应我们这里的气候。

尼古拉沉默着，在冥思苦想着什么。当大伙儿喊他的时候，他精神一振，脱口而出：“我要去南极，把那里的企鹅迁移到我们北极来。”

听到他出乎意料的发言，大家都友好地哈哈大笑起来：“想必你知道，企鹅属于禽类，而我们现在谈论的是野兽。”

尼古拉脸涨得通红，气呼呼地说：“什么禽类！企鹅比任何野兽都强。它不会飞，绒毛厚厚的，为什么不能在我们的北冰洋繁殖？也许，它们在这儿会过得很好！应该考虑一下禽类，让它们也开始适应我们的环境。”

“哥伦布”们同意，应该尝试把企鹅迁移到北方的岛屿上。

会议到此结束。

---

① 拉斐尔（1483—1520）是意大利杰出的画家，和达·芬奇、米开朗基罗并称文艺复兴时期艺坛三杰。拉斐尔一生创作了大量的圣母像。——译者注

第十月

广播听众非常熟悉的森林专家基特·韦利卡诺夫请求加入哥伦布俱乐部。他熟知森林的历史及其民间故事。大伙儿建议他自选题目，做一场入会报告。

以下就是他报告的内容。

森林里的游戏和体育运动

基特说：

“全世界的孩子们都是一样的：他们无忧无虑，特别爱玩。为什么无忧无虑呢？因为有父母关心他们，供他们吃、喝、睡，然后让他们出去玩，对他们说：‘在我们大人的照看下，尽情地玩吧。但是叫你的话，要飞快地跑进屋子，因为周围布满了敌人！’大人们为什么不玩呢？

“如果大人们没什么烦心事，周围很安宁，也会玩。他们打各种纸牌，打多米诺骨牌，踢足球，玩击木游戏①

“野兽的孩子们怎么玩呢？它们模仿大野兽们学会做游戏。看到大野兽们互相追捕、互相躲藏，小野兽们也相互追逐，玩躲猫猫。看到大野兽们筑巢，保护巢不受敌人的攻击，照看孩子们，小野兽们也模仿着做。不过大野兽们做的一切都是真实的，小野兽们则是假装的。小野兽们都很善良，不相互杀戮，也不相互撕咬。既然吃得饱饱的，就不会发怒。为什么要吃别的小兽呢？因此小野兽们一起玩，是绝对安全、快乐的！

“另外，做游戏的时候，所有的野兽都是平等的，现在你抓我跑，

---

① 击木游戏指用木棒把对方摆在圈内的木棒击出圈外。——译者注

抓住后就是我抓你跑；或者我找你躲，然后你躲我找。大野兽们也遵循同一规则，但是在大野兽那儿，狐狸就是狐狸，兔子就是兔子，猫就是猫，它不会跟老鼠互换位子，不可能老鼠戏猫。在动物园的小兽园里，你会看到小狗追小熊，小羊追小狼，小狐狸躲避小兔子，然后又互换角色。它们从不搏斗，无论你是小兔还是小熊，找到你了，你就得爬出来，抓住了就是抓住了。

“我听到有个猎人讲述了这么一件事。

“春天时他买了只猎犬，它会追兔子和狐狸。小狗一点点大就买来了，后来他把它送给了农村里一个认识的集体农庄庄员。在小狗长大之前，一直自由放养。一直到秋末，雪都下过了，他才有空从城里出来，去探望猎犬多戈尼亚——他给它取了这个名字。

“猎人来到村子里，在集体农庄庄员家过夜。第二天一大早，就跟多戈尼亚一起去森林。多戈尼亚已经长成了一只大狗，看起来很像一只狼。

“他们来到林子里，猎人解开了系着多戈尼亚的皮带。它‘嗖’的一下窜进了密林，10 分钟不到，就找到了兽迹，狂吠起来。它把一只兔子往猎人这边撵，猎人打死了那只兔子，放进了包里。猎犬跑进了树林，很快又吠起来。不过这次的声音与上一次的不一样，有点儿可笑，像小狗似的一阵阵吠……

“猎人找到了兽径，是在野兽很少去的地方，在林边，从四周可以把野兽看得一清二楚。瞧，是只狐狸！多戈尼亚叫着追它，狐狸逃进了灌木丛，蹲了下来！多戈尼亚追到灌木丛边，趴下前腿，不时尖叫几声，就像小狗跟人或其他小狗玩耍时发出的叫声。

“狐狸一点儿也不害怕，一跃而起，扑向多戈尼亚！猎犬竟然夹起尾巴，逃走了！狐狸跟在后面紧追不舍。猎人站在那里，茫然不知所措！

“多戈尼亚在前面跑，狐狸在后面追。它们没跑多久，狐狸便当着猎人的面，追上了多戈尼亚，轻轻地舔大狗的侧身。

“突然狐狸和猎犬都停住了，面对面躺下来，呼呼地喘着粗气，向

外吐舌头。这时猎人从树后走了出来，狐狸看到他，立刻跳了起来，逃走了！猎犬跟着狐狸跑，无论猎人怎么叫，都不回头，很快就消失不见了！猎人只得一个人回家。

“猎人气愤地向主人讲述了这件事，主人笑了起来，说：

‘怎么着，生狗的气了？它把野兔给你撵出来了吧？撵出来了。这么说来，它完成了本职工作，也就是说，它有权跟朋友玩一玩了。’

‘什么朋友？我告诉你，那是只狐狸！’

‘是只幼狐。还在夏天的时候，多戈尼亚跟它遇上了，不知怎么一来就玩得入了迷，小狗通常都这样。两只小兽都很淘气，它们好上了，后来在那个林边又遇见过好多次，一碰到就玩追捕，或者玩躲猫猫。看着它们就觉得开心——跟我们的孩子们玩得一模一样！’

“瞧瞧吧，不是所有的野兽都是残暴的，它们之间也存在着快乐的友谊和纯洁的爱情。一位伯伯还讲述了这么一件事。这事发生在白俄罗斯。一只狗每天给灌木丛里的老狼送吃的，就像童话故事里讲的那样。当然，人们跟踪狗送肉的足迹，打死了狼。原来这是只年纪很大的狼，牙齿都掉光了。瞧，本该与狼不共戴天的狗却成了它的朋友，每天给它送吃的。

“显然，这已经不是做游戏了！对不起，有点儿跑题了。

“全世界的孩子玩的游戏都是一样的，先玩追捕，再玩儿躲猫猫。还玩围城游戏：一个小孩站在小山上，保护房子，另一个小孩从下面往上冲，尽力设法撞倒他，撞倒以后，就取代了他的位置。小鹿和小羊特别喜欢玩这种游戏，而所有的野兽都喜欢玩追捕和躲猫猫。”

“是的，是这样的。”“哥伦布”们赞同地说，“那么森林里的体育运动又是怎么回事呢？”

“它们也从事体育运动。”基特说，“不过，它们的体育运动，怎么说呢……与我们的有天壤之别。我们的体育像游戏，我们的竞争是假设的，更多地是为了锻炼身体。但是野兽的竞争是真实的、直接的，甚至是致命的。

“百米赛跑。例如，各种跑得快的动物聚集在林中空地上，突然，有人喊了声：‘有猎人！’于是枪响了。

“兔子急忙以百米冲刺的速度奔跑，4条腿跑得飞快，第一个逃进了树林，创造了惊人的短跑世界纪录！

“跳高。你想得到吗？这项体育运动的冠军竟然是体态笨重的麋鹿。在它住所的四周，围着高达2.15米的栅栏。这只庞然大物朝栅栏走近几步，几乎不用助跑，便像只鸟似的飞过了栅栏。

“这只‘鸟’重407千克还要多。

“跳雪。一些森林里的鸡类在雪下过夜。黑琴鸡是这方面的行家里手。白天它们蹲在白桦树高高的树枝上，吃白桦的柔荑花序。太阳一下山，它们一个接一个地翻着跟头跳进了深雪里。它们住在雪洞里，感到很温暖、很舒适。当它们钻进雪里的时候，雪洞就自然形成了。你可以尝试着在这样的躲避处找到它们！

“高山障碍跑。雪兔，又叫作擅于滑雪的兔，它的巢筑在山丘的灌木丛下。被狐狸惊醒后，它第一个跑到了山脚。众所周知，雪兔属于天才的高山兔，后腿比前腿长很多，所以在山上跑得飞快。为了逃脱狐狸的追捕，它在陡峭的山坡上3次跨越树桩，翻滚着跃过灌木丛，一个筋斗接一个筋斗地翻到了山脚……只见一大团雪块。在山下，这团雪块跳了起来，抖落掉身上的雪，便消失在密林里了。

“跳水。你们可能会问我：‘怎么跳水？现在是冬天。江河湖泊都被厚厚的冰雪覆盖住了。’我会回答：‘那冰窟窿是干什么用的？由于河底奔腾的热泉水而尚未结冰的水面，又是干什么用的？’

“黑腹鸟与椋鸟差不多大小。它在冰面上蹦蹦跳跳，唱着欢快的歌曲，突然‘扑通’一声，头朝下掉进了冰窟窿里。它在水底奔跑，弯曲的脚爪抵住鹅卵石底，全身披着银色的外衣，这是空气在它身上泛起的泡泡。

“它一边跑，一边用嘴抠起小石子，啄食石子下面的水甲虫。它鼓起翅膀，从冰屋顶下面起飞，又从另一个冰窟窿里面飞了出来！

“这就是全苏著名的潜冰水冠军——水雀，或者叫作河乌。现在即使在我们列宁格勒州，比如在圣彼得宫，在托克索夫，在奥列杰什河，

都能见到它。

“空中技巧运动。那些轻盈袅娜、尾巴蓬松的野兽特别擅长这类运动。民间把它们叫作灰鼠，我们把它们叫作松鼠。在绿色的树叶棚顶下，它们进行着各种令人眼花缭乱的表演，具体的节目是：

头朝上盘旋上树；

头朝下盘旋下树；

从一棵大树干跳到另一棵大树干；

从摇摇晃晃的细树枝的一端跳到另一端；

从跳台上，即弹性十足的树枝上往下跳。

“这些技巧运动员们自己也没意识到，它们会在空中翻筋斗，也就是往下跳时不停地翻滚。

“松鼠被公认为阔叶林和针叶林中做这类空中动作的冠军。

“地下跑步。鼹鼠是唯一的、名副其实的从事这类运动的高手。鼩鼱在这方面远不如它。鼹鼠的前肢有五爪，掌心向外侧翻转，能快速掘开前面的泥土。它跑步的速度，赶得上它头顶地面上人走路的速度。

“跳伞。灰色的飞鼠是这方面的行家。它的前后肢之间有一层像降落伞一样的皮翼，上面覆盖着柔软的短毛。

“飞鼠爬上树梢，突然四肢一蹬，离开树枝，飞行起来。它撑开皮翼，打开了降落伞。它在空中一直飞行了大约 25 米远，才降落在林中空地的矮树枝上。

“鸟类接力赛。猎人乘着滑雪板，追踪一群野猪。顺便说一下，你们知道吗？在十月革命前，我们这儿的野猪已经被消灭光了。现在，在狩猎法的保护下，野猪又繁殖起来了。在列宁格勒郊外的树林里，也能见到野猪了。

“瞧，猎人在追踪野猪，兽迹从田里延伸到了森林里。猎人刚一走近林边，树上的喜鹊就发现了他。虽然他特地穿上了白色的外套，以免在白茫茫的森林里太显眼。

“‘契克！契克！契克！’喜鹊大叫起来，‘猎人怎么来了？契克！契克！契克！’

“在林子当中的空地上，在一棵巨大的橡树下，一群小猪刚刚饱餐了一顿美味的橡果，正安稳地躺在雪地上睡大觉。当然，它们没有听见喜鹊焦急的叫声。

“长着蓝翅膀的松鸦听到了喜鹊的叫声。它附和着喜鹊，厉声叫唤起来：‘弗拉克！弗拉克！’它立刻逃进了密林。

“在密林里，棕黄色的北噪鸦也叫了起来：‘克伊！克伊！克伊！’它那难听的嗓子吼得响极了，正在高大的枞树树梢上打盹的黑色大乌鸦听见了。它打了个激灵，立刻加入了这场接力赛。

“‘克劳克！克劳克！弗拉克！’它声音低沉地吼道。

”它的叫声刚落，在橡树下，一只很小的小鸟——荨麻蛱蝶又用细细的嗓门叫了起来：

“‘特尔！特尔！特尔！’声音紧贴着沉睡的小猪的耳畔响起。

“小猪哼了一声，一跃而起，飞快地朝灌木丛奔去！鸟儿的叫声响极了，猎人隔老远就听见了。他恨恨地吐了口痰，把滑雪板调了个头，回家了。

“在这样一场接力赛之后，休想偷偷靠近野兽！”

一场不同寻常的比赛或者森林里一项新的体育运动项目

森林里的冬眠爱好者宣布了一场原创比赛的规则：看谁的冬眠时间最长。

冬眠规则：

一、比赛地点任选，可以爱怎么睡就怎么睡。唯一的条件是必须连续入睡，即使只醒来 1 分钟，也可确认比赛结束。

二、允许做梦，可以做梦，也可以不做梦。

三、全体参赛选手在同一天入睡，即第一场冬雪降临的前一天。

注：选手进入洞穴前，应该注意藏匿踪迹。森林里的野兽能够准

确无误地估计到冬天的来临。

四、冬眠时间最长的野兽获得胜利。（因为春天的时间越长，森林里越暖和、越吃得饱。）

参赛选手如下：

一、熊。在两棵交叉倾倒的枞树下搭建了一个舒适的窝。

二、獾。在森林中的沙丘上挖了一个很深的、干燥暖和的洞穴。

三、大耳蝠，又叫大飞鼠。在撒布宁卡河陡峭的岸边，有一个人们挖出的深洞。大耳蝠用后脚爪抵住洞顶，翅膀像块雨披似的把自己包裹起来，倒挂着睡觉。它认为，以这种姿势睡觉最舒服。

四、幼鼠。在大约1.5为高的刺柏丛下，搭建了一个草窝，用一束干苔藓堵住入口。

4个参赛选手在秋季的最后一天，即冬季大雪飘落之前，钻进了各自的洞穴。

第一个违反比赛规则的是幼鼠。

它睡了大约一星期之后，在睡梦中饿得慌……饿醒后，它悄悄地抽掉掩盖出口的苔藓，小心翼翼地探出头朝外望了望，附近一只动物也没有，便偷偷地溜了出来。在同一片刺柏丛下，它还建了个窝，那是个粮仓，里面藏着过冬的口粮。幼鼠在那里饱餐了一顿，又小心翼翼地溜进睡觉的草窝，用苔藓堵住入口，蜷曲成一团，睡着了。它确信，谁也没看见它。它做了个甜美的梦，梦见它赢得了比赛，得到了很美很美的奖品——整整1千克方糖。

可是，它第二次醒来之后，刚刚爬出草窝，想再次溜进粮仓吃点儿东西，就遭到了小兽和鸟儿的哄堂大笑。原来，上次有只小松鼠从树上看到老鼠溜进了粮仓，把这件事告诉了喜鹊。嗬，请相信，既然喜鹊知道了，那么大家很快也就知道了，喜鹊叽叽喳喳地将消息传遍了整个森林。

幼鼠饿不了多久，毕竟它还小。但是没有办法，比赛规则对大家都是一样的，幼鼠被开除出参赛队伍。

第二个失败的是獾。通常它整个冬天都不会醒来。但这次不知是它体内储藏的脂肪太少，还是融雪天使洞里变湿了，它醒了过来。它忘记了比赛规则，睡眼蒙眬地爬出了洞。当然，它立刻被认定为冬眠结束。

大家本来也想开除熊。为什么它一双混浊的绿眼睛会不时地从熊洞里往外看呢？可是，熊让大家相信，它其实是睡着的，而且一直在睡，4 月份之前它是不会爬出熊洞的。不信的话，可以去问问《森林报》的编辑。

原来熊说的是真的。不过，最终获得奖品的，不是熊，而是大耳蝠。它倒挂着一直睡到 5 月份。那时，空中飞舞起长着翅膀的小昆虫，它有东西吃了。

第十一月

在哥伦布俱乐部的门上，贴着一张彩色告示：

2月12日20点30分将在此举办模拟审判，凭俱乐部发的门票入内。

哥伦布俱乐部的全体成员和许多受到邀请的《森林报》读者，在指定的时间来到了俱乐部。几乎每个人都穿着西服，戴着各类野兽和鸟儿的假面具。他们坐满了旁听席上的位子。

在审判桌后面摆着3张宽大的椅子，椅子暂时还空着。

中间那张椅子上贴着张字条——主审法官

旁边两张椅子上贴着小一点的字条——树木学法官、林业法官

在椅子上方的墙上，左边贴着字条——记录员

右边贴着字条——报告人

在报告人后面摆放着辩护方的椅子，在记录员后面摆放着原告的椅子。被告的椅子放在审判桌前，几乎紧挨着观众席。椅子两旁坐着两个戴着假面具的人，他们分别扮成了听觉灵敏的莱卡狗和红色的塞特狗。突然他们站了起来，高声叫道："全体起立！法官入场！"

大家站了起来。3个中年学者走进房间，分别在椅子上就座。著名的《森林报》编辑、生物学博士、主审法官伊万诺夫走向主席椅，两个留着大胡子的男人则坐到了其余的两张椅子上。大法官宣布："原告是总检察长普·哈·雷列奥－卡尔普。"主审法官坐了下来。

希格利特、斯拉维米尔和安德烈3人都没有戴面具，他们神情庄重地坐到了辩护席上。原告闯进了法庭，双手提满了东西：一大串铁的捕兽夹子和捕兽器，肩上背着双筒猎枪，口袋里装着弹弓。他把一大堆捕兽夹子和捕兽器放在地上，转向法官，说："我刚从森林里回来！"听众们理解，他需要解释一下，为什么这些本应在森林里的他人

的“物证”，会被他收取并带到法庭上来。他把枪和弹弓放到捕兽夹子上，一屁股坐到了座位上。

法官马上宣布：“首先审理灰鼠、五彩啄木鸟和交嘴鸟侵吞自然资源，即松树和枞树的种子基金——球果案。由普·哈·雷列奥－卡尔普起诉。警卫，带被告！”

莱卡狗和塞特狗立刻站起来，不一会儿就带进来 3 名化好装的被告：长着毛茸茸尾巴的灰鼠；五彩啄木鸟，戴着粉红色的帽子，穿着鲜红的裤子；橘红色的交嘴鸟，它的嘴巴奇妙地交织在一起。警卫让被告坐在椅子上。

这时检察官站了起来：“法官先生，同志们！请看看这些违法者，这些大寄生虫！一个夏天和冬天就偷窃了几千千克的大自然财富！这 3 位都是在犯罪现场被我当场抓获的。它们有的用嘴、有的用牙齿从枞树和松树上扯下球果，抠出种子，厚颜无耻地吞食种子。灰鼠撬开球果，它的牙齿像凿子一样锋利；啄木鸟的嘴巴像钻头一样坚硬；而交嘴鸟的嘴像一把神奇的万能钥匙，是专业的偷窃工具。灰鼠能把整整一只大球果啃得只剩下核。啄木鸟专门建造了一个加工场，把球果塞进车床里，用钻头进行加工，然后扔到地上，又开始加工新的一只。交嘴鸟接连不断地剥开一只又一只球果，只吃两三粒果子，而且还用像剪刀一样锋利的嘴巴剪树上的球果，扔到地上。这是一种很不道德的行为。球果应该彻底利用，而不应该浪费国家财产……瞧它是怎么干的！到处乱扔人民财产！交嘴鸟整年都在林子里，无论夏天还是冬天都扯树上的球果。啄木鸟和灰鼠本来可以只吃干球果，一棵树的果子就够它们吃的了。可它们偏不干！它们偷吃种子，吞食森林的后代，真是大恶棍！

“3 个被告给枞树和松树林的球果储存带来多大危害啊，而枞树和松树是我们热爱的祖国的骄傲。考虑到上述因素，我请求判决灰鼠、交嘴鸟和啄木鸟最高刑罚——枪毙！”

法庭里响起一阵低沉的、惊慌失措的交头接耳声。

画家希格利特跳了起来，举起手问法官：“可以发言吗？”

法官点点头。

“同志们！”希格利特对听众们朗声说道，“这太可怕了！太可怕了！我简直不敢相信自己的耳朵。普·哈·雷列奥－卡尔普是如何诬蔑这些未知之地上的本土居民的！把它们通通枪毙！那么他想留下谁？请你们看一看，灰鼠长得多么漂亮，多么可爱，它的动作多么优雅！要猎杀美丽的灰鼠，把它们做成银灰色的鼠皮大衣？要猎杀橘红色的、神奇的交嘴鸟？它长着一只多么好玩的嘴巴啊。要猎杀啄木鸟？它仿佛是童话中的鸟，嘴巴大大的，戴着深红色的帽子，穿着粉红色的裤子。简直是疯了！难道仅仅因为这些美丽可爱的鸟吃了一些球果种子，就有人嚼舌头要判它们死刑，就要举起手射杀它们！”

“等一等，我来说两句。”斯拉维米尔请求道。

希格利特坐了下来。诗人激动地朗诵道：

“灰鼠、交嘴鸟和啄木鸟
都是强大的森林的孩子。
原告恶毒地攻击它们，
完全是白费力气。

人们小时候，
也要吮吸母亲的奶。
难道他们也要被
送上法庭、接受审判？

“那些热爱鸟儿和野兽的人，把它们看成自己的孩子。可是普·哈·雷列奥－卡尔普仇视鸟兽，把它们看成罪犯。普·哈·雷列奥－卡尔普无权审判它们。我说完了。”

穿着黑衣的检察官讥笑着站了起来，法官没来得及拦住他。

“当然，如果光看它们多么漂亮可爱……”

但是安德烈立刻站起来，从容不迫地说：“我请求发言。”

他向原告提问："今年 7 月 15 日，这位女公民在林子里遇见一位带着猎枪和捕兽器的人。请问，那是您吗？"安德烈指了指扮成喜鹊的小女孩。

"千真万确，那就是我！"普·哈·雷列奥－卡尔普鄙视地笑着，清晰地回答道，"她看到了我的猎枪和捕兽器，听见了我的枪声，看见我捕获了这些罪犯。它们今天就坐在这里受审，我是在执行公务。怎么着，您想请求法庭增列喜鹊——这个众所周之的叽叽喳喳的搬弄是非者为证人吗？"

安德烈依旧平静地回答："既然你已经坦率地承认了，那就没有这个必要了。"然后他转向法官说："尊敬的法官先生！我的同事斯拉维米尔已经正确地指出，不应该起诉交嘴鸟、啄木鸟和灰鼠利用森林资源。道理很简单，它们都是森林的孩子。请估算一下，每年枞树和松树丢弃多少球果，然后这些球果在地里白白地腐烂掉。你们就会明白，森林里的鸟兽吃掉的球果，只占总数中很少的一部分。

"原告宣传所谓的高尚的道德，指责交嘴鸟浪费国家的球果，没有抠出所有的果子，没吃完就扔掉。其实恰恰因为这一点，我们应该向交嘴鸟致敬。几乎完整的球果扔在地上，到了饥饿的冬季，它就成了珍贵的野兽——灰鼠的口粮。要知道，灰鼠皮是我国毛皮产业的基石，每年带来几百万美元的收益。冬天，灰鼠很难爬上结冰的、光溜溜的枞树枝和松树枝摘到球果。因此，灰鼠捡拾交嘴鸟扔在地上的球果，蹲在树墩上吃完它。

"最后谈谈啄木鸟。我们的诗人说，应该热爱动物，只有这样，才能够对它们做出正确的判决。我还想补充一点：不仅要热爱动物，还要了解动物。的确，有一种五彩啄木鸟扯下树上的球果，插入树桩做的车床，用像钻头一样结实的嘴巴凿坏它。但今天坐在这里受审的根本不是那种五彩啄木鸟。我们这种啄木鸟的嘴巴要弱得多，它从不凿球果。那种五彩啄木鸟的翅膀上长着白色的凸出物，脊背是黑色的，裤子是红色的。而这种白脊五彩啄木鸟是阔叶林的居民，它的裤子是粉红色的，翅膀是黑色的，脊背是白色的。啄木鸟，特别是黑脊啄木

鸟，也就是所谓的大五彩啄木鸟，像名真正的医生，叩击病树，用结实的嘴巴凿破原木，啄出树里的害虫幼虫。如果考虑到啄木鸟悄悄带来的巨大好处，那么指责它们侵吞林业资源就显得极其可笑。”

安德烈微笑着向法官们一一鞠躬，坐回到座位上。

当安德烈从容不迫地陈述时，原告如坐针毡，现在他好不容易等到了法官给予他的发言机会。“尊敬的法官先生！恳请你们注意，不应该否认明显的事实！这3个罪犯，破坏的都是珍稀林木。恳请你们记住，松木很适合造房子、桅杆和纸，枞树则是世界上最适合做乐器的木材，可以用来做小提琴！为这些罪犯辩护的人应该感到可耻。我的话完了。”

“暂时休庭。”主审法官站起来宣布。

当法官们出去商议案情的时候，审判厅里一片哗然。有的人喊：“应该判刑！”有的人喊：“不应该判刑！”有的人说：“又不是你来判决，听法官的。”还有的人问：“这个黑衣人是从哪里冒出来的？他是谁？”

法官们走了进来，肃静。

生物学博士、主审法官伊万诺夫站着宣布判决：“听取了对灰鼠、交嘴鸟和啄木鸟反对祖国罪，即侵吞针叶林的种子存储罪的指控，讨论了控辩双方的陈词，由3位科学家组成的生物庭做出以下判决：

“灰鼠、交嘴鸟和啄木鸟的犯罪事实不成立，予以当庭释放。驳回原告的诉讼请求。”

法官们坐了下来，审判厅里静悄悄的。

“现在审理林鼠和红色田鼠啃噬林木案。”

原告站了起来，说：“尊敬的法官先生！这些美丽的老鼠……我想强调一下：美丽的！”他看着辩护方，挑衅地重复道，“属于世界上危害性最大的啮齿动物家族。夏天，它们偷吃植物的种子，给林木带来数不清的危害。它们在鼠洞里储存了大量的过冬食物，把地下粮仓装得满满的。全世界的人都知道，这些非常讨人喜爱的啮齿动物会啃噬森林、田地，甚至人们的住房，带来极大的危害。我们可爱的、爱心泛滥的男孩女孩们，完全没有必要在这里为它们辩护。尽管林鼠的尾巴长，田鼠的尾巴短，但老鼠毕竟是老鼠！它们都爱咬东西。吁请大家为我的证词做证！

“请在场的动物按顺序上来做证！”

戴着动物面具的人们站起来，很不情愿地朝审判桌走去。报告人拦住他们，要求道：“排队，排队上来！”

动物们纷纷走到法官面前，陈述道：“我很了解林鼠和田鼠。我做证，它们偷吃粮食。”

队伍移动得很快，有狐狸、黄鼬、白鼬、小伶鼬、熊……突然有人喊道：“小熊，你怎么也来凑热闹了？”

熊不好意思地用熊掌遮住眼睛，回答道：“经常碰到这样的情况，得从木墩下费力地抓出老鼠。我了解它们……”

接着鸟儿们过来了，有喜鹊、乌鸦、鸳、两只隼——红脚隼和红隼、大耳林枭、灰林鸮、鹰、独脚鸮和雀鸮。

普·哈·雷列奥－卡尔普得意扬扬地说：“总之，在场的动物都证实，林鼠和田鼠会偷吃粮食，使祖国的林业遭受重大损失。结论一目了然！我请求，宣判被告死刑，可以采取一切手段，比如淹鼠洞，投放鼠药，设捕鼠器和夹子，挖狼坑等。我的话完了！”

3 个辩护人尴尬地交换了一下眼色……他们没有请求发言。不过斯拉维米尔从座位上站起来，坚定地说：“我保留原来的观点。”

听众们窘迫地、闷闷不乐地沉默着，法官们又去开会商议了。

他们过了好长时间才回来。法官们回到了座位上。

“听取了林鼠和田鼠案，详细讨论了对上述啮齿动物的指控——啃噬树木，使森林遭受无法弥补的损失。由 3 位专家学者组成的生物庭做出以下决议：

“根据科学家的最新研究成果，认为林鼠和田鼠给森林带来的利大于弊。已经查明，这些啮齿动物没有把林木的种子当食物，绝大多数只消灭草籽。森林里的草皮长得很厚，柔弱的小树芽穿不透它们。小树芽刚从土里探出头来，立刻被草皮扼杀了。这时上述啮齿动物来帮

忙了——啃噬草籽，切断草皮。这样一来，新生的小树芽就可以钻出来了。假如没有这些啮齿动物，我们的森林就会枯死。

“生物庭判决：绝对禁止根除林鼠和田鼠。恢复林鼠和田鼠森林公民的资格，当场予以释放。刚刚在我们面前列队经过的那些鸟兽（其实远远不止这些），都说很了解林鼠和田鼠。这足以说明，林鼠和田鼠拥有数不清的敌人，鸟兽吞噬了无数的鼠类！如果人类不想完全消灭这些对森林有益的啮齿动物，不想消灭森林，那么就绝对不能把它们列入歼灭者的黑名单。”

主审法官鞠了个躬，坐了下来。审判厅里爆发出热烈的掌声。

现在坐着受审的是硕大的灰色老鹰，森林里所有野兽的天敌——苍鹰。

听众们交头接耳：

“……判这个不可惜！”

法官读了份报告：

“7 月 17 日，在长满青苔的沼泽地上，公民普·哈·雷列奥－卡尔普偶然惊动了一窝白松鸡。当时小松鸡长得有妈妈一半多高了，早已开始飞行。它们正要飞进林子里，突然，一只苍鹰如闪电般从林边扑向它们。猎人双筒猎枪里的子弹刚好退出来。当猎人重新装子弹的时候，在猎人的眼皮底下，苍鹰一把捉住小松鸡，逃进了林子。

“第二天，在同一片沼泽地上，苍鹰又当着猎人的面，抓走了两只受伤的松鸡和一只断了翅膀的小琴鸡。

“这个凶手在夏初还犯下了一桩滔天大罪。当时原告在林子里找到了一窝小松鸡，它们藏在蕨丛里，还长着黄毛呢。松鸡妈妈想把猎人从孩子们身边引走，像它们经常这么做的那样。它落到地上，慢腾腾地走着，耷拉着翅膀，假装受伤了。猎人用木棒戳它，想让它飞起来。松鸡妈妈假装飞不动了。躲在树上的苍鹰瞅准这个机会，猛地扑向松鸡，抓住了它的背。失去母亲后，6 只小松鸡也不见了。”

法官读完后，普·哈·雷列奥－卡尔普站起来，咄咄逼人地说：“案情很清楚，我不用再做陈述了。”

辩护人一个接一个地站起来。他们依旧是3个人，但在这件有关野禽的案例中，猎人尼古拉替代了安德烈。他们拒绝为被告辩护，不过尼古拉说了句："我恳请法官先生回忆一下，谢尔盖·亚历山德罗维奇·布图尔林讲给我们大家听的有关挪威的白松鸡和苍鹰的故事。"

主审法官、生物学博士伊万诺夫默默地朝他点了点头。法官们站起来，离开了审判厅。

这次他们离开的时间最长。最后，他们终于回来了。

主审法官没有照本宣读判决。他说："在宣判苍鹰杀死5只动物案之前，本庭想向猎人尼古拉表达谢意。在本案中，他是辩护团的成员。他的发言对本庭异常珍贵。如果没有他的提醒，那么我们3个人直到现在还在讨论，不知该得出什么结论。

"请允许我先向各位通报一下，猎人尼古拉提醒我们的内容。顺便说一下，所有的猎人都特别痛恨苍鹰。因为猎人们特别珍惜针叶林里的野禽，而这只猛禽恰恰是歼灭它们的专家。

"在被告生死存亡的危急关头，猎人尼古拉勇敢地提到了我们杰出的鸟类学家谢尔盖·亚历山德罗维奇·布图尔林讲述的故事。这个白松鸡的故事发生在挪威——我们的邻国。

"布图尔林给我们讲述的是这样一个故事。

"在挪威的山地冻原带有许多白松鸡。捕猎白松鸡是当地居民的一项副业。在那里，白松鸡唯一的天敌是苍鹰。许多白松鸡，特别是小松鸡，惨死在苍鹰的魔爪下。于是，挪威人杀死了所有的苍鹰。可是，几年之后，他们不得不从我们这儿进口苍鹰。因为猛禽消失后，它的牺牲品也开始迅速消失。

"乍看起来，这很荒谬，很荒诞。仔细想一想，这一点儿也不荒诞，是符合规律的。

"当然，猛禽捕获的是体弱多病的白松鸡。苍鹰很难抓获强健的、飞得快的、机警的白松鸡，但很容易抓获那些瘦弱的、粗心大意的白松鸡。因此，苍鹰被消灭后，就没有猛禽来捕捉那些老弱病残的白松鸡。于是，疾病开始在白松鸡群里蔓延，松鸡的数量迅速下降。正如

俗话所说的：‘狗鱼在海里，是为了让鲫鱼不打盹儿。’

“因此，由3位专家组成的生物庭做出如下判决：

“首先，既不判处苍鹰死刑，也不判它无罪。

“其次，立刻将原告普·哈·雷列奥－卡尔普羁押，追究他侵吞国家自然资源的严重犯罪行为。”

案情出乎意料地发生转折，所有在场的人都张大了嘴巴，一时间人们弄不明白，到底发生了什么事。

原告立刻利用了因出其不意引起的混乱，他高大的黑色身影马上向门口闪去。塞特狗和莱卡狗放出苍鹰，一起去追逃犯，但是晚了一步。逃犯叫了声：“没有当场抓住，就算不上小偷！”便“砰”一声带上门，逃走了。

当主审法官平静的声音再次响起时，审判厅里的人们才恍然大悟。

“公民们，不用担心，他跑不掉的。这个穿着黑衣服、戴着黑面具的人，指控所有的动物，其实他才是最大的罪犯。你们注意到没有，他是如何露出马脚的？

“他亲口证实了喜鹊的供述：在7月15日带着猎枪和捕兽器出现在林子里。那时正是夏天最热的时候，禁止捕猎鸟兽。他起诉鸟儿，指控它们犯了死罪，却分不清两种五彩啄木鸟。他听说‘鼠有害’，却不愿花力气搞明白，哪些鼠、在什么地方、在什么情况下有害。为什么在7月17日，那时正是禁止打猎的时候，他会在长满青苔的沼泽地里惊动了一窝白松鸡，而他双筒猎枪里的子弹恰好偶然地退出来。第二天，他又把一只断了翅膀的小琴鸡和两只受伤的白松鸡送给了苍鹰。最后，他自己也承认，试图用木棒打死雌松鸡，当时雌松鸡正想把他从孩子们身边引走。

“应该揭露这个黑衣坏蛋，揭穿他使用的化名。正像我的椅背上的三个字母ДБН的意思是‘生物学博士’，他姓前的两个字母ПХ的意思是‘坏蛋’，他的双重姓‘雷列奥－卡尔普’的意思是‘盗猎者’！他是最卑鄙、最可怕的敌人，是最愚蠢、最顽固的国民经济的破坏者，虽然他装扮成最热心的国民经济的捍卫者。

“诗人说得对！假如把他的第一行诗扩充一下，就可以大胆地说成：

猛禽、啮齿动物和啄木鸟，
都是强大的森林的孩子。
原告恶毒地攻击它们，
完全是白费力气。

“森林好比父亲，所有森林里的动物和植物都是它的孩子。它们之间的关系错综微妙，牵一发动全身。好比一间用纸牌搭建的轻便房子，只要挪动一张牌，顷刻间，房子就会失去平衡，曾经的美丽化为乌有。热爱森林，热爱它的孩子们，有助于认清它们之间巧妙的相互关系，深入理解森林生活的复杂规律。没有爱心的人，是无知的人。盗猎者不热爱森林的孩子们，因此也不了解它们。他冷酷无情，是真正的人渣。没有一只野兽能像盗猎者那样，给森林带来那么大的危害。

“本庭宣判：将盗猎者押上被告席！”

第十二月

窗外暴风雪肆虐，吼叫着，嘶鸣着，把一团团冰冷的雪掷到玻璃窗上。行人们哆嗦着裹紧头巾和大衣，把头缩到竖起的衣领里。天渐渐黑了。

在温暖明亮的《森林报》编辑部里，一只淡黄色的小鸟在婉转地歌唱。似乎为了一展歌喉，它唱了几个高音之后，突然嘹亮欢快地啼鸣起来。“哥伦布”们听得屏住了呼吸，停止了争论。无论是黑头发还是淡褐色头发，无论是头发蓬乱还是梳得一丝不乱，几个脑袋瓜儿一起转向窗的方向，那只神奇的鸟正在狭窄的鸟笼里歌唱。

它似乎永远唱不完。这个被俘的小仙女——天空的女儿有副金嗓子，虽然被囚禁在铁丝笼里，依然不停地、响亮地歌唱。它没有停顿，一气呵成。突然它发出阵阵珠子般的颤音，音调越升越高，突然又出其不意地停住了，结束了这支奇怪的歌曲。它开始若无其事地用嘴巴清洗起柔软的羽毛。

“好家伙！”尼古拉听得目瞪口呆，突然清醒过来，叫道：“我敢保证，它的颤音持续了50多秒。多么美妙的歌声啊！还有什么野禽能这么歌唱呢？只有百灵鸟和夜莺，屈指可数！”

“神鸟！”莱姆琪卡用手指敲着额头，激动地说，“杰出的神鸟，杰出的想法！未知之地获得了一种新的、神奇的鸟！是我们——‘哥伦布’们创造了它！”

“瞧你说的！瞧你说的！”多拉急切地说，“你以为我们是创造者——上帝啊！鸟儿不是植物，把两种鸟结合在一起，得不到生物学的后代。可以把金丝雀和黄雀、金丝雀和白腰朱顶雀交配，但通常它们就不养育后代了。就是这么回事，非驴非马，孵不出子孙。”

“你没有理解我。”莱姆琪卡温柔地说，“我不是想让金丝雀和我们的鸟交配，创造出新的鸟，而是要在鸟身上实施布谷鸟的想法。请你设想一下，明年夏初，我们将把几百只，不，几千只金丝雀的蛋放进其他鸟的巢里：朱雀、白腰朱顶雀、黄雀、苍头燕雀、红脚鹌鹑，金翅雀……它们将为我们孵出小金丝雀，像喂养自己的孩子似的喂养它们，教会它们鸟类生活的规则。由于金丝雀的亲生父母不住在我们的森林里，不会来认领它们，所以它们将一直跟养父母们住在一起。

“不知道接下来会发生什么事。它们会和养父母黄雀一起留在未知之地过冬，成为那里的常住居民吗？它们会和林子里的金丝雀——我们称为金翅雀的一起迁往南方吗？它们会和养父母红金丝雀——我们少年自然科学家称为朱雀的一起飞往印度过冬吗？要知道，还没有人进行过这样的实验：借助于布谷鸟的想法，让外来鸟适应新环境。”

“这想法很大胆！”安德烈若有所思地说，“有一次，我到卡尔图什市，参观了伊万·彼得诺维奇·巴甫洛夫生理学研究院。那里的鸟类学实验室主任、著名的鸟类学家亚历山大·尼古拉耶维奇·普罗姆托夫向我们讲述了金丝雀的故事，以及在金丝雀身上所做的实验。

“南方森林里的鸟——金丝雀已经被人类囚禁了300多年，它早就变成了无助的笼中鸟，不会给自己找吃的，也不会筑巢。鸟笼里一年到头摆着饲料盆，盆里装着脱掉壳的谷粒，饮水杯里盛着清洁水。夏天让它住在绳子搭成的鸟笼里，垫上棉花和其他柔软的物品。笼中的小横梁笔直滚圆，刨得很光滑，刚好供它柔弱的细爪蹲立。人们给它提供了一切保障，它只需要歌唱、歌唱，在囚禁中生儿育女。我们俄罗斯人常常在春分时把金丝雀和其他野禽一起放生。当然，这是非常愚蠢、非常残酷的。因为金丝鸟早已不习惯野外生活，在囚禁中变得异常娇弱，像位深居闺阁的小姐。

“普罗姆托夫确立了目标，想弄清楚，金丝雀在长期的笼中生活之后，能否把失去的本领再找回来。他用普通树枝替代了笔直的、光滑的笼中小横梁，不再把精选的谷粒放入饲料盆，而是把饲料撒在鸟笼底部，从小缝里塞进燕麦、赤杨果、未去壳的大麻籽和草籽。总之，不给金丝雀提供闺阁生活的种种便利。普罗姆托夫只在小鸟身上进行实验。小金丝雀不得不从头练习使用嘴、爪和腿。它们艰难地蹲在歪斜的树枝上，身子探向谷粒，费力地用嘴把谷粒从缝隙里抠出来，去

掉壳。夏天到了，不给它们现成的绳制鸟巢，而是直接把柔韧的草茎、细根、禾茎、马鬃和棉花放进鸟笼里，给它们提供优质的建筑鸟巢的材料。

“结果如何？实验室里的一对金丝雀开始筑巢，筑得好极了，跟它们的故乡、加那利海岛上的金丝雀筑的巢一模一样。也就是说，在疏远了自由生活几百年之后，在疏远了自己负完全责任的生活之后，它们依旧可以适应新的鸟类生活条件。可以这么认为，由我们的红金丝雀、森林金丝雀、黄雀和白腰朱顶雀孵化和抚养的金丝雀，完全可以在未知之地住习惯，成为我们这里的土著居民。”

“说得对！”尼古拉高声喊道，“为了不让它们像被俘的同类那样，失去技艺、忘记歌唱，夏天我们将在森林里挂上鸟笼，里面住着最好的歌手——金丝雀。让它们跟着学几招。要知道，鸣禽很善于模仿。也许，我们的黄雀也会像金丝雀那么歌唱呢！瞧，在未知之地将举办森林大合唱！”

“伙伴们！”米露琪卡提醒大家，“今天我们聚会，是为了庆祝俱乐部开办一周年。茶已端上来，让我们开始吧！请俱乐部主席主持会议，给我们讲几句。”

“朋友们！”等大家落座以后，塔金说，“我很高兴，‘哥伦布’们发现了我们自己的美洲，它充满神奇的过去、现在和未来。在现代美洲，你们有了一些小发现，例如，发现了美洲居民麝鼠，以及来自海边的旅行者翻石鹬。在过去的美洲，你们发现了普拉瓦湖的‘地狱洞’，你们当中的4个人差点儿为此送了命。在未来的美洲，你们发现了我们祖国的优秀的歌唱家——来自遥远的加那利海岛的移民。

“请允许我就未来这个话题讲两句。

“你们想让金丝雀适应未知之地的新环境。敢于幻想——这是件好事！但是要仔细认真，善于观察，善于思考，不要浅尝辄止。请记住我们在上次会议——模拟法庭上的发现。那些不学无术、没有爱心的人，最终会毁掉自己。这既不需要爱心，也不需要知识。在无知的黑暗中，隐藏着仇恨、恐惧，甚至死亡。我们的祖先多么惧怕森林！‘森林是魔鬼。在森林里干活儿，死亡近在咫尺。’他们赋予森林神秘的灵魂，认为它们是冷酷无情的神灵，想方设法贿赂它们，给它们奉上祭品，人的祭品……为了逃避对黑暗的恐惧，他们砍伐森林，可是最终却毁灭了自己——森林沙漠化了。

“建设、创造美，要困难得多。‘很难获得美。’古代的智者说。森林很美，应该珍惜它。如果要改变森林里的生活，必须充满爱心，对森林深刻理解。

“你们想给我们的森林创造一位前所未有的优秀歌手，也许，你们会成功。在和谐的森林合唱团里再增添一个声音；在纸牌搭建的屋子里，再添上一张多余的牌。我说，也许会成功。这需要充满爱心，精确考虑和热切关注。

“但事情不会那么简单。你们说，让我们这里的鸟孵出金丝雀，然后由它们喂养金丝雀，教它们学会在我们这个地区平安生活的要领。这会出现许多令人担忧的问题。是的，普罗姆托夫证实了，笼子里的小金丝雀可以回归到原始生活状态，学会用嘴巴啄带壳的谷粒，学会筑巢。但是并不清楚，它们能否在我们北方的森林里，给自己找食吃？这是一片我们不了解、它们也不了解的森林。

“不知道，秋天小金丝雀在我们这儿是否穿得暖，足以忍受冬天的严寒；或者它们的迁徙本领得到足够发展，能够完成到达越冬地的长途旅行。要知道，在热带，在它们的家乡，一年四季都是夏天。

“不知道，在我们这儿出生的金丝雀能否很快恢复防御众多天敌的本领；或者看到鹰时，只会蹲下来，像它们在鸟笼里碰到危险时，蹲在小横梁上那样。

“因为经验可以在辽阔的天空下、在实践中产生，所以很难预测结果，不知道每位小移民将过得怎么样。因此，最好先在实验室里做适应新环境的实验，虽然也可以做大规模的实验，在用铁丝网围成的养禽场里，对许多金丝雀进行试验。谁知道呢，也许，变野的金丝雀最初得在人的住宅周围找食吃。

“还必须指出，雄金丝雀不同寻常的、让你们惊叹的悠扬的歌声，

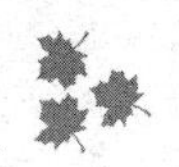

是人类驯养的结果，是文化的产物。有这么一个笑话：一所英国别墅花园里的草坪空前平坦稠密，这让一位美国的亿万富翁赞不绝口。富翁叫来园丁，问他怎么才能在美国也种出这么好的草坪。

"'很简单。'园丁回答，'在我们这儿买上10便士草籽，播种在美国的花园里，然后花上300年时间，仔细修剪，精心呵护，它就会长得跟英国的一模一样。'

"人类花了300年的时间，一代又一代地开发雄金丝雀天生具备的音乐才能，把它们的鸟笼挂在唱得最好的大金丝雀和其他鸟的鸟笼旁。一代又一代的金丝雀模仿大金丝雀，并加以创造，不断地完善歌唱技艺。通过模仿得到了什么，传承了什么，这是非常复杂的问题。但是请相信，如果不经过科学驯养，在林子里长大的野金丝雀，绝不会像我们房间里的这只鸟一样唱得那么好。因此尼古拉的想法很有趣：把装着金丝雀的鸟笼分挂在林子里。

"在卡尔图什，普罗姆托夫喂养的金丝雀透过打开的窗户，听见百灵鸟和林鸟的歌唱，把它们的乐调编入自己的歌曲。野金丝雀借助于模仿，向林子里的同类学习。鸟儿擅长模仿，这是它们天生的本领。

"当人们开始生活时，不要破坏生活的规律和计划，不要强加于生活，而要顺其自然。只有这样，才能创造美丽，创造美好，创造生命，而不是注定灭亡，给人类带来危害。

"你们知道吗？有关金丝雀适应未来之地新环境的问题，生活本身迎合了我们。金丝燕雀（人们从中得到金丝雀）早就开始在北方和东方繁殖。从前它住在加那利岛，住在非洲，住在地中海沿岸。在20世纪，一些鸟开始在离我们越来越近的地方筑巢。金丝燕雀沿着波罗的海两岸，越来越往北迁徙——到了立陶宛，到了拉托维亚，甚至到了爱沙尼亚；越来越往东迁徙——到了白俄罗斯。它们夏天在我们这里孵出后代，10月份集结成群飞往南方，变成了候鸟。可以指望，由我们的小移民孵出的、从未知之地飞到西南方过冬的金丝雀会追随我们，春天又飞回到我们这儿。

"正如我们的诗人所说，发现永恒的新大陆，探索未知之地，揭示

它的奥秘，我们‘哥伦布’们迈向美好的未来。地球上的‘哥伦布’们越多，他们越热爱大地，研究大地，揭示它的奥秘，环绕大地的无知的黑暗就散得越快，对于全体动物而言，幸福的、阳光明媚的早晨就到得越早。

“请允许我借用斯拉维米尔的祝酒诗来结束我的发言，这首诗是他在俱乐部开幕式上作的：

年轻的‘哥伦布’
和永恒的新大陆万岁！
探究的眼睛和智慧
将永远保佑我们！

“祝哥伦布俱乐部全体成员在即将到来的新的森林年里，解决100个新问题，解开新奥秘！”

“哥伦布”们喝完滚烫的茶水，吃完冰冷的冰激凌，热烈地讨论了有关未来的研究和发现，然后各自回家了。

基特的故事

一个身材矮小的男孩来到《森林报》编辑部。

“你……你们好！”他胆怯地跟我们打招呼，“我叫基特·韦利卡诺夫，是少年自然科学家。请把我吸收为《森林报》特派记者吧。我很擅长讲一些森林里胡说八道的事。”

我们很惊讶：“您的才能很奇特，但我们不需要您胡说八道，我们只刊登事实。”

“怎么会‘不需要’呢？难道你们不希望，你们的读者在阅读《森林报》时进行一些思考吗？”

“我们想，他们会思考的。”

“啊哈！而我认为，他们会以为你们代替他们思考了。因为他们认为，他们没什么可思考的。你们在第一期上刊登了《鸟儿抱怨猫和男孩捣毁鸟巢》了吗？刊登了！而这些小鸟是不会讲话的。这些小可怜虫，流着别人看不到的眼泪，也无法用言语向他人抱怨。读者肯定会想，什么乱七八糟的鸟语。他们会来投诉编辑部的。我了解他们！我本人就是读者！”

“瞧您说的！我们的读者很清楚，鸟儿是不会说人话的。”

“就算您说得对！可读者终归不善于分析……或者说……批判性地对待生物现象。我想出了一些游戏，可以让他们动动脑子。”

“啊，您想出了一些游戏。那就是另外一回事了！请拿给我们看一下。”

男孩从口袋里掏出一本皱巴巴的练习本，把它摆在我们面前。

我们大家都觉得故事写得很有趣、很有益。我们收下了基特的稿子，请他继续写。

后来我们才搞清楚，这个基特·韦利卡诺夫，就是在列宁格勒广播电台录制过节目的那个基特·韦利卡诺夫。

广播电台的编辑们说，基特是位非常优秀的少年自然科学家。他观察细致，富于想象力，诚实、勇敢、快乐。

不过他喜欢略微夸大点儿事实，甚至把自己也夸大了。他原名叫

基特·马雷什金，而他改名为基特·韦利卡诺夫。[①] 他爱笑，爱开着玩笑骗人，但最终总是自揭谜底，说出真相。

瞧，这就是他。

基特在最后对故事做了必要的解释。请我们的读者尽可能以小组或班级为单位朗读他的故事。只要读到某种生物观察、报告，即便是想像或奇遇，也请做出判断，在纸上写明观点。如果你认为是事实，就请写上“事实”二字；如果你不相信基特的叙述，就请写上“谎言”二字。

在《基特对故事的解释》中，有相应的评价分数。请按照这个标准打分，开展竞赛。

在基特的每个故事中都讲述了10件需要做出判断的事实或现象。本书一共登载了4个故事。如果你对40件事都评价正确，拿到了最高分，那么你就获得了一等奖，会被授予“一等智者和揭穿谎言者”的光荣称号；如果你拿到了30分，就获得了二等奖，会被授予“二等智者和揭穿谎言者”的称号；如果你得到了20分，就获得了三等奖，会被授予“三等智者和揭穿谎言者”的称号。

---

① 俄语中，“马雷什金”意为“身材矮小”，“韦利卡诺夫”意为“身材高大”。——译者注

我的10个观察

这个礼拜天我起得很早，决定到城外去走一走，看一看，动物世界和植物世界的居民们都在干些什么。

老天爷啊！我刚一走到涅瓦河畔，就看到了一幅奇异的景象：两只颜色不同寻常的大鸥在水面上飞翔。它们的上身和下身像雪一样白，翅膀却乌黑锃亮，像临时画上去的一样！

而野鸭在桥底下游水，只见“嗖”的一下，就潜入了水底！

水清澈见底。我从高处、从桥上看得一清二楚，野鸭潜入水底，在水下游泳，就像在空中翱翔一样！真奇怪，它们挥动着翅膀，在水下疾驰。

眼见这样的奇事，我惊叹了一阵，又继续往前跑，一边跑，一边低声哼唱着古老的校歌：

胡说八道，胡说八道，
这简直是一派胡言！
炉子上的虾
用锤子来割草！

我乘上电气火车，不一会儿就来到了熟悉的小站，立刻走进森林。森林外就是大海，是芬兰湾。

海上鸟鸣声此起彼伏，各种水鸟飞得正欢。我想看得清楚些，便爬上树，举起望远镜……我差点儿丢掉望远镜——看见了15只像煤一样黑的天鹅！

真是太出乎意料了！当然，除了我以外几乎没有人在列宁格勒市上空见过这些黑美人！我真是太幸运了！

瞧，还有一群野鹅落在黑天鹅附近。一整群野鹅！看，一群家燕与雨燕正从野鹅的背上飞起，空中立刻布满了往四处飞散的小鸟。

亲爱的，你们终于飞来了！强壮有力的野鹅用宽大的翅膀把燕子从海外捎过来了！谢谢野鹅！我们等燕子已经等得太久了！

是的，是时候了，是时候了！我回望森林，那里高大的椴树正开着花，散发出浓郁的蜜香。郊外到处盛开着美丽的黑色鲜花，我忘记它们叫什么了。不时传来沙锥像羊似的柔和的叫声。你当然知道，春天我们这儿的沙锥用尾巴唱歌。

我在树上坐了很久，尽情享受着春天的声音、香气和美丽……突然我看见，一只白色的动物从灌木丛中穿过……起先我认为，这是只雪兔，后来又看了一下，不对，比兔子小……看清楚了，是只鸟……不是纯白色的，而是夹杂着大块淡黄色的斑点。

我猜想："嘿嘿！这种鸟就像雪兔，冬天穿上雪白的皮袄，夏天换上花衣裳！"

时间已近晌午了，我饿坏了。我从树上爬下来，朝车站跑去。一些黑影在森林上空掠过。我想，这是燕子在树梢上穿梭，定睛一看，却是蝙蝠！这么说来，它们也从过冬的洞穴里飞出来了。

在林子边缘，就在电气火车站旁，我做了第10个有趣的观察，确切地说是发现。我在灌木丛下找到并采集了整整一篮子鲜美的蘑菇！

晚饭前，妈妈帮我烧好了蘑菇。

谁能猜中，我的这些观察中哪个是真的，哪个是假的？每猜中一道题，得2分。通常，一半真，一半假。读完末尾处我的解释之后，你们自然会明白。这样的话，每题只能得1分。

基特·韦利卡诺夫

钓鱼人的故事

我喜欢坐在河边或湖边钓鱼，静悄悄地坐着，几乎一动不动，也不惊动谁，却看见周围许多奇事。竟会碰到这样的怪事！鸟兽对你早已司空见惯。也许，它们把你当成了一个没有生命的树墩，于是毫不害怕地爬了出来。我不是很在乎鱼咬钩了，或者它们毫不理会诱饵。我看着趣事入了迷，连浮标都忘记去看一眼；或者思考着某个问题，甚至什么也不想，不知不觉地打起了盹儿。

上次，还是在夏初的时候，太阳暖洋洋地照着。我坐在湖边的陡岸下，眯起了眼，渐渐进入了梦乡，差点儿从树墩上摔下来。突然，我一个激灵醒过来，警觉地望望四周：是否有人在窥视我？是否有人在嘲笑我？周围一个人也没有，只有雨燕在头顶飞来飞去，在空中捕捉苍蝇。它们朝陡岸飞去，那里有燕子窝，它们肯定在那里下了蛋。

我朝下看，朝草地看。老天爷啊！我脚下的情形简直是克雷洛夫老爷爷[1]寓言故事的翻版——我看见了蜻蜓和蚂蚁！浅蓝色的蜻蜓落在草茎上，翅膀像机翼似的，倾听着蚂蚁说话。而勤劳的蚂蚁面对着它，触须微微颤动着，神情严肃地在向它解释着什么。也许它是在说，不应该整个夏天都唱歌跳舞，应该为冬天考虑考虑吧！而蜻蜓“扑”的一下就飞走了，落到了我的浮漂上。

我不禁笑了起来。一抬头，只见在远处，在低低的河岸上有什么东西在泛着白光。我用望远镜看了会儿（钓鱼时我总是随身带着望远镜），天哪！一只白色的海鸥落在树墩上。它没有像平时那样蹲着，而是肚皮贴在树墩上趴着，像狮子趴在台座上似的。要知道，这可是在

① 克雷洛夫（1768—1844）是俄罗斯著名的寓言作家。《克雷洛夫寓言集》和《伊索寓言》有许多相似之处，但又有其自身特色，故事生动，语言诙谐幽默，具有浓郁的讽刺意味。——译者注

列宁格勒市的海军部大厦附近，在宫殿桥旁。①

它在搞什么鬼把戏！

我把望远镜移向这边，移向那边，看见了海鸥的头凸立在树墩上，看见了它的尾巴，还看见了……不止一只海鸥。它们怎么了，简直疯了！

这些小怪物搞得我心烦意乱，连心口都痛了起来。我暗暗想，应该先吃点儿东西垫垫肚子了。

我随身带的一小篮颗粒饱满的“维多利亚”麝香草莓，是从家里带来以防万一的——突然饿的话……我立刻把它们清洗干净。麝香草莓很鲜美，像林子里的草莓一样好吃！

我坐在那里，看着湖面，心情渐渐平静下来。湖边一片翠绿，绿色的确能让人远离烦恼，比浆果更容易让人心平气和。湖边的席草长得千姿百态，一些像罩着浅棕色的大玻璃罩，另一些像竹子似的，多节状，带着坚硬的管状茎，叶子尖尖、长长的。芦苇没有叶子，非常柔软，用手轻轻一碰，里面就像海绵一样松软。水里什么样的植物没有啊！

我看够了绿色，又开始看浮漂。它似乎动了一下，在水下！猛的一下！又不动了。

我暗暗想，太棒了！这么说来，鱼咬钩了！

我一跃而起，跑了过去，不过钓鱼竿上什么也没有，钓竿梢弯成了弧形，鱼甚至都没露出水面。我只得开始拉鱼竿，慢慢拉钓线，逐渐拉近、拉近……已经可以看见，在水深处漂着条大黑影，但到底是什么，却怎么也看不清。

然后我猛地一拉！啊呀！一只小兽吊在鱼钩上！它的模样可奇怪了：圆圆的头，大嘴巴，身子硕大无比，而尾巴……天啊，我刚把怪物拉到岸上，不禁失声尖叫：“它的尾巴比铁铲还宽大！”

我一看见它，立刻吓坏了。这里饲养着各式各样的珍稀动物，我

---

① 这两处建筑都在列宁格勒市繁华的市中心。——译者注

必须对它们负责！这个傻瓜被蠕虫诱惑，吞下了与蠕虫别在一起的鱼钩。应该马上叫医生来给它做手术！

原来这是只小海狸。幸亏鱼钩吞得不深，我轻而易举地把鱼钩从它嘴巴里掏了出来。我把它放回湖里。它的大尾巴刚一击打水面，我就情不自禁地打了个寒战！

人们说，用钓鱼竿钓鱼是项安静平和的运动。其实，一点儿也不安静平和！我把湖里所有的鱼都吓跑了。鱼通常都会这么做：一条鱼脱钩后，马上对同伴们说："那边坐着个渔夫，不要到那边去，不要碰那边的蠕虫，那边的蠕虫上挂着鱼钩！"当然，鱼儿在水下不会这么大喊大叫，它们不会用人话来交流，但是它们终归可用一套"信号系统"、第三套系统或者随便哪套系统来交流。鱼儿总能向同伴们预警。即使这只小海狸不是条鱼，它只要用铁铲似的尾巴一扑打水面，所有的鱼儿立刻听明白了，它在说："各位兄弟，快逃命啊！"

我收起钓鱼竿，现在在这儿钓鱼已经没有意义了。我沿着河岸往前走，来到灌木丛边。我刚一放下钓鱼竿，一只小鸟突然从灌木丛里朝我飞来！它朝着我的脸直扑过来，叫道："谁啊？谁啊？谁啊？"完全像金丝雀在叫。它长得也很像金丝雀，不过没有金丝雀那么漂亮，通体褐色，嘴像麻雀的嘴。

我立刻猜到，在这附近还有这样的小鸟。我摆好钓鱼竿，走进灌木丛。我找了一会儿，果真看到一只鸟巢！令人惊讶的是，一只一模一样的褐色小鸟正在孵蛋。它睁大一只眼睛，怯生生地看着我，并没有飞走。

我只得用手轻轻地碰碰它，它这才飞走了。

我朝巢底看了一眼，不禁惊叫起来！鸟巢里躺着 5 只鸟蛋，一般大小，颜色却各不相同！第 1 只淡蓝色，夹杂着黑色斑块。第 2 只带着红色小点，第 3 只夹着灰色小斑，第 4 只蓝绿色，第 5 只纯粉红色。简直是盘地地道道的大杂烩！

我对这种自然界的奇观惊叹不已，得赶快离开这里，离开灌木丛，好让这位神奇的母亲别担心。它可千万别丢下鸟巢不管。

我回到放钓鱼竿的地方。这时我发现，原先那只机灵勇敢的鸟从另一个飞向又飞了出来。我沿着这个方向找。小鸟好像在跟我捉迷藏，一会儿轻轻叫，一会儿大声叫，因为我接近它的巢了。因此我毫不费力地找到了鸟巢。刚才那只鸟巢搭在醋栗丛中，由干草做的这只鸟巢也搭在灌木丛中，建得也不高，离地大约1米。但这只鸟巢里已经孵出了雏鸟，雏鸟只有一丁点儿大，赤裸着身子，还闭着眼睛呢。它们的妈妈很担心，径直飞到我的手上，用嘴巴不停地啄。

我想："听着，小英雄！我要是一发怒，就会打死你，你会死无葬身之地的！小可怜，停一停，停一停，不要啄了。"

我稍稍退到一旁，在树枝上捉了几只或大或小的毛虫，走到鸟巢旁，把手掌朝小鸟摊开来。你瞧，它立刻明白了，飞到我的手上来，衔起一只小毛虫，飞向孩子们。它把毛虫塞进第一个张开的嘴巴，又飞回到我的手心里来。

这难道不奇妙吗？一只完全陌生的小鸟突然飞到你身边，朝你叫唤，啄你的手。当你给它毛虫时，它从容不迫地把毛虫从你手中衔走，喂给雏鸟吃！现在小鸟明白，正如常言说的，我"毫无恶意地喂它"，于是它让我安静地坐着钓鱼，但是鱼儿一直没有上钩。

我坐着，一直坐着。布谷鸟开始在林子里声嘶力竭地叫唤。我听到它的哀诉，心都要碎了。我想起了老祖母唱的一首如泣如诉的歌：

在遥远的河边，
不时响起
"咕咕！咕咕"声。
不幸的它
丢失了自己的孩子！

的确，失去了孩子，是多么痛苦的事啊！

我收拾好钓鱼竿，回家了。

篝火旁

我跟老人们一起去森林里和湖上打猎。

晚霞渐渐沉了下去。应该说，我这一天的收获还不小，打到了一些野味。篝火点起来了。我们大口大口地喝着野鸭汤，然后喝茶。坐在篝火旁一边喝着茶，一边看着烟雾萦绕上升，真是惬意极了！

故事自然而然地开讲了——总得想法子消磨掉夜晚的时光。第二天天一亮，又得去蹲守猎物了。

叶夫谢伊爷爷最先打开了话匣子："你们这里都是些稀松平常的鸟兽，见不到跟我们克里木那边一样的鸟兽。我在克里木服役过很多年，什么样的鸟儿没见过啊？那里的鸟儿真是太神奇了！"

瞧，开始了，我暗暗想。我宁愿不吃饭，也要听打猎的故事。我特别爱听这类故事！有人说："这都是爱吹牛的人讲的荒诞无稽的故事！"而我认为，猎人打猎时自然很兴奋，冷漠的人做不成猎人。当然，猎人讲述时常常会添枝加叶、添油加醋。问题的实质就在这里！当人们说，这是一派胡言时，却是对猎人的最高奖赏！实际上，在猎人的叙述中常常隐含着某些令人震惊的、宝贵的真理，以及人们从未了解的事实真相。即使他们讲的是荒诞无稽的故事，故事中也常常蕴含着真知灼见。为什么要闭耳不听呢！

于是我问老爷爷："叶夫谢伊老爷爷，您在克里木见到了哪些从未见过的鸟儿？"

"是的，见过很多稀奇古怪的鸟。例如，那儿有一种野鸭，虽然叫作鸭子，个头儿却有鹅那么高。它的性格简直像猛兽，只要在草原的洞穴旁看见狐狸，立刻抓住狐狸的后脖颈，往地上撞，然后吃掉它。找到狐狸洞后，野鸭就自己搬进去住，在那里面产蛋、孵育后代。"

"它长得什么样？"我问道。

伊万爷爷摸着胡子，冷笑道："叶夫谢伊，你又在胡说八道了。"

"我说过，跟鹅一般大，嘴巴红红的，像公鸭那样，头上有花斑。

等它吃完之后，狐狸洞里只剩下了一根狐狸尾巴和一堆狐狸毛。我亲眼看见的。”

伊万爷爷说：“我们这儿肯定没有这样强悍凶猛的鸟，但是有种小鸟，也很神奇！有个从城里来的名叫维嘉的小男孩，向一只小鸟开了一枪。显然，霰弹从弹筒里漏出来了。他瞄准了枞树枝，我就站在他旁边，亲眼看见，‘砰’的一声！一只很小很小的小鸟从树上掉了下来。信不信由你，它的个头儿比蜻蜓还小。更令人称奇的是，它是那么弱不禁风！我已经跟你们讲过，弹筒里已经空了，没有霰弹了。可是，虽然没有子弹射出，可怜的小鸟还是被枪声吓傻了。维嘉捉住它，把它放在怀里，带回了家。他们一家人住在我们这儿的别墅里。维嘉把小鸟放到桌子上，小鸟仰躺着，小腿儿一动不动。瞧把它给吓的，七魂失去了六魂！过了好半天，它才慢慢回过神来，振翅一跃，若无其事地飞到了窗台上！它在小男孩家的鸟笼里住了整整1个月。小鸟通体灰色，头顶是纯粹的火红色！”

听完伊万爷爷的讲述，叶夫谢伊爷爷不满地嘟囔了一句：“就这点儿事也想让人惊讶！只不过是一只小小的小鸟被吓傻了！你自己也说过，不知道它的心脏到底长在哪里。可能，它的心脏比豌豆还小吧。要是能把森林里的主人——老熊将军吓死，岂不更好吗？”

伊万爷爷哼了一声，叶夫谢伊爷爷继续说道：“在我服役期间发生过这么一件事。一天，叶罗什金少校在森林里看见一只从山上下来的熊。熊正在找吃的。它把石头拖过来，寻找甲虫、软体动物和老鼠当口粮。少校用双筒猎枪朝熊开了一枪。他枪里装的是小霰弹。少校是去打花尾榛鸡的，所以往枪筒里装了小霰弹。可他忘记了这一点。

“的确，熊就在山脚下，离得很近，只有一步之遥。而且即使小霰弹击中了它，也够不到它的皮，顶多只碰到它的毛。

“可是熊的表现却让少校放声大笑。只见它一跃而起，大吼一声，摔了个大跟头，连滚带爬地钻进了灌木丛，只听见树枝断裂的咔嚓声！我们和少校一起哈哈大笑，最后决定还是去看一眼，熊留下了什么足迹。

“坦率地说，熊的足迹歪歪扭扭的，它肯定被吓得犯病了。这还算好的。等我们下到灌木丛中一看，只见熊直挺挺地躺在那里，已经死了。它完全是被吓死的……瞧这一枪打的！”

大家谈论着这件事。然后老人们回忆起各自神奇的枪法。

伊万爷爷说，有一天，他在林子边看见一只白色的鸟躲在灌木丛下，朝它开了一枪。走近一看，那里躺着7只已死的白山鹑，只要捡起来就可以了。瞧，一枪射中了7只山鹑。

伊万爷爷又回忆起，一次打猎回来的路上，一只硕大的老鹰从他前面的地上飞起。伊万爷爷朝它的背开了一枪，他总是竭尽所能地射杀这类苍鹰和老鹰。

老鹰摔了下来，翅膀摊开。伊万爷爷走近它，只见老鹰的身子底下压着一只断头芦花母鸡。他把猎物带回了村子，一位老太太对他说：“这是我们的芦花母鸡！刚刚被强盗拖走。真是太好了，一箭双雕，还射死了掠夺者。全村人都会感谢你的。明天熬鸡汤给你喝。”

叶夫谢伊也不甘落后，又讲起了叶罗什金少校的奇遇。

“说实话，少校的枪法可真不怎么样。正如常言说的：射的是只乌鸦，打中的却是头母牛。但是，打猎时各人有各人的运气，而少校的运气真的很好。

“还有一次，也是在高加索，少校遇到了这么一件事。

“少校带着擅长追踪野兽的向导犬去打野鸡。

“向导犬跑到席草丛旁，突然停了下来，抬起一条腿，也就是说，它在指示猎物。少校走近它，命令它继续往前跑。它刚一迈步，一只野鸡从它脚下飞起。少校赶紧开枪——‘砰！’野鸡从容不迫地飞走了，但席草丛中还在扑扑作响，有什么东西在号叫、在扑腾！那里到底在搞什么鬼名堂？

“我们走近后，看到一只大猫躺在地上，浑身颤抖。原来席草丛中有很多猫，当然全是野的。它们都很健壮，个头儿比普通的家猫大一倍。

“你瞧，少校没有打中野鸡，却打中了野猫的头。幸亏它打中的不

是向导犬。”

回忆从神奇的枪法转到了猎狗身上。

伊万爷爷讲到自己的一条猎狗，尽管年纪很大了，眼睛也完全瞎了，却比以前更擅长撵兔子了。

叶夫谢伊爷爷摇着头，问道：“它怎么可能在林子里不撞上树？照我说啊，你又在扯谎！”

“它慢慢走呗。再说，兔子也不急着避开它。不管怎么说，猎狗还是把兔子朝我撵过来了。”

“竟有这种事！”叶夫谢伊爷爷既不表示赞同，也不表示反对，嘟囔道，“我听说，有个猎人有条猎狗，像少校先生的狗一样，也很擅长追踪野兽，它只要看看纸，就会指示猎物了。”

“什么叫看看纸？”伊万爷爷没听明白。

“很简单。只要主人在纸上写上‘黑琴鸡’或‘沙锥’，猎狗就会去搜寻猎物，然后指给主人看。而对没有写着这些字的纸，它连瞧都不瞧一眼。”

“咳咳咳！咳咳咳！”伊万爷爷突然剧烈地咳嗽起来，“可恶的蚊子！你吸的血还少吗？还想钻进我的喉咙里来。林子里雄蚊子多得要命，家里苍蝇多得要命。苍蝇明白，它们闲逛的日子不多了，变得无比凶残，比雄蚊子还会咬人。”

他补充道：“瞧，篝火已经熄灭了。现在蚊子开始更猛烈地攻击我们了！朝霞升起来了。该去蹲守猎物了。”

新年故事：米舒特卡的奇遇

除夕来到了。

天寒地冻。

天刚蒙蒙亮，一位集体农庄老爷爷就驾着雪橇去森林，他要给乡村俱乐部砍一棵漂亮的新年枞树。

森林辽阔茂密。老爷爷一直驾啊、驾啊，过了好久才来到森林中部。这里已听不到村子里的一点儿声音，连喇叭声都听不到了。老爷爷把马拴到树上，离开大路，选了一棵不错的小枞树。

但他刚朝树干砍下第一斧头，“嘎巴”一声，一只棕色的大兽像枚炮弹似的从雪里飞了出来。

老爷爷吓得斧头都掉了。他拼尽全力扑向马，解开马缰绳，骑上马跑了。

母熊把老爷爷吓得魂不附体。熊洞恰好建在老爷爷看中的那棵枞树下。被巨大的砍树声猛然惊醒，母熊从洞里一跃而起，失魂落魄地朝密林深处奔去。由于害怕，它似乎觉得，猎人们一起攻上来了。

它的小儿子米舒特卡还留在熊洞里。它只有3个月大，还在吃奶呢。

寒气钻进了被母熊撞毁的熊洞。米舒特卡冻醒了，轻声哭泣起来：它又冷又饿。米舒特卡开始行动了，它从熊洞里爬了出来。它要去寻找妈妈，但母熊已逃得无影无踪。

小熊徒劳地爬来爬去，哀号尖叫。妈妈跑远了，听不到它的叫喊。

最后，米舒特卡生气了。它用4条腿站起来，自己去找吃的。它脚趾内翻的短腿不断陷进深雪里，但饥饿驱使它一直往前走。

突然，它看见一只美丽的棕红色小兽坐在一棵树后的树墩上，尾巴毛茸茸的。小兽就要啃完一颗长长的枞树坚果了。

米舒特卡很喜欢小松鼠，便朝它走过去，想跟它玩一玩。但小兽吓得跳了起来，箭一般地蹿上了枞树。

米舒特卡眼看着松鼠消失了。它坐了会儿，摇了摇头，毫无办法，

只得继续往前走。

不久，它看见一只灰色的小兽，想躲开它藏到灌木丛下。它气呼呼地哼了一声，咚咚地追了上去。米舒特卡两步就赶上了小兽，用熊掌一把抓住它。但是，哎哟，灰色的小兽身上长满了刺，米舒特卡痛得尖叫起来，跳了开去。

米舒特卡久久地在林中徘徊，终于精疲力竭地坐了下来。它饥肠辘辘，只得用脚爪刨雪。雪下是大地，地上长着鲜花、浆果和植物根。米舒特卡开始把这些东西往嘴里塞。原来，这些东西都可以吃。可怜的孤儿用脚掌勤勉地刨雪，吃得肚子都鼓了起来，好像吞下了一整个西瓜。

米舒特卡吃饱后，开始愉快地奔跑起来。它没有留意脚下，突然“扑通”一声，掉进了一个坑里。

干树枝和积雪覆盖着坑。蛇、青蛙和癞蛤蟆一起在坑里面冬眠。

米舒特卡跌落时，幸亏用后脚爪勾住了粗树根，悬挂在这些动物的头顶上。

蛇醒来了，一抬头看见了熊，吓得咝咝地叫起来，青蛙绝望地呱呱叫着。害怕赋予了米舒特卡力量。它借助后脚掌的力，摇晃着身子，用前脚掌攀住粗大的树根，急急忙忙地从坑里爬了上来。它吓坏了，头也不回地往前跑，一直跑到一块林中旷地才停下来。

它停下来后，又开始刨雪。这里，也许还能找到什么好吃的吧？但这次它刨到的完全是另外的东西。雪下住着的是林鼠和它的孩子们。这些一丁点儿大的小兽把窝搭在了灌木丛中的矮树枝上，甚至有热气从温暖的巢里冒出来。

要是米舒特卡再大一点儿，它就会懂得，这些林鼠足够它美餐一顿。但是它还没开窍，只是惊讶地看着，这些短尾巴的小兽当着它的面四处逃散。

冬季的白天很短。当米舒特卡挖林鼠的时候，黄昏来临了。米舒特卡忽然想起，妈妈到底在哪里啊？它开始四处找妈妈，可是在辽阔茂密的森林里，如何才能找到妈妈呢？

米舒特卡沿着森林跑啊、跑啊，夜晚降临了。伸手不见五指的新年之夜，天上不见一颗星星，全被漆黑的云层遮住了。更糟糕的是，下起了鹅毛大雪。米舒特卡跑得浑身发热，雪花一落到背上，立刻化了。它的皮袄都湿透了。

黑暗中的一切都显得阴森恐怖。突然有什么动物扑上来了！米舒特卡还太小，它还不明白，熊是我们森林中最强大的野兽。它甚至都不敢边跑边哭。万一被人听见了怎么办？它默默地跑着，朝密林深处越跑越远。

请想像一下，小熊是多么害怕！突然，它跟不知哪个野兽的额头“咚”的一声撞上了！这个野兽比它高大强壮得多，小可怜被撞飞到一边，屁股撞上了树，生疼生疼的。

可米舒特卡顾不上揉一揉被撞伤的地方，因为大兽随时可能扑过来吃掉它。米舒特卡慌忙在黑暗中摸索着上了树。

它听见那只高大健壮的野兽正悄悄朝它靠过来。野兽的身子那么重，压得脚下的枯枝纷纷断裂……

沉重的脚步声越来越近……米舒特卡用4只脚爪痉挛地攀住树皮，把身子朝后转，向下、向黑暗处看……

幸运的是，恰好此时，从漆黑的云层中划出一道闪电，瞬间照亮了整座森林。在这一刹那，米舒特卡看清了下面的野兽。

“妈妈！”它放声大叫，飞速地从树上爬了下来。

的确，这是母熊，它的妈妈。妈妈也没搞清楚黑暗中跟谁相撞了，没有认出儿子。

它们两个都高兴极了！

这时恰好传来了莫斯科自鸣钟的钟声，激昂的当当声在森林里回荡着——钟敲12点，新年到了。

鹤开始在沼泽地上啼鸣，百灵鸟在空中歌唱，母亲和儿子幸福地紧紧拥抱在一起。

然后它们回到熊洞，在那里躺了下来。米舒特卡开始吮吸妈妈的乳汁，而母熊也开始吮吸美味又富有营养的熊掌。

瞧，多么美满的结局，跟所有新年故事的结局一样，即使这个故事讲述的是发生在茂密森林里的事。

基特对故事的解释

我的10个观察

我最初的两个观察是完全正确的。长着乌黑翅膀的白色大鸥经常从大西洋、波罗的海飞到我们涅瓦河边来。它们的学名叫棕鸥。如果你能叫出它们的名字，可以得2分。

每年春天，海里的潜鸭途经列宁格勒上空飞往北方。很多潜鸭潜入水中，把翅膀当作手来划水。如果你了解这一点，可以得2分。

至于黑天鹅，对不起，这是一派胡言！我们这里见不到黑天鹅，它们生长在澳大利亚，从不飞到我们这里来。但我不单为了这个才出这道题。问题在于，我们的猎人常常说看到了黑天鹅，只不过从未打到过它们。为什么会这样呢？因为当逆光看的时候，所有的鸟似乎都是黑色的。黄嘴天鹅（又叫大天鹅）和身材略矮些的小天鹅经常落在列宁格勒附近歇息，但这两种天鹅都是白色的。经常碰到这样的情况：当鸥朝你飞来时，完全是黑色的！射中它！捡了起来，却发现是最普通的白色，只有翅尖是黑色的。所以，如果你说黑天鹅只生长在澳大利亚，那么你可以得1分。

如果你没看出这是谎言，那么只能得0分。如果你能解释，为什么有时天鹅似乎是黑色的，那么可以给自己再加1分。

据古老的传说，似乎身强力壮的大鸟，在精疲力竭的海上长途飞行中，会让小鸟落在自己的背上歇息，把小鸟运送到我们这儿来。可这当然只是传说，从未发生过这样的事。只有塞里玛·拉格洛芙①著

---

① 塞里玛·拉格洛芙（1858—1940）是瑞典的优秀女作家，1909年获得诺贝尔文学奖。她创作的《尼尔斯骑鹅旅行记》讲述一个顽皮孩子尼尔斯骑着他家的大白鹅进行长途旅行的奇遇。——译者注

名童话中的小尼尔斯和俄罗斯众多童话中的伊万努什卡才会骑着鹅飞行。要是少年自然科学家也相信这样的传说，会很丢人的！从未见过类似的鸟儿当乘客的报道。答对了得2分。

黑色的花并不常见，作者说得不对。如果你能揭穿谎言，得2分。

春天时沙锥的确用尾巴唱歌。

这里说的是扇尾沙锥。它们的嘴巴很长，叫声响亮。春天时它们飞到半空中，头朝下俯冲，发出类似于羊的叫声。这是扇尾沙锥春天常玩的游戏，它们也是在求偶。猜到是扇尾沙锥的人，可以得2分。

难道有这样的鸟吗？为了不让自己在夏季太显眼，像雪兔那样，在夏季前换掉冬天穿的雪白皮袄，尽管不是换成灰色，但却换成了五彩的颜色。是的，我们这儿有这样的鸟，名叫白山鹑。冬天它像雪一样白，夏天变得五彩缤纷，可以安全地躲在长满青苔的沼泽地的树丛里，那是它的居住地。如果有谁知道这一点，可以加2分。

蝙蝠中午不飞行，作者撒谎了。如果你答对了，得2分。

事实上，可以采到这种早春蘑菇。这是食用菇，味道鲜美，称之为羊肚菌和鹿花菌。如果你了解这一点，可以得2分。

钓鱼人的故事

雨燕不住在陡岸上，这是灰沙燕，完全是另外一种鸟。雨燕在高楼的屋顶下、钟楼上、教堂里和山岩上筑巢，但从不在陡沙岸上筑巢。如果你答对了，得2分。

在克雷洛夫爷爷时代，有些州，或者那时叫作省，把山雀（飞蝗或蝈蝈儿）都叫作蜻蜓。因为在俄语中，“蜻蜓”这个词的读音与“吱吱叫”这个词的读音相近，而山雀、飞蝗和蝈蝈儿都会发出叫声。如果钓鱼人认为蚂蚁是在跟纤细的蓝蜻蜓谈话，那么说明他压根没理解克雷洛夫爷爷的寓言。要知道，蚂蚁是在谴责蜻蜓，因为它“唱了整整一个夏天”：

你唱完了吗？

真是干了件正经事！

也许该跳舞了吧！

“唱歌”，也就是“吱吱叫”，是山雀在叫，蜻蜓是不会叫的。也就是说，蚂蚁是在跟山雀交谈。你答对了吗？答对的话，得 2 分。

鸥趴在树墩上。你想，这肯定是在胡说八道吧？并非如此！奥妙在于，鸥不仅趴在树墩上，它们的巢也筑在树墩上。它们在孵蛋！是这么回事：鸥习惯筑巢在低矮的湖岸，今年春天水淹了洼地，只有树墩的上部露在水面上。而鸥已到了筑巢的时候，没有别的办法，只得把草衔到树墩上。这是些鱼鸥。它们把草拖来，给自己筑巢，然后趴在树墩上孵雏鸟。很快水退了下去，而鱼鸥又能躲到哪里去呢？它们一边趴在树墩上孵蛋，一边不时惊奇地朝下看：“我们这些鸥姐妹，怎么能爬到那么高的地方？”答对者得 2 分。

有关“维多利亚”麝香草莓是可耻的谎言。没有这种等级的草莓，不过是我们城里人概念混乱，把所有的种植草莓都称为麝香草莓。其实麝香草莓完全是另外一种浆果，它根本不长在我们北方的林子里。它是另外一种形状，另外一种味道，散发出另外一种香气，呈淡白色。我们的树林里长着“维多利亚草莓”“阿娜纳斯草莓”“美人左戈莉娅草莓”，果园里栽种着其他各种等级的草莓，但谁也无权把它们叫作“麝香草莓”。如果你了解这一点，可以得 2 分。

钓鱼人混淆了 3 种岸边植物——席草、芦苇和香蒲。席草非常柔软，不长叶子，茎秆里像海绵一样松软。芦苇坚硬多节状，叶子尖尖，是做笛子的理想材料，它的里面是空心的。还有香蒲，也很硬，长着叶子，在茎秆的末端，长着大大的棕色球果。如果你能区分这 3 种水生植物，得 2 分。

至于海狸吞吃挂着蠕虫的鱼钩，这是胡说八道，一派胡言！

众所周之，海狸是啮齿动物，不吃任何蠕虫，即使你把虫子涂上了蜜！但是如果有人说：“首先，海狸不吃蠕虫；其次，在列宁格勒州

已经大约有500多年不繁殖海狸了。”那么，他只能得1分。因为尽管海狸以前不繁殖，现在又繁殖了。不久前海狸就在我们这儿繁殖了。必须了解这一点。

似乎鱼脱钩后，会向其他鱼透露“不要接近鱼钩”。这件事根本用不着解释，简直让人厌恶。要是相信这么幼稚的谎言，会很难为情的！答对者得2分。

看来，用一两句话解释不清楚神奇的褐色小鸟这件事。因为钓鱼人钓鱼的湖岸边，正是少年自然科学家小组夏天做实验的地方。这个小组取了个引人入胜的名字，叫“哥伦布俱乐部”。少年自然科学家们小心翼翼地把一种鸟的鸟蛋和另外一种鸟的鸟蛋互换，由此确定，各种鸟对待别的鸟的鸟蛋的态度：一些鸟接受别的鸟蛋，尽管颜色完全不同；一些鸟把别的鸟蛋扔出鸟巢。

外表普通的褐色小鸟，即雌朱雀，属于雀科的一种。它戴着小红帽，长着红胸脯。在它清晰的、充满韵律的啾唧声中，可以听清楚它问大家的问题：“看见尼基塔了吗?”少年自然科学家把它叫作红色的金丝雀。

这种鸟极其有爱心，是位令人感动的忠实母亲。它接受各种颜色的鸟蛋，忘我地保护它们，无论是自己的还是别人的雏鸟。

钓鱼人偶然走近的，正是少年自然科学家们做实验的朱雀巢。这两只朱雀已经很习惯人了，一点儿也不怕人，它们相信，谁也不会伤害它们。那只正在孵蛋的鸟，不用手指去“请”，甚至都不从鸟巢飞走。如果你解释对了，得2分。

那只已经孵出雏鸟的朱雀，勇敢地朝人飞过来，啄他的手。答对者可以得2分。

如果不了解哥伦布俱乐部的故事，肯定不会相信这一点。对吗?

关于布谷鸟这件事，钓鱼人完全是信口开河。这是雄布谷鸟在放声大叫：“咕咕！咕咕!”它在告诉雌布谷鸟：“我在这儿！我在这儿!”这有什么好哭的！再说，雌布谷鸟也没什么可同情的。它本身是个无耻之徒，像哥伦布俱乐部的少年自然科学家们那样，它把自己的

蛋偷偷地放到别的鸟巢里，自己却满不在乎，还哈哈大笑。它的叫声像极了粗鲁的、尖细的笑声。钓鱼人并不了解布谷鸟是怎么叫的。如果你答对了，得 2 分。

篝火旁

有关野鸭的事，一半真一半假。的确，有个头很大的野鸭，在狐狸洞里孵育后代。至于野鸭杀死并吞吃野兽的说法，当然是胡说八道！叶夫谢伊爷爷看到的，多半是狼吃剩的食物。狼在狐狸洞旁杀死了狐狸，并把它撕碎了。而老爷爷误以为是野鸭吃掉了狐狸。如果你判断正确，就得 1 分。

伊万爷爷一点儿也没有添油加醋，他说的都是事实。小男孩维嘉用枪声震昏了我们这儿最小的小鸟——戴菊莺。它猛地摔倒，像死了一样！不久又活蹦乱跳了！如果你也认为这都是事实，那就得 2 分。

熊确实会发生这样的事。瞧，突然被吓一跳，会带来多么大的危害。虽然这儿说的不是人，而是熊，但都一样，也不能去吓人。人也会像野兽那样，心脏破裂。如果你答对了，就得 2 分。

至于白山鹑……的确，这件事听起来像是爱吹牛的人的胡言乱语：他 1 枪只打 1 只山鹑，如何能同时射中将近 10 只山鹑。但是，如果你回忆一下，山鹑一窝窝地挤在一起住，而且如果考虑到，伊万爷爷射的是霰弹，而弹筒里装着 100 多粒霰弹，那么他的枪法就没什么神奇可言了。这是完全可能发生的事。如果你猜出是这么一回事，你就能得 2 分。

老鹰的事也是事实。霰弹射向老鹰的背，它被射死了，摔了下来。这时伊万爷爷发现，这一枪既打中了强盗，又打中了它的牺牲品。如果你答对了，得 2 分。

少校没有射中野鸡，却射中了席草丛中的野猫，这并不稀奇。主要看他往哪里射，偶尔也会射中人。如果你回答正确，就得 2 分。

伊万爷爷瞎眼猎狗的事是千真万确的。道理很简单，猎狗追兔子时，不是用眼睛看，而是用鼻子闻。老猎狗丧失了视力，但还保留着灵敏的嗅觉。它凭嗅觉得知，前面有什么东西，所以不会撞上树或树墩。兔子的嗅觉也很灵敏。如果你觉得瞎眼猎狗的事是真的，那就得2分。

猎犬看看写有猎物的纸就能指示猎物，这根本解释不通，是彻头彻尾的谎言，更谈不上狗能识字了！如果你答对了，就得2分。

伊万爷爷最后说得不对，在最意想不到的地方，他出错了。亲爱的读者，你可能也得不到分数。

伊万爷爷把咬人的蚊子称为“雄蚊子”，您知道吗，雄蚊子根本不咬人，雌蚊子才咬人。

只有雌蚊子才吸血。雌蚊子吸不够血，就不会生小孩，因为它产不了卵。雄蚊子不会叮人，它们喝花蜜。

这是其一。其二，伊万爷爷说：“苍蝇明白，它们闲逛的日子不多了，变得无比凶残，比雄蚊子还会叮人。”许多人认为，苍蝇临死前开始叮人了。事实上，叮人的完全是另外一种蝇。黑色的普通家蝇不叮人，灰色的、长着笔直的刺的蝇才叮人。只要仔细看一看，就可以学会区分它们。如果这么复杂的问题都答出来了，就庆贺自已得2分吧。

新年故事：米舒特卡的奇遇

亲爱的读者，读完这个故事，你们可以得到很多分数！大家知道，新年故事并不要求特别真实，重要的是扣人心弦、结局美满。

第一，故事一开头，就撒了个很容易识破的谎。母熊只在1月底和2月初才在熊洞里产小熊。米舒特卡怎么可能在除夕就满3个月大了呢？显然，故事的作者凭空杜撰了所谓的故事主人公，即3个月大的小熊。如果你已经识破这个谎言，得到2分。

第二，米舒特卡可能会在森林里遇到小松鼠。但是，难道冬天的松鼠是棕红色的吗？大家都知道，它们在冬天是灰色的。如果这个问题你答对了，就又得到2分。

第三，难道隆冬季节刺猬会在森林里闲逛吗？不，它们正在树根间的某个凹陷的草窝里睡大觉呢。如果你知道了刺猬的这一习性可得2分。

第四，米舒特卡刨开雪，在雪下的地上找到鲜花和浆果。是这么回事，雪下有很多常绿植物，甚至有花。整个冬天，直到开春前，都保留着一些浆果：红梅苔子，越橘。如果你答对了，记得给自己加上2分。

第五，米舒特卡掉进了一个坑里，蛇、青蛙和癞蛤蟆正在那里冬眠。首先，这些爬行动物和两栖动物从不会以这样奇特的组合聚在一起过冬；其次，冬天它们都冻僵了，既不会咝咝叫，也不会呱呱叫。哈哈，如果你连这一点都答错了，那就失去2分喽。

第六，林鼠住在大雪覆盖下的灌木丛中的巢里，甚至在隆冬季节还孵出了小鼠，这都是真的。如果你们不相信，可以读一读福尔莫佐夫教授的著作《雪被》。以前我也不知道这一点。这确实是真的，如果你有本事答出来，得2分。

第七，两只熊在黑暗中面对面相撞，却认不出对方，这是不可能的。因为熊不是靠眼睛，而是靠鼻子辨识物体的。请回忆“篝火旁”中讲到的伊万爷爷瞎眼猎狗的故事。瞎眼猎狗凭嗅觉不仅知道兔子往哪里跑，甚至能预知途中的树和树墩。谁会笨得像熊一样！如果答错了，2分就得不到啦。

第八，嗯哼！嗯哼！下雪天的云层中划出闪电！不可思议！这确实不可能。如果你答对了，就可以得2分。

第九，既然在故事的最开头写道：“这里已听不到村子里的一点儿声音，连喇叭声都听不到了。”说明故事发生在林中腹地，怎么可能突然“传来莫斯科自鸣钟的钟声”。如果谁没有发现这一点，表明他没有仔细地读或听这个故事，那就得不到这2分啦。

第十，冬天，鹤不在沼泽地上啼鸣，百灵鸟也不在空中歌唱。原因很简单，冬天我们这里没有鹤和百灵鸟，它们是候鸟，在遥远的南方过冬。

米舒特卡和妈妈回到被撞毁的熊洞，母熊又开始吮吸自己的熊掌。在我们这个时代，只有最无知的人才会相信这种无稽之谈，认为熊洞里的熊以自己的脚掌为食。他们不知道，熊睡觉时把脚掌放在鼻子前面，朝着它哈气，所以熊洞里的熊掌是潮湿的。对这样的胡说八道，完全不值得给分。

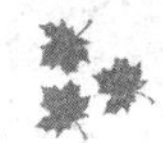

打靶场答案

第一场比赛

1. 从 3 月 21 日开始。
2. 肮脏的雪化得快，因为颜色比较深，能更多地吸收阳光。（夏天戴黑帽子最热。）
3. 春天，毛皮兽换毛，脱掉了浓密温暖的绒毛，这会降低毛皮的价值。另外，野兽怀着小兽。
4. 蝙蝠等到它要吃的昆虫飞来后，才出现。
5. 款冬、毛茛和雪花。
6. 白山鹑。冬天它是白色的，夏天有花斑。
7. 雪融化前，雪兔开始换灰毛的时候，或者地面比雪兔先变颜色的时候。
8. 眼睛是睁着的。
9. 在幽暗茂密的森林里生长的树木，要快速地向上面的光亮处伸长，因此下部就不长树枝了。在开阔地生长的树木，还保留着下部的树枝，而且向四周伸展得很开。
10. 小鹪鹩。它的长度只有 3.5 厘米（不算尾巴）。
11. 鹪鹩和戴菊鸟。它们差不多高，比蜻蜓还小。
12. 以植物种子和浆果为食的鸟，为了便于把核啄破，嘴巴粗大坚硬；以昆虫为食的鸟，嘴巴细小柔和；而猛禽的嘴巴像钩子，便于把肉撕碎。
13. 交嘴鸟。
14. 兔子是冬天啃这棵树的，这时地上的积雪有 1 米深，兔子吃不到下部的树皮。

15. 3 月 21 日和 9 月 21 日，分别是春分和秋分。
16. 冰柱。
17. 春天，来自太阳的热量。
18. 雪。雪融化后变成小溪，潺潺地流淌。
19. 乌黑的马是河，车辕是河岸。
20. 冬天，白雪皑皑；春天，鲜花遍地。
21. 雪。
22. 今天。
23. 鹿。
24. 喜鹊[①]。

第二场比赛

1. 虾。
2. 羊肚菌和鹿花菌。
3. 农民耕地时会掘出许多蛆虫、幼小的甲虫和其他昆虫。白嘴鸦啄食它们。
4. 乌鸦巢扁平，有道槽；喜鹊巢圆圆的，有顶棚。
5. 那些不织网抓捕猎物的蜘蛛被叫作“流浪蛛”。
6. 家燕。
7. 在灌木丛里、花园里和树洞里。
8. 它们把动物的毛衔回去筑巢。另外，啄食老动物皮里的昆虫和昆虫的幼虫。
9. 候鸟是我们的家鸭和家鹅的先祖。春天，每当野禽飞过的时候，家鸭和家鹅就感到郁闷，它们也渴望飞向远方。

---

① 俄语中，喜鹊这个单词的拼法，正好是 40 个 A 连在一起的意思。——译者注

10. 春天会出其不意地发大水，经常淹没那些地上鸟巢里的鸟蛋和小鸟。
11. 禁止捕杀任何鱼。大梭鱼于4月末游到春水泛滥的河湾里产卵。它们产卵的地方水很浅，脊背常常露在水外面，于是盗猎者就朝它们开枪。
12. 爬虫更加怕冷，因为它们的血是冷的。天气寒冷时，它们会被冻死。至于鸟儿，要是它们吃饱了，几乎就不怕冷。
13. 前舌尖。
14. 住在开阔地带的鸟，翅膀尖细狭长。不难推断出，住在树林和灌木丛里的鸟，翅膀不会长，因为长翅膀会缠住树枝和树干。住在密林里的鸟，翅膀宽宽的，短而圆。图中画着的是鸥和喜鹊的翅膀。
15. 家燕。
16. 蜂房和蜜蜂。
17. 甲虫。
18. 会咬人的蚊子。
19. 雨水落下，大地吸收，青草生长。
20. 鱼。
21. 土地妈妈。
22. 铃兰的花蕾和花。
23. 云。
24. 指牛的4条腿、2只犄角和1条尾巴。

第三场比赛

1. 金龟虫：5月金龟虫和6月金龟虫。
2. 蚱蜢的腿上长着小刺，翅膀上长着锯齿。每当它用腿摩擦翅膀时，便发出咔咔的响声。
3. 用尾巴。

4. 因为雄鹭鸶发出像牛一样的叫声。
5. 8 条腿。
6. 甲虫长着两对翅膀。外面一对坚硬厚实，主要用来保护下面那对飞行用的翅膀。
7. 长脚秧鸡，黑鹳。
8. 椋鸟衔着破蛋壳飞出巢，把它丢到离巢很远的地方。
9. 蚱蜢的耳朵长在腿上，它的听觉系统不在头部，而在一双前脚的小腿上。
10. 黄鹂。
11. 青蛙的卵，像一团团的冻胶漂浮在水面；蟾蜍的卵，黏附在一条胶质带上，带子黏附在水草上。
12. 比椋鸟高一点儿，比鸽子矮一点儿。
13. 在春天的交配期，雄的白山鹑发出像狗一样的叫声。
14. 是色彩艳丽的鸟。等到我们这里的树上长满了绿色的嫩叶，它们才飞过来。
15. 春天。丁香花谢的时候，就认为夏天开始了。
16. 蚂蚁在蚁穴里忙忙碌碌；啄木鸟啄树好似铁匠打铁；夜晚，星星在天空闪烁，好像开着灯。
17. 白桦树。行路的人砍下白桦枝做拐杖；赶车的人用它做鞭子；在乡下，给病人喝白桦树汁。
18. 喜鹊。
19. 蜘蛛网。
20. 雨。雨落在草里，汇成小溪。
21. 雨。
22. 狼。
23. 山羊。
24. 河、河岸和岸边的灌木丛。

第四场比赛

1. 从6月21日开始，这是一年中白天最长的一天。
2. 刺鱼。
3. 小老鼠。
4. 生活在沙岸上的海鸥和沙锥。
5. 与沙子和鹅卵石相近的颜色。
6. 后脚。
7. 一共有5根刺。3根长在脊背上，2根长在腹部。我们这里还有9根刺的刺鱼。
8. 家燕巢的入口在顶部，金腰燕巢的入口在侧面。
9. 要是有人用手碰过鸟巢里的蛋，鸟儿就会放弃这个巢。
10. 有。
11. 翠鸟。
12. 因为这些鸟会把筑巢的那棵树上的青苔，涂抹在巢外面，把鸟巢伪装起来。
13. 并非全部如此。有许多鸟，如燕雀、金翅雀、篱莺等，孵2次雏鸟；还有一些鸟，如麻雀、黄鹀等，一个夏天甚至孵3次鸟。
14. 有的。在长着青苔的沼泽里，有一种叫毛毡苔的植物。假如有蚊子、飞蛾和其他小昆虫落到它那黏糊糊的圆叶上，就会被它抓住吃掉。在江河湖泊里，长着一种狸藻，要是有小虾、小虫和小鱼钻进它的捕虫囊，也会被它抓牢。
15. 银色水蜘蛛。
16. 布谷鸟。
17. 乌云。
18. 割草。割下青草，垒起草垛。
19. 沉甸甸的麦穗。

20. 青蛙。
21. 影子。
22. 山羊。
23. 回声。
24. 刺猬。

第五场比赛

1. 雏鸟破壳而出之前，嘴巴上面长着一小块硬疙瘩，雏鸟用它来啄破蛋壳。这个小疙瘩叫作“啄壳齿”。雏鸟出壳后，这个硬疙瘩就自行脱落了。
2. 有尾巴的牛更容易吃得饱。因为牛吃草的时候，用尾巴赶走缠绕和叮咬它的虫子。没有尾巴的牛无法赶走牛虻和牛蝇，只得不停地摇头晃脑，或者从一个地方转移到另一个地方，所以它吃草就吃得少了。
3. 因为这种蜘蛛的腿很容易折断。腿断掉后，它走路的样子就像在割草。
4. 夏天，因为这时到处可见软弱无助的雏鸟和小兽。
5. 鸟类。
6. 许多昆虫都这样。例如，蝴蝶先产卵，由卵变成幼虫，再由幼虫变成蛹，最后由蛹化成蝶。
7. 因为鹅的羽毛上覆盖着一层油脂，所以水不会沾湿羽毛，而是一滴滴地从鹅背上流下来。
8. 因为狗没有汗腺，而马有汗腺。狗吐舌头，是为了让身体凉快些。
9. 布谷鸟的雏鸟。布谷鸟把蛋偷偷塞到别的鸟巢里，让别的鸟替它孵育孩子。
10. 蚁蛩。
11. 小白嘴鸦的嘴巴跟乌鸦的嘴巴一样是黑色的；老白嘴鸦的嘴

巴是暗白色的。

12. 刺鱼。
13. 蜜蜂蜇过人之后，就死掉了。
14. 吃蝙蝠妈妈的奶。
15. 朝向太阳，也就是正对南方。
16. 雷和闪电。
17. 早上，亚麻开淡蓝色的小花，到中午，花儿就闭上了。
18. 红色蘑菇——变形牛肝菌。
19. 野蔷薇的浆果。
20. 蝰蛇。
21. 露水。
22. 蚂蚁。
23. 蜗牛。
24. 野蔷薇，蔷薇。

第六场比赛

1. 鱼的重量，等于它身体所排去的水的重量。
2. 蜘蛛埋伏在一旁，用一只爪紧紧钩住一根绷紧的蜘蛛丝，丝的另一端固定在蜘蛛网上。苍蝇一落到网上，蜘蛛网就会抖动起来，那根细丝也就会扯动蜘蛛的脚，于是它便知道有猎物落网了。
3. 蝙蝠。还有飞鼠也能飞几十米远。飞鼠是我们林子里的一种松鼠，脚趾间长着厚厚的蹼。
4. 它们会成群结队，高叫着冲向猫头鹰，直到把它撵跑为止。
5. 虾。
6. 在万里无云的秋日，风吹起蜘蛛丝，同时把幼小的蜘蛛带到空中，一起飞行。
7. 蜉蝣。

8. 燕子一边飞，一边捕食小蝇、蚊子和其他长着翅膀的昆虫。天气晴朗的话，空气干燥，这些小虫飞得很高；天气潮湿的话，空气湿度大，它们就飞不高了。
9. 家鸡预感到天要下雨了，便把尾骨腺体分泌的油脂涂到羽毛上。这一腺体在鸡的尾部。
10. 下雨前，蚂蚁躲到蚂蚁洞里，堵住所有的出入口。
11. 以各种昆虫为食，如苍蝇、蜉蝣和水蛾。
12. 熊。
13. 在稀泥和淤泥上，或在河岸、湖畔和池塘边。因为鸟儿纷纷飞到这里，留下了清晰可辨的足迹。
14. 通体黑色，只有头上的冠毛是红色的。
15. 马勃菌的芽孢。成熟的马勃菌，只要轻轻一碰就会爆裂，并喷出一团粉雾，所以被叫作“鬼喷烟”。
16. 麦穗。麦秸放在院子里，由麦粉做成的面包摆在餐桌上，麦根还留在田里。
17. 大麻。用大麻皮搓绳子，扔掉茎秆。头就是大麻籽，可以榨油。
18. 虾。
19. 一捆捆稻谷。
20. 回声。
21. 白杨。
22. 荨麻。
23. 矢车菊。
24. 青蛙。

第七场比赛

1. 从 9 月 21 日开始，这一天是秋分。
2. 雌兔。因此最后出生的一批小兔叫“落叶兔”。

3. 花楸树、白杨树和槭树。
4. 并非如此。一些小鸟离开我们，经过乌拉尔山脉往东飞，例如小鸣禽雪篱莺、朱雀和鰭足鹬。
5. 因为老麋鹿的角很像木犁，所以叫作“犁角兽”。
6. 为了防备兔子和牡鹿。
7. 雄黑琴鸡。春秋两季，它们这样叫唤。
8. 生活在地面的鸟，为了适应走路，脚趾张得很开。这种鸟走路时双脚轮换，所以脚印成一条线。而生活在树上的鸟，为了适应抓树枝，脚趾并得很拢。它们在地上不走路，而是双脚一起跳跃，所以脚印就印成两行。
9. 当鸟儿逃走的时候，射鸟更有把握，因为枪弹可以射进鸟的羽毛里。当鸟儿俯冲过来的时候射击（打头部），枪弹可能从绷得很紧的羽毛上滑落，射不伤它们。
10. 这意味着在森林的这个地方有动物尸体，或受伤的动物。
11. 因为在这个地方，明年雌鸟将孵出整窝的雏鸟。如果打死它们，鸟儿就要搬家了。
12. 蝙蝠。它的长脚趾上长着蹼膜。
13. 它们中的大多数在第一次寒流来袭时就死掉了。还剩下一小部分，钻到树木、水栅栏或木屋的缝隙里，或者树皮里过冬。
14. 脸朝太阳落下的西面。在晚霞中，可以把飞过的野鸡看得一清二楚。
15. 当猎人没有射中它时。
16. 秋播作物，今年种，明年收。
17. 金腰燕。
18. 树叶。
19. 雨。
20. 狼。
21. 麻雀。
22. 白蘑菇。

23. 夏天的桑叶悬钩子，秋天的榛子。
24. 稻草人。

第八场比赛

1. 往山上跑容易。兔子的前腿短，后腿长。假如从很陡的山上往下跑，就会翻跟斗。
2. 树叶落光后，可以清楚地看见夏天被树叶遮住的鸟巢。
3. 松鼠。它把蘑菇拖到树上，穿在短树枝上晾干。等冬天没有东西吃时，它就去找这些蘑菇吃。
4. 水老鼠。
5. 鸟儿很少给自己准备过冬的食物。只有猫头鹰把死鼠藏在树洞里，松鸦把橡实、硬壳果储存到树洞里。
6. 蚂蚁把蚁穴的所有进出口封死，然后挤挤挨挨地过冬。
7. 空气。
8. 黄色或褐色，模仿发黄的乔木、灌木或草的颜色。
9. 秋天。因为秋天鸟儿会发胖，长了一层厚厚的脂肪，且羽毛浓密，这有助于它们防御枪弹。
10. 蝴蝶的（放在放大镜下看到的）。
11. 昆虫有 6 条腿，而蜘蛛有 8 条腿，所以蜘蛛不是昆虫。
12. 躲到水里、石头下、坑里、淤泥里或者青苔下，有的甚至钻进地窖里。
13. 每一种鸟的脚，都要适应其生活环境。生活在地上的鸟，需要在地上行走，所以它的脚趾是直的，张得很开，脚趾骨长得很高；生活在树上的鸟，需要站在树枝上，所以它的脚趾弯曲，并得很拢，有很强的攀缘能力，脚比较短；水禽的脚要能游水，起到像桨一样的作用，所以鸭子的脚趾之间蹼膜相连，鸊鷉的脚趾上有帮助划水的硬瓣膜。
14. 田鼠的脚掌。它的脚要适合挖土，就像鱼鳍适合划水一样。

15. 长耳猫头鹰竖起的“耳朵”，只不过是两撮羽毛（角羽）。真正的耳朵藏在角羽下面。
16. 树的落叶。
17. 河，河水泡沫。
18. 葎草。
19. 地平线。
20. 长到 4 岁。
21. 鸭、鹅。
22. 亚麻。
23. 公鸡。
24. 鱼。

第九场比赛

1. 在江河湖泊沿岸的洞穴里。
2. 鸟最怕饥饿。如果还有些水面没有被冰封住，野鸭、天鹅和鸥鸟还能吃到食物，那么它们也会留在我们这儿过冬。
3. 晚冬。
4. 啄木鸟把球果塞进树或树墩的细缝里，用嘴巴啄它，这种树或树墩就被称作“啄木鸟的打铁铺”。在这种“打铁铺”下面，会大量堆积起被啄木鸟啄过的球果。
5. 北极大猫头鹰。
6. 指兔子从一行连续的脚印中向旁边跳开。
7. 在果园里、丛林里和树上。大群的乌鸦从黄昏时分起，就聚集在这些地方。
8. 当最后一批湖泊、池塘和江河被冰封冻的时候。
9. 秋天和整个冬天，啄木鸟加入到山雀、旋木雀和䴓的队伍中。
10. 野兽从雪中拔出腿时，会从雪坑里带出一些雪，在雪地上留下爪印。这种爪印被叫作“拖脚印”。

11. 白天，猫的瞳孔在阳光下变得很小，晚上又变得很大。
12. 兔子来回跑两趟留下的脚印。
13. 兔子留在雪地上的足迹。
14. 貂。
15. 食肉动物的颚骨上长着特别突出的长犬齿，凭这一点很容易把它认出来。长犬齿是用来撕肉的。食草动物的牙齿的作用是把植物扯下来咬碎，它们的犬齿并不突出，但门牙比较有力。
16. 风。
17. 狗睡觉。狗睡觉的时候眼睛睁着，4 条腿伸开。
18. 盐。
19. 喜鹊。
20. 背着猎枪和猎物的猎人。
21. 公牛。
22. 猪。
23. 黄瓜。
24. 榛子。

第十场比赛

1. 从 12 月 22 日开始，这是一年中白天最短的一天。
2. 猫的足迹上看不见爪印，因为猫行走时把爪子缩起来。
3. 渔民不喜欢水獭和水貂这两种野兽，因为它们吃鱼。
4. 不会生长，因为它们处于睡眠状态。
5. 因为下过雪之后，雪地上动物的脚印非常清晰。只要沿着脚印去找，一定能找到猎物。
6. 黑琴鸡、山鹑和花尾榛鸡。
7. 在田野里穿白衣服合适，因为跟雪的颜色一样；在森林里穿灰

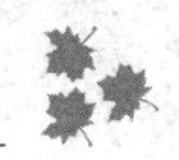

衣服合适，因为在冬天绿色的森林里，白色或其他颜色太引人注目。

8. 因为兔子奔跑的时候，两条长长的后腿一直向前伸着。
9. 它们不在那里筑巢，因为不孵雏鸟。
10. 黑琴鸡的。
11. 丘鹬，因为它把嘴伸到地下很深的地方找食吃。
12. 鼩鼱，因为它散发出刺鼻的麝香味。食肉动物的嗅觉非常灵敏，难以忍受这种气味。
13. 熊的脚印。
14. 猫头鹰、鹞鹰抓兔子的时候，一只爪抓住它的脊背，另一只爪拼命抓住树枝或灌木枝。惊慌失措的兔子使劲往前跑，力气大得惊人，有时甚至能把死死抓住树枝的鹞鹰撕成两半。
15. 这只狍子被枪弹打穿了身子。这很明显，因为脚印两旁有2行血迹。
16. 暴风雪。
17. 狼。
18. 风。
19. 严寒。
20. 严寒。
21. 冰。
22. 大风雪。
23. 黑麦、燕麦和小麦。
24. 腌蘑菇。

第十一场比赛

1. 小野兽。身体的体积越大，体内散发的热量就越多；身体表面的面积越大，散发到周围空气里的热量也越多。大野兽的体积比身体的面积大许多，即它的面积比体积小许多，所以大野兽体内产生很多热量，散发的热量却比较少。小野兽恰恰相反。

2. 胖熊。熊冬眠时靠燃烧体内的脂肪提供营养。
3. 狼不像猫科动物那样埋伏起来狙击猎物，而是靠奔跑来追捕猎物。
4. 冬天树木处于睡眠状态，不吸收水分，所以冬天砍的木头比较干燥。
5. 根据被砍断的树桩上的木质纤维圈数，就可以知道这棵树的年龄。
6. 因为猫科动物总是先埋伏起来，然后突然蹦出来捕捉猎物。它们必须非常爱干净，不让身体发出异味。否则的话，它们想猎取的动物就会躲得老远，不靠近它们的伏击地。
7. 因为冬天在靠近人类居住的地方比较容易找到食物。
8. 并非所有的白嘴鸦都飞离我们，一部分留在我们这儿过冬。冬天，在污水坑旁或丛林里，可以看到一只或几只白嘴鸦，混居在乌鸦群中。
9. 冬天，蟾蜍什么也不吃，它们冬眠。
10. 冬天，熊从洞里被赶出之后，不再冬眠，而是四处流浪。
11. 蝙蝠冬天睡在树洞里、岩洞里、顶棚里或者屋檐下。
12. 只有雪兔变成白色，灰兔依旧是灰色的。
13. 猛禽。
14. 交嘴鸟以针叶树的种子为食，它全身被松脂浸透，松脂让它的尸体不腐烂。
15. 上面覆盖着雪的树墩。
16. 雪花。
17. 冬天，只要一打开门，一股寒气就从外面冲进屋里。
18. 熊和獾这类冬眠的野兽。
19. 指缝制毡靴的过程，用猪鬃引麻线穿过牛皮做的靴底，缝制羊毛毡做的靴帮。
20. 猎人带着猎狗去捕熊。要是没有猎狗的帮忙，熊就会把猎人

咬死。

21. 胡萝卜、萝卜。
22. 白菜。
23. 洋白菜。
24. 大圆萝卜。

第十二场比赛

1. 蝙蝠。
2. 冬眠。一到秋天，刺猬就钻进用干草和枯叶搭成的巢里。
3. 不吃肉。(参阅《森林报》第3期)
4. 交嘴鸟。它们用松树籽和杉树籽喂养雏鸟。
5. 带来好处。冬天，山雀把躲在树洞和缝隙里的昆虫，以及它们的卵和蛹，捉出来吃掉。
6. 没有好处，也没有坏处。因为獾在冬天冬眠。
7. 河乌。
8. 为了不让猫爪伸进巢里。
9. 许多昆虫、虾蟹和其他节肢动物的骨骼裸露在外面。这种骨骼由一种质地很硬的物质组成，叫作“甲壳质”。
10. 会呼吸。它透过蛋壳上的气孔呼吸。假如在蛋壳上涂上涂料或胶水，外面的空气无法进入蛋壳，雏鸡就会闷死在蛋壳里。
11. 由于外界温度突然改变，青蛙会死亡。
12. 冬天和夏天都一样。
13. 海豹在雪下不呼吸。它在冰上凿几个孔，探出头来透气。
14. 城里的雪先开始融化，因为城里的雪更脏。
15. 白嘴鸦飞来的时候。
16. 冰窟窿。一到夜晚，冰窟窿就被冰封住了。
17. 狼。
18. 玻璃窗，因为只在屋里的这一面才结冰。

19. 从窗外射进屋里的太阳光。
20. 太阳。
21. 房门一开一关吱呀响，像夜莺在巢里啼鸣。
22. 捕兽器。
23. 兔子。
24. 森林。

“锐眼”称号竞赛答案及解析

第一场测验

图 1 画的是天鹅。它在飞行的时候，伸直细长柔软的脖子，由此看上去翅膀似乎拖在后面。它的短腿缩了起来，因此看不见腿。

图 2 画的是雁。它飞行的时候很像天鹅，不过脖子要短很多，比较矮小，呈灰色。

图 3 画的是鹤。它在飞行的时候，把脖子和双腿伸得像木棒那么直。

图 4 画的是鹭鸶。很容易把它和鹤区别开来，因为它在飞行的时候，弯着脖子，翅膀也弯得很厉害。

这是什么树的阔叶？这是什么树的针叶？答案是：

1. 白桦树；2. 赤杨；3. 椴树；4. 白杨；5. 杨树；6. 白蜡树；7. 柳树；8. 槭树；9. 栎树；10. 榛树；11. 苹果树；12. 松树的针叶。

第二场测验

图 1 画的是矶凫和浅水野鸭。野鸭栖在水面时，把身体的后部抬离水面；觅食时，像家鸭一样，只把身体的前部钻进水里。

矶凫栖在水面时，把身体后部的隆起处浸入水中，潜水时身子全部钻入水里。

图 2 画的是雪兔。雪兔的耳朵比较短，向前弯够不到鼻尖；脚掌比较宽，尾巴圆圆的，尾巴尖有个小黑点，呈灰色。

图 3 画的是灰兔。在夏天也很容易把灰兔和雪兔区别开来。因为

灰兔比较高大，身上的毛略带棕红色或淡黄色；耳朵长长的，要是向前弯，可以超过鼻尖；腿细细的，尾巴比雪兔的长，上面有个长形的黑斑点。

图 4 画的是鼩鼱。它是有益的捕食昆虫的小兽。

图 5 画的是家鼠。它是有害的啮齿类动物。

图 6 画的是野鼠。它也是有害的啮齿类动物。

根据下列特征，很容易把这 3 种鼠类小兽彼此区别开来：鼩鼱的嘴巴长长的，像只长鼻子；身子弓起，几乎看不见眼睛，因为眼睛躲在毛里面。家鼠和野鼠的脸上没有长鼻子。家鼠的尾巴长些，野鼠的尾巴短些。

图 7 画的是无毒的游蛇。图 8 是有毒的灰蝰蛇。在温顺无害的游蛇的头两侧，可见清晰的黄斑。在毒性巨大而有害的蝰蛇的灰色脊背上，可以清楚地看见"罪犯的烙印"——黑色的锯齿状条纹。

图 9 画的是没有脚但非常有益的蜥蜴，又叫蛇蜥。图 10 是黑蝰蛇。千万不要把黑蝰蛇和游蛇混淆：黑蝰蛇的头上没有黄斑。跟游蛇一样，可以把蛇蜥拿在手里，因为它没有毒牙，不会伤害你。要是只抓住它的尾巴，像普通的蜥蜴那样，它会把尾巴留在你的手里。要是抓住蝰蛇的尾巴，它会猛一回头，用毒牙咬住你，你会因此中毒，甚至丢掉性命。所以，一定要学会正确区分蝰蛇、游蛇和蛇蜥。蝰蛇有各种颜色，从浅灰色到乌黑色。

跟蜜蜂和黄蜂不一样，蛇不会蜇人。人们错误地认为，蛇那尖尖的、带分叉的小舌头会蜇人。实际上，毒蛇的毒藏在牙齿里。

第三场测验

图 1 是啄木鸟的洞。请注意：有一大堆好像刚锯出来的木屑，堆在洞下面的地上。这是啄木鸟用嘴巴凿树洞、给自己建住房时弄出来的。树干上非常干净，一点儿也没搞脏。啄木鸟是非常爱干净的鸟，它把自己的雏鸟也收拾得干净整洁。

图2中，椋鸟在这个树洞里孵出了小鸟。树下没有看见新鲜的木屑，树干上沾满了熟石灰似的鸟屎。

图3是鼹鼠洞。鼹鼠住在地下，夏天会爬到贴近地面的地方，把泥土扒松，堆成小土堆，自己却躲在里面不出来。

图4是灰沙燕的地盘。它们在砂岩上挖洞筑巢。很多人以为，这是雨燕的洞，但是雨燕从不在这样的洞里筑巢。雨燕通常住在顶楼里、钟楼上、大树的树洞里、岩石上和椋鸟巢里。

图5是松鼠洞。它由树枝搭建而成，圆圆的，里面铺着青苔，有的青苔露在外面。根据青苔，你马上可以辨别出这不是鸟巢。

图6是獾挖的洞，却是狐狸住在里面。一看便知，这是个经验丰富的挖土工挖的洞，有好几个出入口，但没有一个倒塌的。可是在入口处却胡乱丢放着家鸡和琴鸡的羽毛和骨头，以及被啃过的兔子的脊梁骨。显然，这是不爱干净的食肉兽——狐狸吃剩的东西。

图7也是獾挖的洞，现在它自己住在里面。獾是有洁癖的野兽。在它住的地方，找不到一丁点儿它吃剩的残余物。獾比较爱吃软体动物、青蛙和鲜嫩的植物根。

第四场测验

图1：小鹡鸰

图2：琴鸡妈妈

图3：小野鸭

图4：小琴鸡

图5：红脚隼爸爸

图6：小燕雀

图7：燕雀爸爸

图8：小红脚隼

图9：野鸭爸爸

图10：鹡鸰妈妈

请检查一下，你正确地排列出雏鸟和它们的爸爸妈妈的位置了吗？

琴鸡	图4	图2
图9	图3	野鸭妈妈
图7	图6	燕雀妈妈
图5	图8	红脚隼妈妈
鹡鸰爸爸	图1	图10

如果你按照上面的顺序排列对了，那么每一只流浪的小鸟的左边就是它的爸爸，右边就是它的妈妈。

第五场测验

图1和图2是灰沙燕和雨燕。雨燕是我们这里的燕子中最大的一种，它的翅膀像镰刀，长长的。

图3和图4是金腰燕和家燕（它的尾巴像两条细辫子）。

图5是飞行中的红隼的影子。

图6是飞行中的鹞鹰的影子。

图7是飞行中的兀鹰（鹈鹕、秃头鹰）的影子。

图8是飞行中黑鸢的影子。

图9是飞行中河鹗的影子。

图10是飞行中的雕的影子。

请把这些鸟的影子画到笔记本上，并记住它们。

请注意：隼的翅膀像把镰刀，尖尖的；鹞鹰的翅膀朝里弯；兀鹰的尾巴尖呈圆弧形；黑鸢的尾巴尖可见三角形的缺口；河鹗的翅膀棱角分明，尾巴像被砍断了一截，直溜溜的；雕的翅膀又宽又大，翅膀尖上的羽毛分叉开来。

这里分别画着：1. 美味牛肝菌；2. 橙盖牛肝菌；3. 棕帽牛肝菌；4. 牛肝菌；5. 油菇；6. 松乳菇；7. 鸡油菌；8. 卷边乳菌；9. 疝疼乳菇；10. 鬼喷烟；11. 红菇；12. 香菇；13. 蜜环菌；14. 蛤蟆菌；15. 毒鹅膏。

第六场测验

图 1：野鸭来过这个池塘。请注意，水面上沾着露水的蒲草和浮萍间，有一道道的痕迹，这是野鸭聚集在这里闲逛和游水时留下的。

图 2：离地面近的那段白杨树皮，是被小个子的兔子啃掉的，因为兔子不可能够到高处的树皮。高处的树皮是被高个子的麋鹿啃掉的。麋鹿也把嫩树枝折断了吃。

图 3：勾嘴鹬来过。小“十”字是它们的脚印，小斑点是它们的长嘴巴在松软的地上留下的痕迹。下雨时，勾嘴鹬跑到林中道路上，沿着水洼的泥泞岸边寻找蚯蚓和软体动物等食物。

图 4：这是狐狸的杰作。狐狸抓到刺猬后，先咬死它，然后从没针刺的肚子吃起，吃完后只留下刺猬的整张外皮。

第七场测验

图 1：①这是交嘴鸟干的好事。交嘴鸟是一种嘴巴上下呈十字形交叉的弯嘴鸟。它用脚攀住树枝，啄下枞树球果后，啄出里面的一些籽，然后就把球果扔掉。

②松鼠把交嘴鸟丢到地上的没吃完的球果捡起来，跳到树墩上，把它吃干净，只剩下球果的核。

③林鼷鼠吃榛子时，先在壳上啃个洞，掏出里面的仁吃。而松鼠吃榛子时，连皮一起吃完。

④松鼠在树上晾蘑菇。它把蘑菇晾干后储存起来，到了忍饥挨饿的时节，它就有储备的食物吃了。

图 2：这是啄木鸟干的好事。它像医生给病人听诊一样，把藏在树里的害虫幼虫捉出来。这时它就围着树干转，在树干上敲，用它那坚硬的尖嘴在树干上凿出一圈小洞。

图 3：是金翅雀。它非常喜欢牛蒡的头状花。

图4：这是熊干的好事。它用脚爪把枞树皮一条条扯下来，拖进洞里做垫子，冬天可以睡在软一些的垫子上。

图5：这是麋鹿干的好事。它在这里待了很久，你看它糟蹋了多少东西！这周围的东西都是它的食物，它推倒了小白杨树、小赤杨树和小花楸树，把它们啃掉。有些大树只被啃去了一些嫩枝头，而且它啃掉的也只是被它折断的树枝的一部分。

第八场测验

图1：这是狗追兔子留下的脚印。兔子的脚印是跳跃式的，后面偏斜的脚印是狗的。

图2：这是林鸮的脚印。夜里，它在屋顶侦察，看有没有老鼠跑过。它停留了很久，不停地在四周转动，走来走去，于是就留下了这种小星星般的脚印。

图3：黑琴鸡在雪底过夜。它们在雪房子里留下了痕迹和羽毛；飞走时，在雪地上留下了一个个小坑。

图4：没发生要紧的事。只不过一只麋鹿在这里逗留了会儿。它该换犄角了，所以老在一个地方转来转去，用犄角在树干上磨擦。后来终于磨断了一只犄角，这只犄角就卡在树枝上了。开春前，麋鹿会长出新的犄角来。

第九场测验

图1：这是喜鹊在雪地上留下的脚印。它先在雪地上蹦跳，留下了爪印；然后用翅膀和尾巴拍打雪地，升起来、飞走了。

图2：这是兔子的脚印。很容易辨认雪兔和灰兔的脚印：雪兔的脚印圆圆的，而灰兔的脚印又窄又长。

图3：这是雪兔的脚印。它刚刚在这里吃过饭，几乎把一丛小柳树啃光了，周围到处都能见到它那圆圆的足迹。

第十场测验

第 11 期通告中所画的脚印图，可以告诉我们下列事情：

在一个寒冷的冬季的夜晚，一只雪兔跳到一个干草垛旁，偷吃干草。它吃了很久。你看，干草垛周围留下了许多圆圆的脚印。

现在请看，一只狐狸偷偷地从右边靠近它。狐狸小心翼翼地往前走，躲躲藏藏，像猎人们常说的那样“悄无声息”地逼近猎物。狐狸的脚印很像狗的脚印，只是略微窄一点儿，而且相当均匀，成一直线。

但是狐狸没有偷袭成功，雪兔及时发现了它，于是跳起来就跑。兔子的脚印显示它蹦跳着，穿过田野，朝森林奔去。

狐狸也奔跑着，想把雪兔拦住，不让它逃进森林。

可是，突然间，不知为什么，狐狸猛地向旁边拐了个弯，跑进了灌木丛。

而那只雪兔，几乎跑到了森林的边缘，可是它突然失踪了，脚印消失了，哪儿也看不见它，似乎钻到了地底下。

然而，这是不可能的。要是它真的钻到了地底下，雪地上应该留有一个洞。可是，在雪兔脚印中断的雪地上，只看到一个凹陷处，里面有一些兔毛，还有一摊血迹；而在两边，能看到一对巨大的翅膀猛烈拍打雪地后留下的划痕。

不难猜出，这是硕大的猫头鹰或者雕鸮的痕迹。

雕鸮一把抓住兔子，用它那可怕的嘴巴朝兔子啄去，然后用它那锋利的爪子抓起兔子，腾空而起，飞到森林里去了。

现在我们明白了，为什么狐狸拐了弯：眼看到嘴的猎物被雕鸮抢走了。

亲爱的读者，假如你看了这些脚印，就能猜出森林里所发生的这惊险悲惨的一幕，那么，我们祝贺你，你将获得“锐眼侦探”的荣誉称号！

森林报编辑部